互联网+新编全功能实战型教材

HTML5 开发技术

（含微课）

主　编　肖盛文　李　伟　周党华
副主编　朱慧泉　周盛楠　张清华　林秀丽　马　琳　龙　红　肖丽萍

北京希望电子出版社
Beijing Hope Electronic Press
www.bhp.com.cn

内 容 简 介

本书系统讲解了HTML+CSS网页设计的基础理论和实际运用技术，并结合实例讲解网页设计的各种方法。在实例的制作过程中，介绍网页样式设计各方面知识的同时，针对实际网页制作中可能遇到的问题提供了解决问题的思路、方法和技巧，使初学者可以轻松掌握HTML5网页设计的方法，制作出精美的网页并搭建功能强大的网站。希望读者通过对本书的学习，能够以符合标准的设计思维，采用实战操作步骤完成网页设计，进而融入Web标准的设计领域中。

本书可作为高等院校和中等职业学校相关专业的教材，也可作为网页设计与制作相关人员的参考用书。

图书在版编目（CIP）数据

HTML5 开发技术 / 肖盛文, 李伟, 周党华主编. --
北京 ：北京希望电子出版社, 2020.10（2023.8重印）
ISBN 978-7-83002-805-3

Ⅰ. ①H… Ⅱ. ①肖… ②李… ③周… Ⅲ. ①超文本标记语言—程序设计 Ⅳ. ①TP312.8②TP393.092.2

中国版本图书馆 CIP 数据核字(2020)第 197497 号

出版：北京希望电子出版社

地址：北京市海淀区中关村大街 22 号
中科大厦 A 座 10 层

邮编：100190

网址：www.bhp.com.cn

电话：010-82620818（总机）转发行部
010-82626237（邮购）

传真：010-62543892

经销：各地新华书店

封面：赵俊红

编辑：周卓琳

校对：李 萌

开本：787mm×1092mm 1/16

印张：21

字数：498 千字

印刷：唐山唐文印刷有限公司

版次：2023 年 8 月 1 版 2 次印刷

定价：58.00 元

前　言

作为Web开发领域里发展最快的技术之一，HTML5凭借其动态特性及跨平台特性，日益成为程序设计领域备受推崇的语言。本书系统讲解了HTML+CSS网页设计的基础理论和实际运用技术，并结合实例来讲解网页设计的各种方法。在内容编排上由浅入深，让读者循序渐进地掌握网页技术；在内容讲解上结合丰富的图解和形象的比喻，帮助读者理解看似艰深的技术；在内容形式上附有大量的提示、技巧、说明等栏目，夯实读者编程基础，丰富读者编程经验。

本书力求模拟真实的开发场景，用简单的方法帮助读者掌握Web标准，以便对网页的方方面面进行设计并掌握网页表现与内容分离的相关知识。希望读者通过对本书的学习，采用实战操作步骤完成网页设计，进而融入Web标准的设计领域中。本书内容丰富、结构清晰，注重思维训练与实践应用，适合初级和中级网页设计爱好者以及希望学习Web标准对原有网站进行重构的网页设计者。

本书共分九章，各章内容概述如下。

第1章　HTML基础。本章介绍HTML基础知识，同时深入讲解HTM结构的语义问题，希望能够帮助读者构建结构严谨而又符合SEO要求的网页。

第2章　CSS基础。本章介绍CSS语言基础知识，包括为什么要学习CSS，CSS基本选择器、复合选择器包含哪些内容，选择器混合、层叠使用时优先级是怎样的，以及CSS选择器层叠后的优先级等。

第3章　定义网页文本。本章重点介绍各类网页文本的设置，以及网页文本中字体样式设置和属性设置的基本方法和应用技巧，并通过几个综合版式的案例帮助读者了解网页文本设计的一般规律和实现方法。

第4章　定义超链接。本章主要介绍了超链接的路径和不同目标链接的设置，以及通过实例讲解各种链接的设置。通过本章的学习能够设置超链接的基本样式，能够根据网页风格设计不同样式的超链接效果，提升用户的操作体验。

第5章　定义网页图片。本章重点介绍了<img>标签的特殊性以及相关属性的设置，还介绍了控制图片在网页中显示的一般方法。通过本章的学习能够理解CSS各种背景图像属性，并能够正确使用。通过本章的学习能够设计图文混排效果，能够使用CSS背景图像属性设计精美的栏目版块效果。

第6章　使用列表。本章讲解了列表结构和列表样式，还讲解了CSS定义列表样式的属性和不同浏览器对于列表样式的解析差异。通过本章的学习能够使用列表结构设计各种语义明确、结构层次清晰的版块，能够使用CSS设计导航菜单样式，能够使用CSS设计列表版块样式。

第7章　使用表格。本章主要讲解了CSS定义表格样式的常用属性和CSS表格的布局模型。通过本章的学习能够使用HTML标签快速制作表格结构，能够使用CSS设计表格样式，能够根据表格布局模型解决表格布局中遇到的各种疑难问题。

第8章　使用表单。本章主要讲解了与表单相关的标签以及这些标签的使用，还讲解了CSS定义表单样式的常用属性和CSS设计表单样式的一般技巧。通过本章的学习能够使用HTML标签快速制作表单结构，能够使用CSS设计表单样式，能够根据网页设计风格灵活使用各种技巧设计表单样式。

第9章　设计网页版式。本章讲解了CSS布局的基本类型、CSS盒模型的基本概念，以及每一类CSS布局的原理、规律和方法。通过本章的学习能借助CSS盒模型原理从容控制页面对象的显示大小、空间位置，能够利用浮动原理设计简单的网页布局效果，能够利用CSS定位技术精确控制页面元素的显示位置。

本书由华东交大理工学院的肖盛文、河南工业职业技术学院的李伟和江西传媒职业学院的周党华担任主编，由河南轻工职业学院的朱慧泉、华东交大理工学院的周盛楠、湖南外贸职业学院的张清华、广州华夏职业学院的林秀丽、石家庄信息工程职业学院的马琳、湖南国防工业职院的龙红和吉安职业技术学院的肖丽萍担任副主编。本书的相关资料和售后请扫封底二维码或登录www.bjzzwh.com下载获得。

由于编者水平有限，书中难免有疏漏之处，恳请广大读者批评指正。

编　者

目 录

第1章 HTML基础

1.1 认识HTML ………………………… 2
1.2 HTML基础知识 ………………………… 2
1.2.1 HTML概述 ………………………… 3
1.2.2 HTML文档结构 ………………………… 3
1.2.3 HTML基本语法 ………………………… 4
1.2.4 HTML标签 ………………………… 7
1.2.5 HTML属性 ………………………… 14
1.3 XHTML基础 ………………………… 18
1.3.1 XHTML概述 ………………………… 18
1.3.2 XHTML文档结构 ………………………… 19
1.3.3 XHTML基本语法 ………………………… 20
1.3.4 XHTML文档类型分类 …… 21
1.3.5 XHTML文档类型详解 …… 23
1.3.6 XHTML名字空间 ………………………… 25
1.4 HTML 5基础 ………………………… 27
1.4.1 HTML5语法 ………………………… 27
1.4.2 HTML5元素 ………………………… 30
1.4.3 HTML5属性 ………………………… 36
1.4.4 HTML5全局属性 ………………………… 39
1.5 综合实训 ………………………… 41
实训1：设计一个自我介绍的简单页面 ………………………… 41
实训2：解决网页乱码现象 ………………………… 42
实训3：把HTML转换为XHTML ………………………… 43
1.6 上机练习 ………………………… 46

第2章 CSS基础

2.1 CSS概述 ………………………… 49
2.1.1 什么是CSS样式 ………………………… 49
2.1.2 为什么学习CSS ………………………… 49
2.1.3 CSS特点 ………………………… 50
2.2 CSS语法和用法 ………………………… 51
2.2.1 CSS基本结构 ………………………… 51
2.2.2 CSS基本用法 ………………………… 52
2.2.3 CSS样式表 ………………………… 53
2.2.4 导入外部样式表 ………………………… 54
2.2.5 CSS注释和版式 ………………………… 55
2.3 CSS属性和单位 ………………………… 55
2.3.1 CSS属性 ………………………… 56
2.3.2 CSS单位 ………………………… 59
2.4 基本选择器 ………………………… 62
2.4.1 标签选择器 ………………………… 63
2.4.2 类选择器 ………………………… 63
2.4.3 ID选择器 ………………………… 67
2.4.4 通配选择器 ………………………… 69
2.5 复合选择器 ………………………… 69
2.5.1 子选择器 ………………………… 69
2.5.2 相邻选择器 ………………………… 71
2.5.3 包含选择器 ………………………… 73
2.5.4 多层选择器嵌套 ………………………… 74
2.5.5 属性选择器 ………………………… 76
2.5.6 伪选择器和伪元素选择器 … 80
2.5.7 选择器分组 ………………………… 81

2.6 CSS继承性、层叠性、优先级和特殊性 ………… 82
2.6.1 CSS继承性………… 82
2.6.2 CSS层叠性………… 85
2.6.3 CSS优先级………… 86
2.6.4 CSS特殊性………… 87
2.7 综合实训 ………… 91
实训1：设计个人网站菜单………… 91
实训2：设计网站登录页面………… 94
2.8 上机练习 ………… 96

第3章 定义网页文本

3.1 使用文本标签 ………… 100
3.1.1 标题文本 ………… 100
3.1.2 段落文本 ………… 101
3.1.3 引用文本 ………… 102
3.1.4 强调文本 ………… 104
3.1.5 格式文本 ………… 104
3.1.6 输出文本 ………… 106
3.1.7 缩写文本 ………… 107
3.1.8 插入和删除文本 ………… 108
3.1.9 文本方向 ………… 108
3.2 设计网页文本样式 ………… 109
3.2.1 定义字体类型 ………… 109
3.2.2 定义字体大小 ………… 111
3.2.3 定义字体颜色 ………… 113
3.2.4 定义字体粗细 ………… 113
3.2.5 定义斜体字体 ………… 114
3.2.6 定义下划线 ………… 114
3.2.7 定义字体大小写 ………… 115
3.2.8 定义文本对齐 ………… 117
3.2.9 定义垂直对齐 ………… 119
3.2.10 定义字距和词距 ………… 123
3.2.11 定义行高 ………… 123
3.2.12 定义缩进 ………… 127
3.3 综合实训 ………… 128
实训1：设计英文版式 ………… 128
实训2：设计中文版式 ………… 131
3.4 上机练习 ………… 135

第4章 定义超链接

4.1 定义超链接 ………… 138
4.1.1 认识超链接和路径 ………… 138
4.1.2 定义普通链接 ………… 138
4.1.3 定义锚点链接 ………… 140
4.1.4 定义不同目标的链接 ………… 141
4.1.5 定义下载链接 ………… 142
4.1.6 定义热点区域 ………… 142
4.1.7 定义框架链接 ………… 144
4.1.8 认识伪类和伪对象 ………… 145
4.1.9 设计超链接样式 ………… 147
4.2 综合实训 ………… 149
实训1：设计下划线样式 ………… 149
实训2：设计立体样式 ………… 152
实训3：设计滑动样式 ………… 153
4.3 上机练习 ………… 155

第5章　定义网页图片

5.1　了解网页中的图像 ………………… 158
5.2　定义网页图片 ……………………… 158
5.2.1　定义图片大小 ……………… 159
5.2.2　定义图片边框 ……………… 160
5.2.3　定义图片透明度 …………… 164
5.2.4　定义图片对齐方式 ………… 165
5.3　控制背景图片 ……………………… 167
5.3.1　定义背景颜色 ……………… 167
5.3.2　定义背景图像 ……………… 168
5.3.3　定义背景图像显示方式 … 169
5.3.4　定义背景图像显示位置 … 170
5.3.5　定义背景图像固定显示 … 174
5.4　综合实训 ………………………… 176
实训1：设计项目图标 …………… 176
实训2：设计图文混排版式………… 179
实训3：设计博客主页 …………… 182
实训4：设计电子相册主页………… 187
5.5　上机练习 ………………………… 193

第6章　使用列表

6.1　设计列表结构 ……………………… 196
6.1.1　无序列表 …………………… 196
6.1.2　有序列表 …………………… 197
6.1.3　自定义列表 ………………… 198
6.2　定义列表样式 ……………………… 200
6.2.1　设计项目符号类型 ………… 200
6.2.2　设计项目符号显示位置 … 200
6.2.3　自定义项目符号 …………… 201
6.2.4　使用背景图像定义项目符号 … 202
6.3　综合实训 ………………………… 204
实训1：设计垂直导航菜单………… 204
实训2：设计水平导航菜单………… 207
实训3：设计滑动门菜单 ………… 209
实训4：设计Tab分类展示面板 ……………………… 212
6.4　上机练习 ………………………… 216

第7章　使用表格

7.1　设计表格结构 ……………………… 220
7.1.1　搭建表格基本结构 ………… 220
7.1.2　设计表格附加结构 ………… 222
7.1.3　表格结构分组 ……………… 224
7.2　定义表格样式 ……………………… 229
7.2.1　定义表格边框样式 ………… 229
7.2.2　定义单元格间距样式 …… 230
7.2.3　定义空单元格样式 ………… 232
7.3　设计复杂表格样式 ………………… 233
7.3.1　使用CSS定义表格结构…… 234
7.3.2　定义表格列和行的样式 … 236
7.3.3　定义表格标题样式 ………… 240
7.3.4　表格内样式层叠顺序 …… 242
7.4　综合实训 ………………………… 244
实训1：设计清新悦目的表格样式 …………………… 244
实训2：设计结构清晰的表格样式 …………………… 247
7.5　上机练习 ………………………… 251

第8章 使用表单

8.1 设计表单结构 ························ 254
8.1.1 定义表单框 ······················ 254
8.1.2 定义输入域 ······················ 255
8.1.3 定义选择域 ······················ 259
8.1.4 优化表单结构 ···················· 262
8.2 定义表单样式 ························ 264
8.2.1 定义输入域样式 ·················· 264
8.2.2 定义选择域样式 ·················· 268
8.2.3 定义列表域样式 ·················· 272
8.3 综合实训 ···························· 274
实训1：设计用户登录表单 ··············· 274
实训2：设计用户注册表单 ··············· 278
实训3：设计搜索框 ····················· 282
8.4 上机练习 ···························· 286

第9章 设计网页版式

9.1 网页布局基础 ························ 290
9.1.1 定义显示属性 ···················· 290
9.1.2 定义定位属性 ···················· 293
9.1.3 网页布局方式 ···················· 294
9.2 CSS盒模型 ··························· 295
9.2.1 认识盒模型 ······················ 295
9.2.2 定义边界大小 ···················· 296
9.2.3 定义边框样式 ···················· 300
9.2.4 定义补白大小 ···················· 303
9.3 浮动布局 ···························· 305
9.3.1 浮动布局的基本用法 ·············· 305
9.3.2 清除浮动 ························ 307
9.4 定位布局 ···························· 308
9.4.1 定位布局的基本用法 ·············· 308
9.4.2 定义定位层叠顺序 ················ 312
9.5 综合实训 ···························· 314
实训1：设计网页居中显示 ··············· 314
实训2：设计自适应的网页定位布局 ······· 316
实训3：设计等高网页布局 ··············· 321
实训4：设计负边界网页布局 ············· 323
9.6 上机练习 ···························· 325

HTML

第1章 HTML基础

HTML是网页设计的基础语言，也就是所谓的网页结构化语言。根据万维网联盟（World Wide Web Consortium，W3C）规范化的设计目标，网页设计师应该从结构化语言（HTML、XHTML和XML）、表现性语言（CSS）和行为控制语言（ECMAScript、Javascript、DOM）这三个方面入手，系统学习网页设计。本章将介绍HTML语言的基本语法和用法。

学习要点

- 了解HTML基本语法
- 了解网页文档基本结构
- 熟悉常用的HTML标签
- 熟悉常用的HTML属性

训练要点

- 能够正确手写网页基本结构
- 熟练使用常用的结构化标签，设计简单的网页文档
- 正确理解和使用文档的类型、名字空间、文档编码等元信息
- 能够区分HTML和XHTML文档规范的相同点和不同点

1.1 认识HTML

HTML是Hyper Text Markup Language的缩写，中文翻译为超文本标记语言。使用HTML标签编写的文档称为HTML文档，目前最新版本是HTML 5.0，且已广泛使用。

HTML从诞生至今，经历了近30年的发展，其中有很多曲折，经历的版本及发布日期如表1-1所示。

表1-1　HTML语言的发展过程

版本	发布日期	说明
超文本标记语言(第一版)	1993年6月	作为互联网工程任务组（IETF）的工作草案，并非标准
HTML 2.0	1995年11月	在（Request For Comments）RFC 2854于2000年6月发布之后，RFC 1866被宣布过时
HTML 3.2	1996年1月14日	W3C推荐标准
HTML 4.0	1997年12月18日	W3C推荐标准
HTML 4.01	1999年12月24日	微小改进，W3C推荐标准
ISO HTML	2000年5月15日	严格的HTML 4.01版本规范是国际标准化组织和国际电工委员会的标准
XHTML 1.0	2000年1月26日	W3C推荐标准，修订后于2002年8月1日重新发布
XHTML 1.1	2001年5月31日	较1.0版本有微小改进
XHTML 2.0草案	没有发布	2009年，W3C停止了XHTML 2.0工作组的工作
HTML5草案	2008年1月	HTML5的规范先是以草案发布，其中经历了漫长的过程
HTML5	2014年10月28日	W3C推荐标准

提 示

从上面的HTML发展列表来看，HTML没有1.0 版本，这主要是因为当时有很多不同的版本。有些人认为Tim Berners-Lee 的版本应该算初版，他的版本中还没有img 元素，也就是说HTML刚开始时仅能够显示文本信息。

1.2 HTML基础知识

HTML实际上是一种规范、一种标准，它通过标签来标记网页中要显示的各个部分，如文字、图形、动画、声音、表格、链接等。网页文件本身仅是一种文本文件，可以在文本文件中添加标签，浏览器能够识别这些标签，知道如何显示其中的内容，如文字如何处理，画面如何安排，图片如何显示等。浏览器按顺序阅读网页文件，然后根据标签解释和显示其标记的内容。

> **提 示**
>
> 不同的浏览器对同一标签可能会有不完全相同的解释，因而可能会有不同的显示效果。

1.2.1 HTML概述

HTML是目前互联网上应用最为广泛的语言，也是构成网页文档的主要语言。HTML文档由HTML标签、属性、文本内容组成。

作为一种网页结构标识语言，HTML易学易懂，当用户熟悉使用该语言后，就可以制作内容丰富、结构复杂、美观大方的网页。HTML语言的主要作用如下所述。

- 使用HTML语言标识文本。例如，定义标题文本、段落文本、列表文本、预定义文本等。
- 使用HTML语言建立超链接，通过超链接可以访问互联网上的所有信息，当使用鼠标单击超链接时，会自动跳转到链接页面。
- 使用HTML语言创建列表，把信息有序地组织在一起，以方便浏览。
- 使用HTML语言在网页中显示图像、声音、视频、动画等多媒体信息，把网页设计得更富表现力。
- 使用HTML语言可以制作表格，以方便显示大量数据。
- 使用HTML语言制作表单，允许在网页内输入文本信息，执行其他用户操作，方便信息互动。

1.2.2 HTML文档结构

HTML文档一般都包含两部分，头部区域和主体区域。HTML文档基本结构由<html>、<head>和<body>标签组成，其中，<html>标签标识HTML文档，<head>标签标识头部区域，<body>标签标识主体区域。

一个完整的HTML文档基本结构如下。

```
<!--HTML 文档开始 -->
<html>
    <head>
        <!-- 头部信息区域，如 <title> 标签定义的网页标题 -->
    </head>
    <body>
        <!-- 主体信息区域，包含网页显示的内容 -->
    </body>
</html>
<!--HTML 文档结束 -->
```

在HTML文档中，标签一般都是成对出现的，第一个标签（如<html>）表示标识的起始位置，而第二个标签（如</html>）表示标识的结束位置。<html>标签包含<head>和

<body>两个标签，<head>和<body>标签是并列排列的。

如果把上面的字符代码放置在文本文件中，再另存为test.html，就可以在浏览器中浏览了。由于这个简单的HTML文档还没有包含任何信息，所以在浏览器中是看不到任何显示内容的。

【随堂练习】

<head>标签包含的信息被称为网页的元信息，在网页中是不显示的，而<body>标签包含的信息被称为网页内容，在网页中能够看见。真的是如此吗？下面通过实际操作来答疑解惑。

新建一个文档，另存为index.html，然后在<head>标签和<body>标签中输入一段文字，在浏览器中预览，看这些文本是否都能够显示出来。在文档中手动输入的代码和内容如下。

```
<html>
<head>Hi，大家好，我在头部区域，你能够看见我吗？
</head>
<body>Hi，大家好，我在主体区域，你能够看见我吗？
</body>
</html>
```

预览效果如图1-1所示。

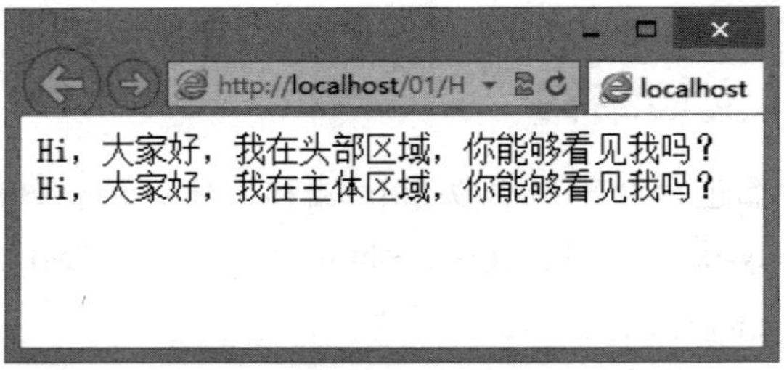

图1-1　测试头部区域和主体区域内容的显示效果

通过上面的示例说明，头部区域的文本只有包含在特定的元信息标签中才能够不被浏览器显示出来。

1.2.3　HTML基本语法

编写HTML文档时，必须遵循HTML语法规范。HTML文档实际上就是一个文本文件，它由标签和文本内容混合组成，但这些标签和文本内容必须遵循一定的语法规则，否则浏览器是无法解析的。

HTML语言的规范条文不多。从逻辑上分析，这些标签包含的内容就表示一类对象，也可以称为网页元素。从形式上分析，这些网页元素通过标签进行分隔，然后表达一定的语义。

- 所有标签都包含在“<”和“>”的起止标识符中。例如，<style>、<head>、<body>和<div>等。

- 在HTML文档中，绝大多数元素都有起始标签和结束标签，在起始标签和结束标签之间包含的是元素主体。例如，<body>和</body>中间包含的就是网页内容的主体。
- 起始标签包含元素的名称以及可选属性，也就是说元素的名称和属性都必须在起始标签中。结束标签以反斜杠开始，然后附加上元素名称。示例格式如下所示。

```
<tag> 元素主体 </tag>
```

- 元素的属性包含属性名称和属性值两部分，中间通过等号进行连接，多个属性之间通过空格进行分隔。属性与元素名称之间也是通过空格进行分隔。示例代码如下所示。

```
<tag a1="v1" a2="v2" a3="v3" …… an="vn"> 元素主体 </tag>
```

- 少数元素的属性也可能不包含属性值，仅包含一个属性名称。示例格式如下所示。

```
<tag a1 a2 a3 …… an> 元素主体 </tag>
```

- 一般属性值应该包含在引号内，虽然不加引号，浏览器也能够解析，但是读者应该养成良好的操作习惯。
- 属性是可选的，元素包含多少个属性也是不确定的，这主要根据不同的元素而定。不同的元素会包含不同的属性。HTML也为所有元素定义了公共属性，如title、id、class、style等。

虽然大部分标签都是成对出现，但是也有少数标签不是成对的，这些孤立的标签被称为空标签。空标签仅包含起始标签，没有结束标签。示例格式如下所示。

```
<tag>
```

同样，空标签也可以包含很多属性，用来标识特殊效果或者功能。示例操作如下所示。

```
<tag a1="v1" a2="v2" a3="v3" …… an="vn">
```

- 标签可以相互嵌套，形成文档结构。嵌套必须匹配，不能交错嵌套，例如，<div><span></div></span>是不合法的。合法的嵌套应该是包含或被包含的关系，例如，<div><span></span></div>或<span><div></div></span>。
- HTML文档的所有信息必须包含在<html>标签中，所有文档的元信息应包含在<head>子标签中，而HTML传递的信息和网页显示的内容应包含在<body>子标签中。

对于HTML文档来说，除了必须符合基本语法规范外，还必须保证文档结构信息的完整性。完整的文档结构代码如下所示。

```
<html>
<head>
<meta http-equiv="Content-Type" content="text/html; charset=utf-8" />
<title> 文档标题 </title>
```

```
</head>
<body></body>
</html>
```

HTML文档主要包括如下内容。

- 必须定义文档的字符编码，一般使用<meta>标签在头部定义，常用字符编码包括中文简体（gb2312）、中文繁体（big5）和通用字符编码（utf-8）。
- 应该设置文档的标题，可以使用<title>标签在头部定义。

HTML文档扩展名为“.htm”或“.html”，保存时必须正确使用扩展名，否则浏览器无法正确地解析。如果要在HTML文档中增加注释性文本，可以在“<!--”和“-->”标识符之间增加，语法格式如下所示。

```
<!-- 单行注释 -->
```

或

```
<!--
多行
注释
--
```

【随堂练习】

浏览器的宽容性也间接增加了用户编写代码的随意性，HTML语法规则虽然不是强制性要求，但是读者应该在学习之初养成良好的编码习惯。

是不是书写的代码不符合语法要求，HTML文档就无法解析？下面通过实际操作来答疑解惑。

新建一个文档，另存为index.html，然后在<body>标签中尝试输入如下的标签结构，在浏览器中预览这些标签是否都能够正确显示。在文档中手动输入的代码和内容如下，预览效果如图1-2所示。

```
<html>
<head>
</head>
<body>
    <div><span>错误的嵌套结构还能够正确解析吗？</div></span>
    <p>段落文本，
    <p>缺少封闭标签，
    <p>还能够正确解析吗？
    <!-- 我是注释文本，还能够显示吗 -->
    <!--
    <p>把标签错放在标签中，我还能够显示吗？</p>
    -->
</body>
</html>
```

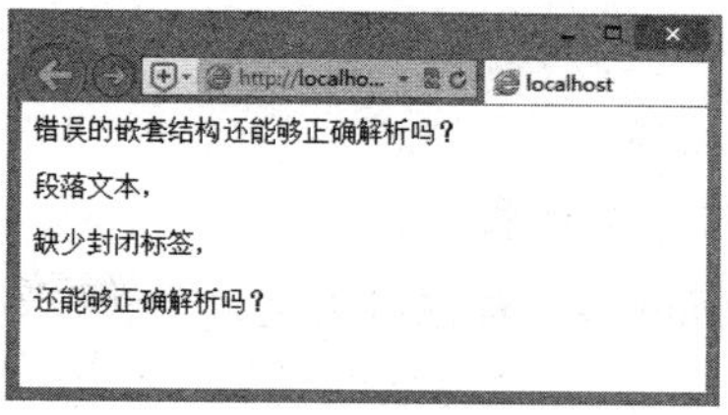

图1-2　浏览器宽容性解析预览效果

通过上面的示例说明，如果错误书写了HTML标签结构，浏览器也能够正确解析它们。虽然这种做法欠妥，有可能纵容用户的随意性，但是浏览器还是以友好的姿态努力解析所有网页。在此，读者不应该以本示例作为榜样，而应该把它视为反面案例。

需要注意的是，此项操作中任何包含在“<!--”和“-->”标签之间的信息都被无情地过滤掉了。

1.2.4　HTML标签

标签是HTML语言最基本的单位，每个标签基本都有“<”和“/>”，大部分标签都是成对出现的。当然也有个别孤标签，即仅有一个起始标签。

由于HTML定义的标签很多，下面就常用标签进行说明。随着读者不断深入学习，相信能够完全掌握HTML所有标签的用法和使用技巧，更详细的说明请参阅“HTML参考手册”。

1. 文档结构标签

此类标签主要用来标识文档的基本结构，主要标签说明如下。

- <html>…</html>：标识HTML文档的起始和终止。
- <head>…</head>：标识HTML文档的头部区域。
- <body>…</body>：标识HTML文档的主体区域。

【随堂练习】

新建一个文本文件，熟练输入下面的代码，然后另存为test.html，并在浏览器中测试。

```
<html>
<head>
<meta http-equiv="Content-Type" content="text/html; charset=utf-8" />
<title> 无标题文档 </title>
</head>
<body> 网页正文写在这里……
</body>
</html>
```

2. 文本格式标签

此类标签主要用来标识文本区块，并附带一定的显示格式。主要标签说明如下。

- <title>…</title>：标识网页标题。
- <hi>…</hi>：标识标题文本，其中i可以是1、2、3、4、5、6，分别表示一级、二级、三级、四级、五级、六级标题。

- <p>…</p>：标识段落文本。
- <pre>…</pre>：标识预定义文本。
- <blockquote>…</blockquote>：标识引用文本。

【随堂练习】

新建一个文本文件，熟练输入下面的代码，分别使用<h1>和<p>标签标识网页标题和段落文本，然后另存为test.html，并在浏览器中测试。

```
<html>
<head>
<meta http-equiv="Content-Type" content="text/html; charset=utf-8" />
<title> 示例代码 </title>
</head>
<body>
<h1> 文本格式标签 </h1>
<p>&lt;p&gt; 标签标识段落文本 </p>
</body>
</html>
```

3. 字符格式标签

此类标签主要用来标识部分文本字符的语义，很多字符标签可以呈现一定的显示效果。例如，加粗显示、斜体显示或者下划线显示等。主要标签说明如下。

- <b>…</b>：标识强调文本，以加粗效果显示。
- <i>…</i>：标识引用文本，以斜体效果显示。
- <blink>…</blink>：标识闪烁文本，以闪烁效果显示。IE浏览器不支持该标签。
- <big>…</big>：标识放大文本，以放大效果显示。
- <small>…</small>：标识缩小文本，以缩小效果显示。
- […]：标识上标文本，以上标效果显示。
- _…：标识下标文本，以下标效果显示。
- <cite>…</cite>：标识引用文本，以引用效果显示。

【随堂练习】

新建一个文本文件，熟练输入下面的代码，分别使用各种字符格式标签显示一个数学方程式的解法，然后另存为test.html，并在浏览器中测试，显示效果如图1-3所示。

```
<html>
<head>
<meta http-equiv="Content-Type" content="text/html; charset=utf-8" />
<title> 示例代码 </title>
</head>
<body>
<p> 例如，针对下面这个一元二次方程：</p>
<p><i>x</i><sup>2</sup>-<b>5</b><i>x</i>+<b>4</b>=0</p>
```

```
<p> 我们使用 <big><b> 分解因式法 </b></big> 来演示解题思路如下：</p>
<p><small> 由：</small>(<i>x</i>-1)(<i>x</i>-4)=0</p>
<p><small> 得：</small><br /><i>x</i><sub>1</sub>=1<br />
    <i>x</i><sub>2</sub>=4</p>
</body>
</html>
```

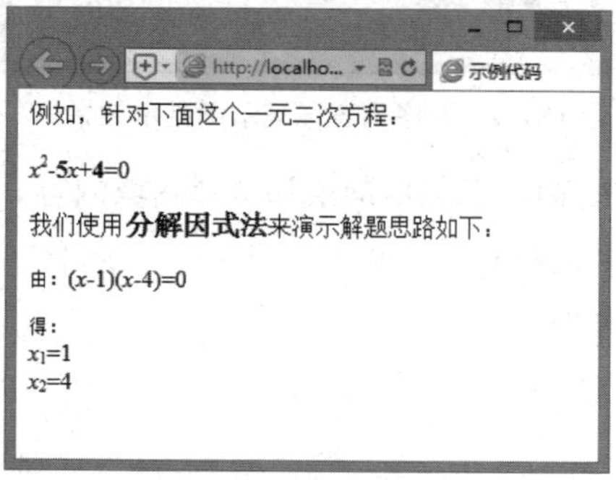

图1-3　字符格式标签示例显示效果

4. 列表标签

在HTML文档中，列表结构可以分为两种类型，有序列表和无序列表。无序列表使用项目符号来标识列表，而有序列表则使用编号来标识列表的项目顺序。主要标签说明如下所述。

- <ul>…</ul>：标识无序列表。
- <ol>…</ol>：标识有序列表。
- <li>…</li>：标识列表项目。

【随堂练习】

新建一个文本文件，熟练输入下面的代码，使用无序列表分别显示了一元二次方程求解的四种方法，然后另存为test.html，并在浏览器中测试，显示效果如图1-4所示。

```
<html>
<head>
<meta http-equiv="Content-Type" content="text/html; charset=utf-8" />
<title> 示例代码 </title>
</head>
<body>
<h1> 解一元二次方程 </h1>
<p> 一元二次方程求解有四种方法：</p>
<ul>
    <li> 直接开平方法 </li>
    <li> 配方法 </li>
    <li> 公式法 </li>
    <li> 分解因式法 </li>
</ul>
</body>
</html>
```

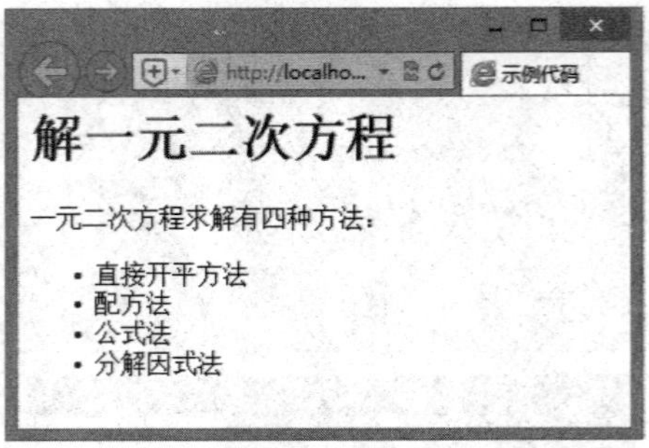

图1-4　无序列表标签示例显示效果

定义列表是一种特殊的结构，它包括词条和解释两块内容。主要标签说明如下所述。

- <dl>…</dl>：标识定义列表。
- <dt>…</dt>：标识词条。
- <dd>…</dd>：标识解释。

【随堂练习】

新建一个文本文件，熟练输入下面的代码，使用定义列表显示两个成语的解释，然后另存为test.html，并在浏览器中测试，显示效果如图1-5所示。

```
<html>
<head>
<meta http-equiv="Content-Type" content="text/html; charset=utf-8" />
<title> 示例代码 </title>
</head>
<body>
<h1> 成语词条列表 </h1>
<dl>
    <dt> 知无不言，言无不尽 </dt>
    <dd> 知道的就说，要说就毫无保留。</dd>
    <dt> 智者千虑，必有一失 </dt>
    <dd> 不管多聪明的人，在很多次的考虑中，也一定会出现个别错误。</dd>
</dl>
</body>
</html>
```

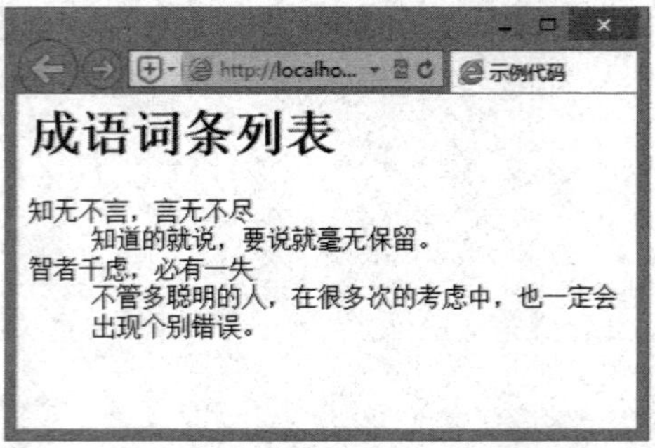

图1-5　定义列表标签示例显示效果

5. 链接标签

此标签可以实现把多个网页联系在一起。主要标签说明如下所述。

- <a>…</a>：标识超链接。

【随堂练习】

新建一个文本文件，熟练输入下面的代码，使用<a>标签定义一个超链接，实现单击该超链接可以跳转到百度首页，然后另存为test.html，并在浏览器中测试，显示效果如图1-6所示。

```
<html>
<head>
<meta http-equiv="Content-Type" content="text/html; charset=utf-8" />
<title> 示例代码 </title>
</head>
<body>
<a href="http://www.baidu.com/"> 去百度搜索 </a>
</body>
</html>
```

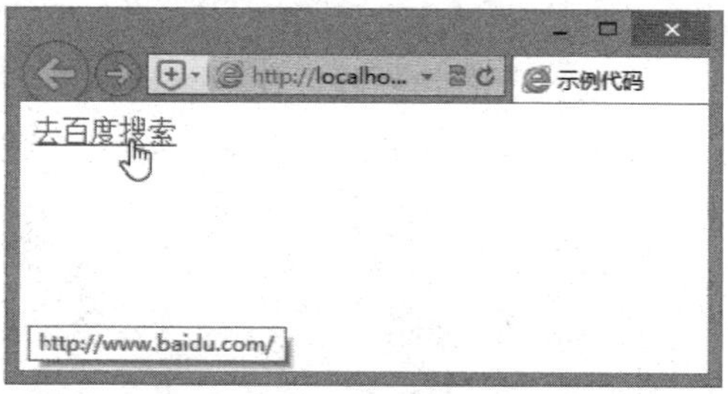

图1-6　超链接标签示例显示效果

<a>标签还可以定义锚点。锚点是一类特殊的超链接，它可以定位到网页中某个具体的位置。

【随堂练习】

新建一个文本文件，熟练输入下面的代码，使用<a>标签定义一个锚点，实现单击超链接文本就可以跳转到网页的底部，然后另存为test1.html，并在浏览器中测试。

```
<html>
<head>
<meta http-equiv="Content-Type" content="text/html; charset=utf-8" />
<title> 示例代码 </title>
</head>
<body>
<a href="#btm"> 跳转到底部 </a>
<div id="box" style="height:2000px; border:solid 1px red;"> 撑开浏览
器滚动条 </div>
<span id="btm"> 底部锚点位置 </span>
```

```
</body>
</html>
```

6. 多媒体标签

此类标签主要用于引入外部多媒体文件，并进行显示。主要标签说明如下。

- <img/>：嵌入图像。
- <embed>…</embed>：嵌入多媒体。
- <object>…</object>：嵌入对象。

7. 表格标签

此类标签是用来组织和管理数据的，主要标签说明如下所述。

- <table>…</table>：定义表格结构。
- <caption>…</caption>：定义表格标题。
- <th>…</th>：定义表头。
- <tr>…</tr>：定义表格行。
- <td>…</td>：定义表格单元格。

【随堂练习】

新建一个文本文件，熟练输入下面的代码，使用表格标签定义并显示5行3列的数据集，然后另存为test.html，并在浏览器中测试，显示效果如图1-7所示。

```
<html>
<head>
<meta http-equiv="Content-Type" content="text/html; charset=utf-8" />
<title> 示例代码 </title>
</head>
<body>
<table summary="ASCII 是英文 American Standard Code for Information
Interchange 的缩写。ASCII 编码是通用的计算机编码标准。因为计算机只能接受数字信息，
ASCII 编码将字符转换为数字来表示，以便计算机能够接受和处理。">
    <caption>ASCII 字符集（节选）</caption>
    <tr>
        <th> 十进制 </th>
        <th> 十六进制 </th>
        <th> 字符 </th>
    </tr>
    <tr>
        <td>9</td>
        <td>9</td>
        <td>TAB（制表符）</td>
    </tr>
    <tr>
        <td>10</td>
```

```
            <td>A</td>
            <td> 换行 </td>
        </tr>
        <tr>
            <td>13</td>
            <td>D</td>
            <td> 回车 </td>
        </tr>
        <tr>
            <td>32</td>
            <td>20</td>
            <td> 空格 </td>
        </tr>
    </table>
    </body>
    </html>
```

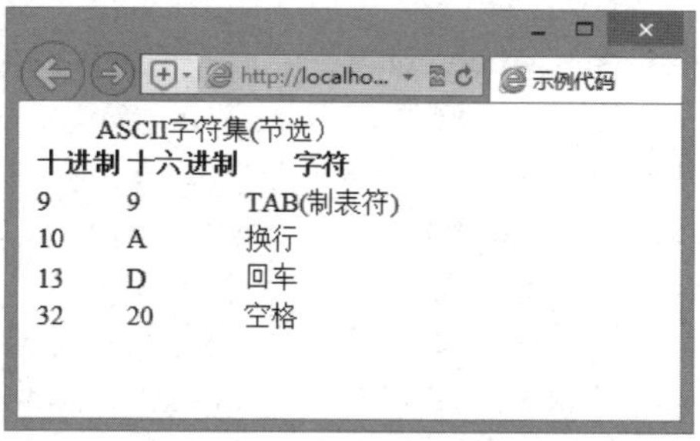

图1-7　表格标签示例显示效果

8. 表单标签

此类标签主要用来制作交互式表单，主要标签说明如下所述。

- <form>…</form>：定义表单结构。
- <input>：定义文本域、按钮和复选框。
- <textarea>…</textarea>：定义多行文本域。
- <select>…</select>：定义下拉列表。
- <option>…</option>：定义下拉列表中的选择项目。

【随堂练习】

新建一个文本文件，熟练输入下面的代码，使用表单标签分别定义单行文本域、密码域、多行文本域、复选框、单选按钮、下拉菜单和提交按钮的复杂表单，然后另存为test.html，并在浏览器中测试，显示效果如图1-8所示。

```
<html>
<head>
<meta http-equiv="Content-Type" content="text/html; charset=utf-8" />
<title> 示例代码 </title>
```

```
    </head>
    <body>
    <form id="form1" name="form1" method="post" action="">
        <p>单行文本域：<input type="text" name="textfield" id="textfield" /></p>
        <p>密码域：<input type="password" name="passwordfield" id="passwordfield" /></p>
         <p>多行文本域：<textarea name="textareafield" id="textareafield"></textarea></p>
        <p>复选框：复选框 1<input name="checkbox1" type="checkbox" value="" />
           复选框 2<input name="checkbox2" type="checkbox" value="" />
        </p>
        <p>单选按钮：
            <input name="radio1" type="radio" value="" />按钮 1
            <input name="radio2" type="radio" value="" />按钮 2</p>
        <p>下拉菜单：
            <select name="selectlist">
                <option value="1">选项 1</option>
                <option value="2">选项 2</option>
                <option value="3">选项 3</option>
            </select>
        </p>
        <p><input type="submit" name="button" id="button" value="提交" /></p>
    </form>
    </body>
    </html>
```

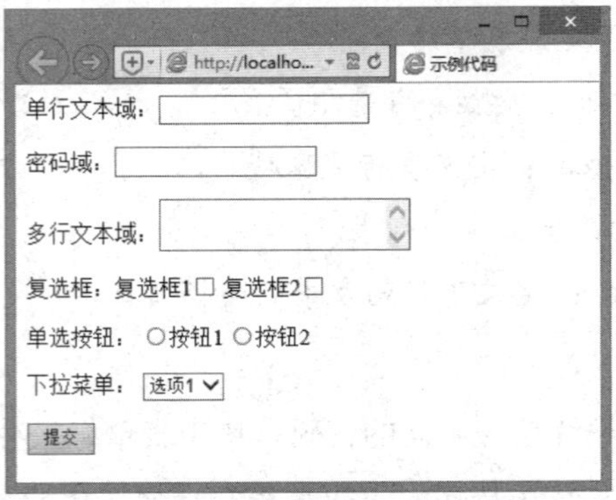

图1-8 表单标签示例显示效果

1.2.5 HTML属性

HTML元素包含的属性众多，这里无法列出所有元素的全部属性，如果读者想查阅每一种标签的全部属性，建议参考“HTML参考手册”。

下面仅对大部分常用标签的公共属性进行分析。公共属性大致可分为基本属性、语言属性、键盘属性、内容属性和延伸属性等类型。

1. 基本属性

基本属性主要包括下面三个，这三个基本属性为大部分元素所拥有。

- class：定义类规则或样式规则。
- id：定义元素的唯一标识。
- style：定义元素的样式声明。

下面这些元素不拥有基本属性。

- html、head：文档和头部基本结构。
- title：网页标题。
- base：网页基准信息。
- meta：网页元信息。
- param：元素参数信息。
- script、style：网页的脚本和样式。

这些元素一般位于文档的头部区域，用来标识网页元信息。

2. 语言属性

语言属性主要是用来定义元素的语言类型，包括两个属性。

- lang：定义元素的语言代码或编码。
- dir：定义文本的方向，包括ltr和rtl取值，分别表示从左向右和从右向左。

下面这些元素不拥有语言属性。

- frameset、frame、iframe：网页框架结构。
- br：换行标识。
- hr：结构装饰线。
- base：网页基准信息。
- param：元素参数信息。
- script：网页的脚本。

【随堂练习】

新建一个网页基本结构，为<html>标签和<body>标签添加属性。为网页代码定义中文简体的语言，字符对齐方式为从左向右，同时为body定义美式英语，然后另存为test.html，代码如下所示。

```
    <html xmlns="http://www.w3.org/1999/xhtml" dir="ltr" xml:lang="zh-CN">
    <body id="myid" lang="en-us">
```

3. 键盘属性

键盘属性定义元素的键盘访问方法，包括两个属性。

- accesskey：定义访问某元素的键盘快捷键。
- tabindex：定义元素的Tab键索引编号。

使用accesskey属性可以使用快捷键“Alt+字母”访问指定URL，但是有的浏览器不能很好地支持此功能。在IE中该属性仅能激活超链接，还需要按Enter键确定，而在FF中没有反应，代码如下所示。

```
<a href="http://www.baidu.com/" accesskey="a">按住 Alt 键，单击 A 键可以链接到百度首页 </a>
```

一般在导航菜单中经常设置快捷键。

tabindex属性用来定义元素的Tab键的访问顺序，可以使用Tab键遍历页面中的所有链接和表单元素。遍历时会按照tabindex的大小决定顺序，当遍历到某个链接时，按Tab键即可打开链接页面。代码如下所示。

```
<a href="#" tabindex="1">Tab 1</a>
<a href="#" tabindex="3">Tab 3</a>
<a href="#" tabindex="2">Tab 2</a>
```

4. 内容属性

内容属性定义元素包含内容的附加信息，这些信息对于元素来说具有重要的补充作用，也避免了元素本身包含的信息不全而被误解。内容属性包括以下五个。

- alt：定义元素的替换文本。
- title：定义元素的提示文本。
- longdesc：定义元素包含内容的大段描述信息。
- cite：定义元素包含内容的引用信息。
- datetime：定义元素包含内容的日期和时间。

alt和title是两个常用的属性，分别定义元素的替换文本和提示文本，很多设计师习惯混用这两个属性，没有刻意去区分它们的语义性。实际上，除了IE浏览器，其他标准浏览器都不会支持它们的混用，这是由于IE浏览器的纵容，才导致很多设计师误以为alt属性就是设置提示文本的。代码如下所示。

```
<a href="URL" title=" 提示文本 "> 超链接 </a>
<img src="URL" alt=" 替换文本 " title=" 提示文本 " />
```

替换文本（Alternate Text）并不是用作工具提示（Tool Tip）的，更确切地说，它并不是为图像提供额外说明信息的，title属性才是负责为元素提供额外说明信息的。

当图像无法显示时，必须准备替换的文本来替换无法显示的图像，这对于图像和图像热点是必须的，因此alt属性只能用在img、area和input元素中（包括applet元素）。对于input元素，alt属性用来替换提交按钮的图片。代码如下所示。

```
<input type="image" src="URL" alt=" 替换文本 " />.
```

为什么要设置替换文本呢？这主要是因为浏览器被禁止显示、不支持或无法下载图像时，通过替换文本给那些不能看到图像的浏览者提供文本说明，这是一个很重要的预防和补救措施。另外，还应该考虑到网页对于视觉障碍者，或者使用其他用户代理的影响，如对屏幕阅读器、打印机等代理设备的影响。当然，从语义角度考虑，替换文本应该提供图像的简明信息，并保证在上下文中有意义，而对于那些修饰性的图片可以使用空值（alt=""）。

title属性为元素提供提示性的参考信息，这些信息是一些额外的说明，具有非本质性，因此该属性也不是一个必须设置的属性。当鼠标指针移到元素上面时即可看到这些提示信息。title属性不能够用在下面这些元素上。

- html、head：文档和头部基本结构。
- title：网页标题。
- base、basefont：网页基准信息。
- meta：网页元信息。
- param：元素参数信息。
- script：网页的脚本和样式。

相对而言，title属性可以比alt属性设置更长的文本，不过有些浏览器可能会限制提示文本的长度，但是不管怎么规定，提示文本一定要简明扼要，并用在恰当的地方，而不是所有元素身上都要定义一个提示文本，那样反而显得画蛇添足了。提示文本一般多用在超链接上，必须对图标按钮提供提示性的说明信息，否则用户会不明白这些图标按钮的作用。

如果要为元素定义更长的描述信息，则应该使用longdesc属性。longdesc属性可以用来提供链接到一个包含图片描述信息的单独页面或者长段描述信息的位置。示例代码如下所示。

```
<img src="URL" alt="人物照" title="张三于2017-5-1中国馆留念"
longdesc="这是张三于2017年5月1日在中国馆前的留影，当时天很热" />
```

或

```
<img src="URL" alt="替换文本" longdesc="详细描述图像的网页.html" />
```

这种方法意味着从当前页面链接到另一个页面，由此可能会造成理解上的困难。另外，浏览器对于longdesc属性的支持也不一致，所以尽量避免使用。如果感觉图片的长描述信息很有用，不妨考虑把这些信息简单地显示在同一个文档里，而不是链接到其他页面或者隐藏起来，这样能够保证每个人都可以阅读到。

cite一般用来定义引用信息的URL。例如，有一段文字引自http://www.baidu.com/csslayout/ index.htm，代码如下所示。

```
<blockquote cite="http://www.baidu.com/csslayout/index.htm">
    <p>CSS的精髓是布局，而不是样式，布局需要缜密的结构分析和设计</p>
</blockquote>
```

datetime属性定义包含文本的时间，这个时间可以表示信息的发布时间，也可以是更新时间，代码如下所示。

```
<ins datetime="2017-5-1 8:0:0">2017年上海世博园</ins>
```


1.3 XHTML基础

XHTML是XML语言的一个应用，它遵守XML语言的规范和要求。从技术角度分析，这些语法规则是由XML规范定义的。XML文档必须遵守的规则使得生成工具解析文档变得更容易，这些规则也使得XML更容易处理。

用过HTML的用户对于XHTML中的一些规则应该比较熟悉，为了兼容数以万计的现存网页和不同浏览器，XHTML语言兼顾了HTML语法规则。XHTML文档与HTML文档没有太大区别，只是添加了XML语言的基本规范和要求。

1.3.1 XHTML概述

HTML是一种基本的网页设计语言，XHTML是一个基于XML语言的标识语言，与HTML相似，只有一些小的但重要的区别，XHTML就是一个扮演着类似HTML角色的XML。从本质上分析XHTML是一个过渡技术，它结合了XML的强大功能与HTML的简单特性。如果读者掌握了HTML语言的基本用法，以及能熟练使用HTML的标签和属性之后，只需要稍稍阅读本节知识，就可以轻松构建XHTML文档。

2000年底，国际W3C组织公布了XHTML 1.0版本。XHTML 1.0是一种在HTML 4.0的基础上优化和改进的新语言，目的是基于XML的应用。XHTML是一种增强了的HTML，它的可扩展性和灵活性将适应未来网络应用的更多需求。

与HTML相比，XHTML具有如下特点。

- XHTML是要解决HTML语言所存在的严重制约其发展的问题。HTML发展至今存在三个主要缺点：第一，不能适应现在越来越多的网络设备和应用的需要，如手机、Pad（平板电脑）、信息家电都不能直接显示HTML；第二，由于HTML代码不规范且臃肿，浏览器需要足够智能和庞大才能够正确显示HTML；第三，如果页面要改变显示，就必须重新编写HTML。因此HTML需要不断改进才能解决这个问题，于是W3C又制定了XHTML，XHTML是HTML向XML过渡的一个桥梁。
- XML是网页发展的趋势，所以人们希望加入到XML的潮流中。XHTML是替代HTML 4.0语言的标准，使用XHTML 1.0只要遵守一些简单规则就可以设计出既适合XML规范，又适合当前大部分HTML浏览器的页面。也就是说，用户可以直接使用XML，而不需要使用必须支持XML的浏览器。
- XHTML结构非常严谨。HTML结构糟糕得让人震惊，早期的浏览器接受私有的HTML标签，当用户在页面设计完毕后，必须使用各种浏览器来检测页面是否兼容。检测过程中往往会有许多莫名其妙的差异，为此不得不修改设计以适应不同的浏览器。
- XHTML能与其他基于XML的标记语言、应用程序以及协议进行良好的交互工作。
- XHTML是Web标准家族的一部分，能很好地用在无线设备等其他用户代理上。

- 在网站设计方面，XHTML可以帮助改掉代码编写的恶习，帮助用户养成用标记校验来测试页面工作的良好习惯。

1.3.2 XHTML文档结构

一个完整的XHTML文档结构如下所示。

```
<!--[XHTML 文档基本框架 ]-->
<!-- 定义 XHTML 文档类型 -->
<!DOCTYPE html PUBLIC "-//W3C//DTD XHTML 1.0 Transitional//EN"
"http://www.w3.org/TR/xhtml1/DTD/xhtml1-transitional.dtd">
<!--XHTML 文档根元素，其中 xmlns 属性声明文档命名空间 -->
<html xmlns="http://www.w3.org/1999/xhtml">
<!-- 头部信息结构元素 -->
<head>
<!-- 设置文档字符编码 -->
<meta http-equiv="Content-Type" content="text/html; charset=gb2312" />
<!-- 设置文档标题 -->
<title> 无标题文档 </title>
</head>
<!-- 主体内容结构元素 -->
<body>
</body>
</html>
```

XHTML代码不排斥HTML规则，在结构上也基本相似，如果仔细比较，会发现有两个不同点。

1. 定义文档类型

在XHTML文档第一行新增了<!DOCTYPE>元素，该元素用来定义文档类型。DOCTYPE是Document Type（文档类型）的简写，它是设置XHTML文档的版本。使用时应注意该元素的名称和属性必须大写。

DTD（如xhtml1-transitional.dtd）表示文档类型定义，里面包含了文档的规则，网页浏览器会根据预定义的DTD来解析页面元素，并把这些元素组织的页面显示出来。要建立符合网页标准的文档，DOCTYPE声明是必不可少的关键组成部分，除非XHTML确定了一个正确的DOCTYPE，否则页面内的元素和CSS不能正确生效。

2. 声明命名空间

在XHTML文档根元素中必须使用xmlns属性声明文档的命名空间。xmlns是XML Name Space的缩写，中文翻译为命名空间，也有人翻译为名字空间或名称空间。命名空间是收集元素类型和属性名字的一个详细DTD，它允许通过一个URL地址指向来识别命名空间。

XHTML是HTML向XML过渡的标记语言，它需要符合XML规则，因此也需要定义命名空间。因为XHTML 1.0还不允许用户自定义元素，因此它的命名空间都相同，例如“http://www.w3.org/1999/xhtml”。这就是为什么每个XHTML文档的xmlns值都相同的缘故。

1.3.3 XHTML基本语法

XHTML是根据XML语法简化而来的，因此它遵循XML的文档规范，同时XHTML还大量继承HTML的语言语法规范，因此与HTML语言非常相似，不过它对代码的要求更加严谨。遵循这些要求，对于培养良好的XHTML代码书写习惯是非常重要的。

- 所有的标记都必须有一个相应的结束标记。

在HTML中，用户可以打开许多标签，例如，<p>和<li>可能不一定写对应的</p>和</li>来关闭它们，但这在XHTML中是不合法的。XHTML要求有严谨的结构，所有标签必须关闭。如果是单独不成对的标签，在标签最后也应该加一个"/"来关闭它。示例代码如下所示。

```
<br /><img height="80" alt="网页设计师" src="../images/logo_
w3cn_200x80.gif" width="200" />
```

- 所有标签的元素和属性的名字都必须小写。

与HTML不同，XHTML对大小写是敏感的，例如<title>和<TITLE>是不同的标签。但是，XHTML要求所有的标签和属性的名字都必须使用小写，例如<BODY>必须写成<body>。大小写夹杂也是不被认可的，通常Dreamweaver自动生成的属性名字onMouseOver必须修改成onmouseover。

所有XHTML标记都必须合理嵌套，因为XHTML有严谨的结构要求，因此所有的嵌套都必须按顺序进行，示例代码如下所示。

```
<p><b></p>/b>
```

必须修改为如下样式。

```
<p><b></b>/p>
```

也就是说，一层一层的嵌套必须是严格对称的。

- 所有的属性值必须用引号（""）括起来。

在HTML中，用户可以不给属性值加引号，但是在XHTML中，属性值必须加引号。示例代码如下所示。

```
<height=80>
```

必须修改为如下样式。

```
<height="80">
```

特殊情况下，需要在属性值里使用双引号，可以用单引号（''）替换，单引号也可以使用转义符“'”，示例代码如下所示。

```
<alt="say&apos;hello&apos;">
```

- <、>、&等特殊符号必须用编码表示。

任何小于号（<）若不是标签的一部分，都必须被编码为“<”；任何大于号（>）若不是标签的一部分，都必须被编码为“>”；任何与号（&）若不是实体的一部分，都必须被编码为“&”。

- 给所有属性赋一个值。

XHTML规定所有属性都必须有一个值，没有值的就重复本身。示例代码如下所示。

```
<td nowrap>
<input type="checkbox" name="shirt" value="medium" checked>
```

必须修改为如下样式。

```
<td nowrap="nowrap">
<input type="checkbox" name="shirt" value="medium" checked="checked">
```

不要在注释内容中使用“--”。

“--”只能发生在XHTML注释的开头和结束，也就是说，在内容中它们不再有效。示例代码如下所示。

```
<!-- 这里是注释 ----------- 这里是注释 -->
```

可以用等号或者空格替换内部的虚线。

```
<!-- 这里是注释 = = = = = = = = = = = = = 这里是注释 -->
```

- 在文档的开头必须定义文档类型。
- 在根元素中应声明命名空间，即设置xmlns属性。
- XHTML规范废除了name属性，而使用id属性作为统一的名称。在IE 4.0及以下版本中应保留name属性，使用时可以同时使用id和name属性。

上面列举的几点是XHTML最基本的语法要求，习惯于HTML的读者应克服代码书写中的随意性，好的习惯会影响一生。

1.3.4 XHTML文档类型分类

XHTML 1.0支持三种DTD声明：过渡型（Transitional）、严格型（Strict）和框架型（Frameset）。

1. 过渡型

这类文档类型对于标签和属性的语法要求不是很严格，允许在页面中使用HTML 4.01的标签（符合XHTML语法标准）。过渡型DTD语句声明如下所示。

```
<!DOCTYPE html PUBLIC “-//W3C//DTD XHTML 1.0 Transitional//EN"
"http://www.w1.org/TR/xhtml1/DTD/xhtml1-transitional.dtd">
```

2. 严格型

这类文档类型对于文档内的代码要求比较严格，不允许使用任何表现层的标签和属性。严格型DTD语句声明如下所示。

```
<!DOCTYPE html PUBLIC "-//W3C//DTD XHTML 1.0 Strict//EN"
"http://www.w1.org/TR/xhtml1/DTD/xhtml1-strict.dtd">
```

在严格型文档类型中，以下元素将不被支持。

- center：居中（属于表现层）。
- font：字体样式，如大小、颜色和样式（属于表现层）。
- strike：删除线（属于表现层）。
- s：删除线（属于表现层）。
- u：文本下划线（属于表现层）。
- iframe：嵌入式框架窗口（专用于框架文档类型或过渡型文档）。
- isindex：提示用户输入单行文本（与input元素语义重复）。
- dir：定义目录列表（与dl元素语义重复）。
- menu：定义菜单列表（与ul元素语义重复）。
- basefont：定义文档默认字体属性（属于表现层）。
- applet：定义插件（与object元素语义重复）。

在严格型文档类型中，以下属性将不被支持。

- align（支持table包含的相关元素：tr、td、th、col、colgroup、thead、tbody、tfoot）。
- language。
- background。
- bgcolor。
- border（table元素支持）。
- height（img和object元素支持）。
- hspace。
- name（在HTML 4.01 Strict中支持，在XHTML 1.0 Strict中的form和img元素不支持）。
- noshade。
- nowrap。
- target。
- text、link、vlink和alink。
- vspace。
- width（img、object、table、col和colgroup元素支持）。

3. 框架型

这是一种专门针对框架页面所使用的DTD，当页面中含有框架元素时，就应该采用这种DTD。框架型DTD语句声明如下所示。

```
<!DOCTYPE html PUBLIC “-//W3C//DTD XHTML 1.0 Transitional//EN"
“http://www.w1.org/TR/xhtml1/DTD/xhtml1-frameset.dtd">
```

使用严格型DTD来制作页面是最理想的方式，但是对于没有深入了解Web标准的网页设计者来说，适合使用过渡型DTD。因为过渡型DTD允许使用表现层元素和属性，适合大多数初级网页制作人员使用。

对于大多数标准网页设计师来说，过渡型DTD（XHTML 1.0 Transitional）是比较理想的选择。因为这种DTD允许使用描述性的元素和属性，也比较容易通过W3C的代码校验。

1.3.5 XHTML文档类型详解

在XHTML文档中，DOCTYPE是一个必要元素，它决定了网页文档的显示规则。网页中通过在首行代码中定义文档类型，来指定页面所使用的HTML的版本类型。在构建符合标准的网页中，只有确定正确的DOCTYPE，HTML文档的结构和样式才能被正常解析和呈现。

实际上，DTD 是一套关于标签的语法规则。DTD文件是一个ASCII码文本文件，后缀名为“.dtd”。如果利用DOCTYPE声明中的URL可以访问指定类型的DTD详细信息。例如，对于XHTML 1.0过渡型DTD的URL为“http://www.w3.org/TR/xhtml1/DTD/xhtml1-transitional.dtd”，在浏览器地址栏中输入该地址即可打开XHTML 1.0过渡型DTD文档，如图1-9所示。

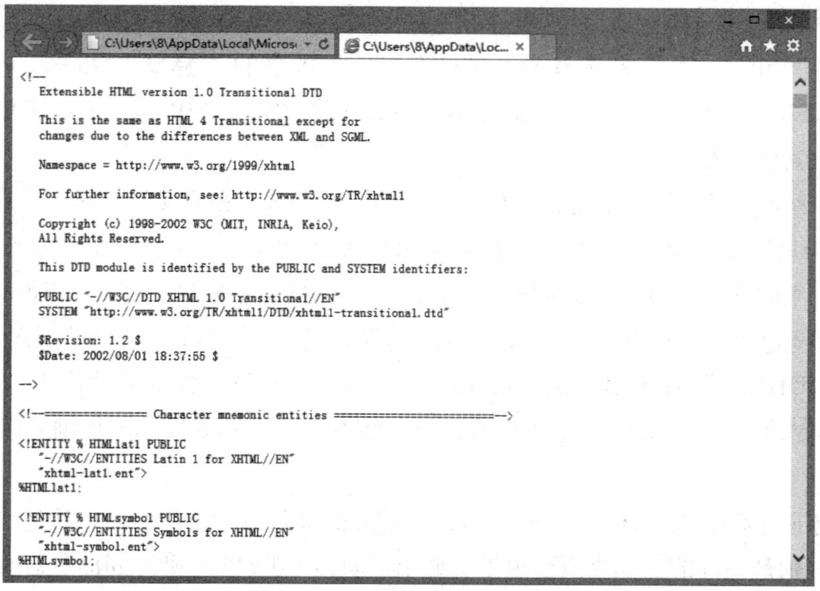

图1-9　XHTML 1.0过渡型DTD文档

一个DTD文档包含元素的定义规则，元素间关系的定义规则，元素可使用的属性、实体或符号规则。这些规则用于标记Web文档的内容。此外还包括了其他规则，它们规定了哪些标签能出现在其他标签中。文档类型不同，它们对应的DTD也不相同。

例如，下面是从XHTML 1.0过渡型DTD文档中截取的有关image元素定义的相关规则。

```
<!--==================== Images ===================================-->
<!--
   To avoid accessibility problems for people who aren't
   able to see the image, you should provide a text
   description using the alt and longdesc attributes.
   In addition, avoid the use of server-side image maps.
-->
<!ELEMENT img EMPTY>
<!ATTLIST img
  %attrs;
  src          %URI;                #REQUIRED
  alt          %Text;               #REQUIRED
  name         NMTOKEN              #IMPLIED
  longdesc     %URI;                #IMPLIED
  height       %Length;             #IMPLIED
  width        %Length;             #IMPLIED
  usemap       %URI;                #IMPLIED
  ismap        (ismap)              #IMPLIED
  align        %ImgAlign;           #IMPLIED
  border       %Length;             #IMPLIED
  hspace       %Pixels;             #IMPLIED
  vspace       %Pixels;             #IMPLIED
>
```

“<!--”和“-->”表示注释，与HTML文档中的注释语句相同，然后使用“<!ELEMENT”命令定义一个image元素，后面的关键字“EMPTY”表示该元素可以为空，不包含其他元素。

使用“<!ATTLIST”命令定义属性，后面跟随的img表示被定义的元素。

“%attrs;”表示属性列表。在跟随的属性列表中，第一列为属性的名称，第二列以“%”标识符定义属性的数据类型。例如，URI表示文件的地址，Text表示字符串文本，Length表示长度，Pixels表示像素等。第三列表示属性的默认值类型，其中“#REQUIRED”表示属性值是必须的；“#IMPLIED”表示属性值不是必须的；“#FIXED value”表示属性值是固定的。想了解有关该文档更详细的规则可以查阅相关资料。

由于不同的浏览器对HTML和CSS语言的解释效果并不完全相同，也就是说不同浏览器的解析规则是不同的。如果页面中没有显示声明DOCTYPE，则不同浏览器会自动采用各自默认的DOCTYPE规则来解析文档中的各种标签和CSS样式码。因此，从浏览器兼容性来考虑，声明DOCTYPE是必须的。

DOCTYPE声明必须放在（X）HTML文档的顶部，在文档类型声明语句的上面不能够包含任何HTML代码，也不能包含HTML注释标签。DOCTYPE声明语句的说明如图1-10所示。

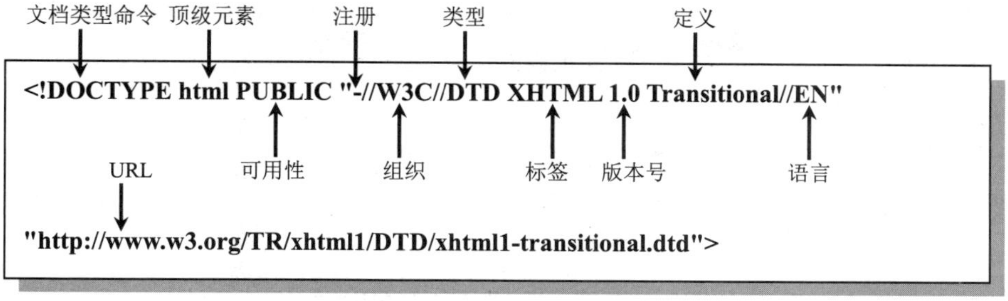

图1-10　DOCTYPE结构图

DOCTYPE声明中各个部分说明如下所述。

- 顶级元素：指定DTD中声明的顶级元素类型，这与声明的SGML文档类型相对应。HTML文档默认顶级元素为html。
- 可用性：指定正式公开标识符（FPI）是可公开访问的对象（PUBLIC）还是系统资源（SYSTEM）。默认为PUBLIC，系统资源包括本地文件或URL。
- 注册：指定组织是否由国际标准化组织（ISO）注册。“+”表示组织名称已注册，这里默认选项“-”，表示组织名称未注册。W3C是属于非注册的ISO组织，所以显示为“-”。
- 组织：指定在“!DOCTYPE”声明引用的DTD的创建和维护的团体或组织的名称。HTML语言规范的创建和维护组织为W3C。
- 类型：指定公开文本的类，即所引用的对象类型。HTML默认为DTD。
- 标签：指定公开文本的描述，即对所引用的公开文本的唯一描述性名称，后面可附带版本号。HTML默认为HTML，XHTML默认为XHTML，后面跟随的是其版本号。
- 定义：指定文档类型定义包含Frameset（框架集文档）、Strict（严格型文档）和Transitional（过渡型文档），图1-10中声明的是过渡型文档。严格型文档禁止使用W3C规范中指定将逐步淘汰的元素和属性，而过渡型文档可以包含除frameset元素以外的全部内容。
- 语言：指定公开文本的语言，即用于创建所引用对象的自然语言编码系统。该语言定义已编写为ISO 639语言代码（两个字母要大写），默认为EN（英语）。
- URL：指定所引用对象的位置。

从上面的分析结果可以看到DOCTYPE声明语句的写法是严格遵循一定规则的，只有这样浏览器才能够调用对应文档类型的规则集来解释文档中的标签。所谓的文档类型规则集就是W3C公开发布的一个文档类型定义中包含的规则。

1.3.6　XHTML名字空间

在XHTML文档中，还需要注意另一个容易忽略的问题，即给<html>标签定义名字空间。示例代码如下所示。

```
<html xmlns="http://www.w1.org/1999/xhtml">
```

xmlns是html元素的一个特殊属性。xmlns属性是XHTML Name Space的缩写，中文翻译为名字空间，该属性声明了html顶级元素的名字空间。那么，名字空间在文档中是必须的吗？它有什么作用呢？

在标准设计中，名字空间是必须设置的一个属性，用来定义该顶级元素以及其包含的各级子元素的唯一性。名字空间声明允许通过一个网址指向来识别文档内标签的唯一性。

由于XML语言允许用户自定义标签，这就可能存在你定义的标签名称与别人定义的标签名称发生冲突，从而可能引起标签名称不同，但是标签所表示的语义相同。这些文档在网上自由传播或者相互交换文件时，由于名称相同可能会发生语义冲突。此时，需要为各自的文档指定其语义的限制空间，于是xmlns属性就派上用场了。

为了帮助读者理解这个概念，来举一个简单的示例，下面是张三和李四两个人分别定义的文档。

```
<!-- 张三：自定义文档 -->
<document>
    <name> 书名 </name>
    <author> 作者 </author>
    <content> 目录 </content>
</document>
<!-- 李四：自定义文档 -->
<document>
    <title> 论文题目 </title>
    <author> 作者 </author>
    <content> 论文内容 </content>
</document>
```

文档的根元素都是document，同时文档中含有很多相同的元素名，如果这些文档都在网上共享就会发生语义冲突。

此时，若使用xmlns分别为它们定义一个名字空间就不会发生冲突了。示例代码如下所示。

```
<!-- 张三：自定义文档 -->
<document xmlns="http://www.baidu.com/zhangsan">
    <name> 书名 </name>
    <author> 作者 </author>
    <content> 目录 </content>
</document>
<!-- 李四：自定义文档 -->
<document xmlns="http://www.baidu.com/lisi">
    <title> 论文题目 </title>
    <author> 作者 </author>
    <content> 论文内容 </content>
</document>
```

在上面的代码中，张三的文档名字空间为“http://www.baidu.com/zhangsan”，而李四的名字空间为“http://www.baidu.com/lisi”，虽然他们的文档存在相同的标签，但是借助顶级元素中定义的名字空间，相互之间就不会发生语义冲突了。通俗地说，名字空间就是给文档做一个标签，标明该文档是属于哪个网站的。对于HTML文档来说，由于它的元素是固定的，不允许用户进行定义，所以指定的名字空间永远为“http://www.w1.org/1999/xhtml”。

1.4 HTML5基础

HTML5以HTML4为基础，对HTML4进行了大量的修改。下面简单介绍HTML5在HTML4的基础上进行了哪些修改，HTML5与HTML4之间主要的区别是什么。

1.4.1 HTML5语法

1. 内容类型

HTML5的文件扩展名与内容类型（Content Type）保持不变，也就是说，扩展名仍然为“.html”或“.htm”，内容类型仍然为“text/html”。

2. 文档类型声明

根据HTML5设计化繁为简的准则，对文档类型和字符说明都进行了简化。DOCTYPE声明是HTML文件中必不可少的内容，它位于文件第一行。在HTML 4中，声明方法的代码代码如下所示。

```
<!DOCTYPE html PUBLIC "-//W3C//DTD XHTML 1.0 Transitional//EN"
"http://www.w3.org/TR/xhtml1/DTD/xhtml1-transitional.dtd">
```

在HTML5中，刻意不使用版本声明，一份文档将会适用于所有版本的HTML。HTML5中的DOCTYPE声明方法（不区分大小写）的代码如下所示。

```
<!DOCTYPE html>
```

另外，当使用工具时，也可以在DOCTYPE声明方式中加入SYSTEM识别符，声明方法的代码如下所示。

```
<!DOCTYPE HTML SYSTEM "about:legacy-compat">
```

在HTML5中，像这样的DOCTYPE声明方式是允许的，不区分大小写，也不区分是单引号还是双引号。

提 示

使用HTML5的DOCTYPE会触发浏览器以标准兼容模式显示页面。众所周知，网页都有多种显示模式，如怪异模式（Quirks）、近标准模式（Almost Standards）和标准模式（Standards），其中标准模式也被称为非怪异模式（No-Quirks）。浏览器会根据DOCTYPE来识别应该使用哪种模式，以及使用什么规则来验证页面。

3. 字符编码

在HTML4中，使用meta元素的形式指定文件中的字符编码，代码如下所示。

```
<meta http-equiv="Content-Type" content="text/html;charset=UTF-8">
```

在HTML5中，可以使用对<meta>元素直接追加charset属性的方式来指定字符编码，代码如下所示。

```
<meta charset="UTF-8">
```

若两种方法都有效，可以继续使用前一种方式，即通过content元素的属性来指定，但是不能同时混合使用两种方式。在以前的网站代码中可能会存在下面代码所示的标记方式，但在HTML5中，这种字符编码方式将被认为是错误的，代码如下所示。

```
<meta charset="UTF-8" http-equiv="Content-Type" content="text/
html;charset=UTF-8">
```

从HTML5开始，对于文件的字符编码推荐使用UTF-8。

4. 版本兼容性

HTML 5的语法是为了保证与之前的HTML语法达到最大程度的兼容而设计的。简单说明如下。

- 可以省略标记的元素。

在HTML5中，元素的标记可以省略。具体来说，元素的标记分为三种类型，不允许写结束标记、可以省略结束标记、开始标记和结束标记全部可以省略。下面简单介绍这三种类型各包括哪些HTML5新元素。

第一，不允许写结束标记的元素有：area、base、br、col、command、embed、hr、img、input、keygen、link、meta、param、source、track、wbr。

第二，可以省略结束标记的元素有：li、dt、dd、p、rt、rp、optgroup、option、colgroup、thead、tbody、tfoot、tr、td、th。

第三，可以省略全部标记的元素有：html、head、body、colgroup、tbody。

> **提 示**
>
> 不允许写结束标记的元素是指不允许使用开始标记与结束标记将元素括起来的形式，只允许使用<元素/>的形式进行书写。例如，
...</br>的书写方式是错误的，正确的书写方式为
。当然，在HTML5之前的版本中，
这种写法可以被沿用。

可以省略全部标记的元素是指该元素可以完全被省略。注意，即使标记被省略了，该元素还是以隐藏的方式存在着。例如，将body元素省略不写时，它在文档结构中还是存在的，可以使用document.body进行访问。

- 具有布尔值的属性。

布尔值（boolean）的属性如disabled与readonly等，当只写属性而不指定属性值时，属性值表示为true；如果想要将属性值设为false，可以不使用该属性。另外，要想将属性值设定为true时，也可以将属性名设定为属性值，或将空字符串设定为属性值。示例代码如下所示。

```
<!-- 只写属性，不写属性值，代表属性为true-->
<input type="checkbox" checked>
<!-- 不写属性，代表属性为false-->
<input type="checkbox">
<!-- 属性值 = 属性名，代表属性为true-->
<input type="checkbox" checked="checked">
<!-- 属性值 = 空字符串，代表属性为true-->
<input type="checkbox" checked="">
```

- 省略引号。

属性值两边既可以用双引号，也可以用单引号。HTML5在此基础上做了一些改进，当属性值不包括空字符串、小于号、大于号、等于号、单引号、双引号等字符时，属性值两边的引号可以省略。例如，下面的写法都是合法的。

```
<input type="text">
<input type='text'>
<input type=text>
```

【示例】下面通过上面介绍的HTML5语法知识，完全用HTML5编写一个文档，该文档中省略了<html>、<head>、<body>等元素。通过这个示例可以复习一下HTML5的DOCTYPE声明、用<meta>元素的charset属性指定字符编码、省略<p>元素的结束标记、使用<元素/>的方式来结束<meta>元素，以及
元素等本节中所介绍到的知识要点。示例代码如下所示。

```
<!DOCTYPE html>
<meta charset="UTF-8">
<title>HTML5 基本语法 </title>
<h1>HTML5 的目标 </h1>
<p>HTML5 的目标是为了能够创建更简单的 Web 程序，书写出更简洁的 HTML 代码。
<br/> 例如，为了使 Web 应用程序的开发变得更容易，提供了很多 API ；为了使 HTML 变
得更简洁，开发出了新的属性、新的元素等。总体来说，为下一代 Web 平台提供了许许多多新的
功能。
```

这段代码在IE浏览器中的运行结果如图1-11所示。

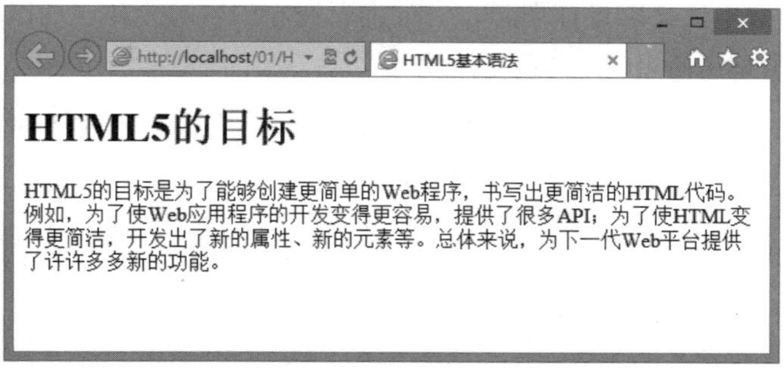

图1-11　第一个HTML 5文档

1.4.2 HTML5元素

HTML5引入了很多新的标记元素，根据内容类型的不同，这些元素被分成了7大类，如表1-2所示。

表1-2 HTML5的内容类型

内容类型	说明
内嵌	在文档中添加其他类型的内容，如audio、video、canvas和iframe等
流	在文档和应用的body中使用的元素，如form、h1和small等
标题	段落标题，如h1、h2和hgroup等
交互	与用户交互的内容，如音频和视频的控件、button和textarea等
元数据	通常出现在页面的head中，设置页面其他部分的表现和行为，如script、style和title等
短语	文本和文本标记元素，如mark、kbd、sub和sup等

上表中所有类型的元素都可以通过CSS来设定样式。虽然canvas、audio和video元素在使用时往往需要其他API来配合，以实现细粒度控制，但它们同样可以直接使用。

1. HTML5新增的结构元素

HTML5定义了一组新的语义化标记来描述元素的内容。虽然语义化标记也可以使用HTML标记进行替换，但是它可以简化HTML页面的设计，并且将来搜索引擎在抓取和索引网页的时候也会利用到这些元素的优势。在目前主流的浏览器中已经可以用这些元素了，新增的语义化标记元素如表1-3所示。

表1-3 HTML5新增的语义化标记元素

元素名称	说明
header	标记头部区域的内容（用于整个页面或页面中的一块区域）
footer	标记脚部区域的内容（用于整个页面或页面中的一块区域）
section	Web页面中的一块区域
article	独立的文章内容
aside	相关内容或者引文
nav	导航类辅助内容

根据HTML5效率优先的设计理念，它推崇表现和内容的分离，所以在HTML5的实际编程中，开发人员必须使用CSS来定义样式。

【示例】在下面示例中分别使用HTML5提供的各种语义化结构标记重新设计一个网页，示例代码如下所示，效果如图1-12所示。

```
<!DOCTYPE html>
<html>
<head>
<meta charset="utf-8" >
<title>HTML5 结构元素 </title>
```

```
</head>
<body>
<header>
    <h1> 网页标题 </h1>
    <h2> 次级标题 </h2>
    <h4> 提示信息 </h4>
</header>
<div id="container">
    <nav>
        <h3> 导航 </h3>
        <a href="#"> 链接 1</a> <a href="#"> 链接 2</a> <a href="#"> 链接 3</a> </nav>
    <section>
        <article>
            <header>
                <h1> 文章标题 </h1>
            </header>
            <p> 文章内容……</p>
            <footer>
                <h2> 文章注脚 </h2>
            </footer>
        </article>
    </section>
    <aside>
        <h3> 相关内容 </h3>
        <p> 相关辅助信息或者服务……</p>
    </aside>
    <footer>
        <h2> 页脚 </h2>
    </footer>
</div>
</body>
</html>
```

图1-12　HTML5语义化结构网页显示

2. HTML5新增的功能元素

根据页面内容的功能需要，HTML5新增了很多专用元素，简单说明如下。

- hgroup元素：用于对整个页面或页面中一个内容区块的标题进行组合。代码格式如下所示。

```
<hgroup>…</hgroup>
```

在HTML4中表示为如下代码。

```
<div>…</div>
```

- video元素：定义视频，比如电影片段或其他视频流。示例代码操作如下所示。

```
<video src="movie.ogg" controls="controls">video 元素 </video>
```

在HTML4中表示为如下代码。

```
<object type="video/ogg" data="movie.ogv">
    <param name="src" value="movie.ogv">
</object>
```

- audio元素：定义音频，比如音乐或其他音频流。示例代码如下所示。

```
<audio src="someaudio.wav">audio 元素 </audio>
```

在HTML4中表示为如下代码。

```
<object type="application/ogg" data="someaudio.wav">
    <param name="src" value="someaudio.wav">
</object>
```

- embed元素：用来插入各种多媒体，格式可以是Midi、Wav、AIFF、AU、MP3等。示例代码如下所示。

```
<embed src="horse.wav" />
```

在HTML4中表示为如下代码。

```
<object data="flash.swf" type="application/x-shockwave-flash"></object>
```

- mark元素：主要用来在视觉上向用户呈现那些需要突出显示或高亮显示的文字。mark元素一个比较典型的应用是在搜索结果中向用户高亮显示搜索关键词。代码格式如下所示。

```
<mark>…</mark>
```

在HTML4中表示为如下代码格式。

```
<span>…</span>
```

- dialog元素：定义对话框或窗口。示例代码如下所示。

```
<dialog open>这是打开的对话窗口</dialog>
```

在HTML4中表示为如下代码。

```
<div id="dialog">这是打开的对话窗口</div>
```

- bdi元素：定义文本的文本方向，使其脱离周围文本的方向设置。示例代码如下所示。

```
<ul>
<li>Username <bdi>Bill</bdi>:80 points</li>
<li>Username <bdi>Steve</bdi>:78 points</li>
</ul>
```

- figcaption元素：定义figure元素的标题。示例代码如下所示。

```
<figure>
  <figcaption>黄浦江上的的卢浦大桥</figcaption>
  <img src="shanghai_lupu_bridge.jpg" width="350" height="234" />
</figure>
```

在HTML4中表示为如下代码。

```
<div id ="figure">
  <h2>黄浦江上的的卢浦大桥</h2>
  <img src="shanghai_lupu_bridge.jpg" width="350" height="234" />
</div>
```

- time元素：表示日期或时间，也可以同时表示两者。代码格式如下所示。

```
<time>…</time>
```

在HTML4中表示为如下代码。

```
<span>…</span>
```

- canvas元素：表示图形、图表和其他图像。这个元素本身没有行为，仅提供一块画布，但它会把一个绘图API展现给客户端Javascript，以使脚本能够把想绘制的东西绘制到这块画布上。示例代码如下所示。

```
<canvas id="myCanvas" width="200" height="200"></canvas>
```

在HTML4中表示为如下代码。

```
<object data="inc/hdr.svg" type="image/svg+xml" width="200" height="200">
</object>
```

- output元素：表示不同类型的输出，比如脚本的输出。代码格式如下所示。

```
<output>…</output>
```

在HTML4中表示为如下代码格式。

```
<span>…</span>
```

- source元素：为媒介元素（比如<video>和<audio>）定义媒介资源。代码格式如下所示。

```
<source>
```

在HTML4中表示为如下代码。

```
<param>
```

- menu元素：表示菜单列表。当希望列出菜单控件时使用该标签。示例代码如下所示。

```
<menu>
    <li><input type="checkbox" />Red</li>
    <li><input type="checkbox" />blue</li>
</menu>
```

在HTML4中，menu元素不被推荐使用。

- ruby元素：表示ruby注释（中文注音或字符）。示例代码如下所示。

```
<ruby>汉<rt><rp>(</rp>ㄏㄢˋ<rp>)</rp></rt></ruby>
```

- rt元素：表示字符（中文注音或字符）的解释或发音。示例代码如下所示。

```
<ruby>汉<rt> ㄏㄢˋ</rt></ruby>
```

- rp元素：在ruby注释中使用，以定义不支持ruby元素的浏览器所显示的内容。示例代码如下所示。

```
<ruby>汉<rt><rp>(</rp>ㄏㄢˋ<rp>)</rp></rt></ruby>
```

- wbr元素：表示软换行。wbr元素与br元素的区别在于br元素表示此处必须换行，而wbr元素是浏览器窗口或父级元素的宽度足够宽时（没必要换行时）不进行换行，当宽度不够时才主动在此处进行换行。示例代码如下所示。

```
    <p> TW3C invites media, analysts, and other attendees of Mobile
World Congress (MWC) <wbr> 2012 to meet with W3C and learn how the Open
Web Platform <wbr> is transforming industry. From 27 February through
1 March W3C will </p>
```

- command元素：表示命令按钮，如单选按钮、复选框或按钮。示例代码如下所示。

```
<command onclick="cut()" label="cut">
```

- details元素：表示用户要求得到并且可以得到的细节信息。它可以与summary元素配合使用。summary元素提供标题或图例，标题是可见的，用户点击标题时会显示出细节信息。summary元素应该是details元素的第一个子元素。示例代码如下所示。

```
<details>
    <summary>HTML5</summary>
```

```
    <details> For the latest updates from the HTML WG, possibly
including important bug fixes, please look at the editor's draft
instead. There may also be a more up-to-date Working Draft with changes
based on resolution of Last Call issues..
    </details>
```

- summary元素：为<details>元素定义可见的标题。示例参考上一个元素的。
- datalist元素：datalist元素表示可选数据的列表，与input元素配合使用，可以制作出输入值的下拉列表。代码格式如下所示。

```
    <datalist>…</datalist>
```

- datagrid元素：表示可选数据的列表，它以树形列表的形式来显示。代码格式如下所示。

```
    <datagrid>…</datagrid>
```

- keygen元素：表示生成密钥。代码格式如下所示。

```
    <keygen>
```

- progress元素：表示运行中的进程，可以使用progress元素来显示Javascript 中耗费时间的函数的进程。代码格式如下所示。

```
    <progress>…</progress>
```

- meter元素：度量给定范围（gauge）内的数据。示例代码如下所示。

```
    <meter value="3" min="0" max="10">十分之三</meter>
    <meter value="0.6">60%</meter>
```

- track元素：定义用在媒体播放器中的文本轨道。示例代码如下所示。

```
    <video width="320" height="240" controls="controls">
      <source src="forrest_gump.mp4" type="video/mp4" />
      <source src="forrest_gump.ogg" type="video/ogg" />
      <track kind="subtitles" src="subs_chi.srt" srclang="zh"
label="Chinese">
      <track kind="subtitles" src="subs_eng.srt" srclang="en"
label="English">
    </video>
```

3. HTML5废除的元素

在HTML5中废除了HTML4过时的一些元素，对此作如下简单介绍。

- 能使用CSS替代的元素。

对于basefont、big、center、font、s、strike、tt、u这些元素而言，它们的功能都是表现文本效果，而HTML5中提倡把呈现性功能放在CSS样式表中统一编辑，所以将这些元素废除，使用添加CSS样式表的方式进行替代。其中，font元素允许由“所见即所得”的编辑器来插入，s元素、strike元素可以由del元素替代，tt元素可以由CSS的font-family属性替代。

- 不再使用frame框架。

对于frameset元素、frame元素与noframes元素而言，frame框架对网页的可用性存在负面影响。在HTML5中已不支持frame框架了，只支持iframe框架，或者用服务器方创建的由多个页面组成的复合页面的形式，同时将以上三个元素都废除。

- 只有部分浏览器支持的元素。

对于applet、bgsound、blink、marquee等元素而言，只有部分浏览器支持这些元素，特别是bgsound元素以及marquee元素只被IE所支持，所以这些元素在HTML5中被废除。其中，applet元素可由embed元素或object元素替代，bgsound元素可由audio元素替代，marquee可以由Javascript编程的方式所替代。

- 使用ruby元素替代rb元素。
- 使用abbr元素替代acronym元素。
- 使用ul元素替代dir元素。
- 使用form元素与input元素相结合的方式替代isindex元素。
- 使用pre元素替代listing元素。
- 使用code元素替代xmp元素。
- 使用GUID替代nextid元素。
- 使用“text/plain”MIME类型替代plaintext元素。

1.4.3 HTML5属性

HTML5同时增加和废除了很多属性，下面做简单的说明。

1. 新增的表单属性

- 为input（type=text）、select、textarea与button元素新增了autofocus属性。它以指定属性的方式让元素在画面打开时自动获得焦点。
- 为input元素（type=text）与textarea元素新增了placeholder属性，它会对用户的输入进行提示，提示用户可以输入的内容。
- 为input、output、select、textarea、button与fieldset新增了form属性，声明它属于哪个表单，然后将其放置在页面上的任何位置，而不是表单之内。
- 为input元素（type=text）与textarea元素新增了required属性。该属性表示在用户提交的时候进行检查，检查该元素一定要有输入的内容。
- 为input元素增加了autocomplete、min、max、multiple、pattern和step属性。同时，还有一个新的list元素与datalist元素配合使用，datalist元素与autocomplete属性配合使用。multiple属性允许在上传文件时一次上传多个文件。
- 为input元素与button元素新增了formaction、formenctype、formmethod、formnovalidate与formtarget属性，它们可以重载form元素的action、enctype、

method、novalidate与target属性。为fieldset元素增加了disabled属性，可以把它的子元素设为disabled（无效）状态。

- 为input、button、form元素新增了novalidate属性，该属性可以取消提交时进行的有关检查，表单可以被无条件地提交。

2. 新增的链接属性

- 为a与area元素新增了media属性，该属性规定目标URL是为什么类型的媒介或设备进行优化的，这个只能在href属性存在时使用。
- 为area元素新增了hreflang、rel属性，以保持与a元素、link元素的一致。
- 为link元素新增了sizes属性。该属性可以与icon元素结合使用（通过rel属性），它指定关联图标（icon元素）的大小。
- 为base元素新增了target属性，主要目的是保持与a元素的一致性。

3. 新增的其他属性

- 为ol元素增加了reversed属性，它指定列表倒序显示。
- 为meta元素增加了charset属性，这个属性为文档的字符编码的指定提供了一种良好的方式，目前已经被广泛支持。
- 为menu元素增加了type与label两个新属性。label属性为菜单定义一个可见的标注，type属性让菜单可以按上下文菜单、工具条与列表菜单三种形式出现。
- 为style元素增加了scoped属性，用来规定样式的作用范围，譬如只对页面上某个样式起作用。
- 为script元素增加了async属性，它定义脚本是否异步执行。
- 为html元素增加了manifest属性，开发离线Web应用程序时，它与API结合使用，定义一个URL，在这个URL上描述文档的缓存信息。
- 为iframe元素新增了sandbox、seamless与srcdoc三个属性，用来提高页面安全性，防止不信任的Web页面执行某些操作。

4. 废除的属性

HTML5废除了HTML4中过时的属性，采用了其他属性或其他方案进行替代，具体说明如表1-4所示。

表1-4　HTML5废除的属性

HTML4属性	适应元素	HTML5替代方案
rev	link、a	rel
charset	link、a	在被链接的资源中使用HTTP Content-type头元素
shape、coords	a	使用area元素代替a元素
longdesc	img、iframe	使用a元素链接到较长的描述
target	link	多余属性，被省略
nohref	area	多余属性，被省略
profile	head	多余属性，被省略

续表

HTML4属性	适应元素	HTML 5替代方案
version	html	多余属性，被省略
name	img	id
scheme	meta	只为某个表单域使用scheme
archive、classid、codebase、codetype、declare、standby	object	使用data与type属性类调用插件。需要使用这些属性来设置参数时，使用param属性
valuetype、type	param	使用name与value属性，不声明值的MIME类型
axis、abbr	td、th	使用以明确简洁的文字开头，后跟详述文字的形式。对更详细的内容可以使用title属性，来使单元格的内容变得简短
scope	td	在被链接的资源的中使用HTTP Content-type头元素
align	caption、input、legend、div、h1、h2、h3、h4、h5、h6、p	使用CSS样式表替代
alink、link、text、vlink、background、bgcolor	body	使用CSS样式表替代
align、bgcolor、border、cellpadding、cellspacing、frame、rules、width	table	使用CSS样式表替代
align、char、charoff、height、nowrap、valign	tbody、thead、tfoot	使用CSS样式表替代
align、bgcolor、char、charoff、height、nowrap、valign、width	td、th	使用CSS样式表替代
align、bgcolor、char、charoff、valign	tr	使用CSS样式表替代
align、char、charoff、valign、width	col、colgroup	使用CSS样式表替代
align、border、hspace、vspace	object	使用CSS样式表替代
clear	br	使用CSS样式表替代
compact、type	ol、ul、li	使用CSS样式表替代
compact	dl	使用CSS样式表替代
compact	menu	使用CSS样式表替代
width	pre	使用CSS样式表替代
align、hspace、vspace	img	使用CSS样式表替代
align、noshade、size、width	hr	使用CSS样式表替代
align、frameborder、scrolling、marginheight、marginwidth	iframe	使用CSS样式表替代
autosubmit	menu	—

1.4.4 HTML5全局属性

在HTML5中，新增全局属性的概念。所谓全局属性是指可以对任何元素都使用的属性。

1. contentEditable属性

contentEditable属性的主要功能是允许用户可以在线编辑元素中的内容。contentEditable是一个布尔值属性，可以被指定为true或false。此外，该属性还有个隐藏的inherit（继承）状态，属性为true时，元素被指定为允许编辑；属性为false时，元素被指定为不允许编辑；未指定true或false时，则由inherit状态来决定，如果元素的父元素是可编辑的，则该元素就是可编辑的。

【示例】在下面示例中，为列表元素加上contentEditable属性后，该元素就变成可编辑的了，读者可自行在浏览器中修改列表内容。示例代码如下所示。

```
<!DOCTYPE html>
<head>
<meta charset="UTF-8">
<title>conentEditalbe 属性示例 </title>
</head>
<h2> 可编辑列表 </h2>
<ul contentEditable="true">
    <li> 列表元素 1</li>
    <li> 列表元素 2</li>
    <li> 列表元素 3</li>
</ul>
```

这段代码运行后的结果如图1-13所示。

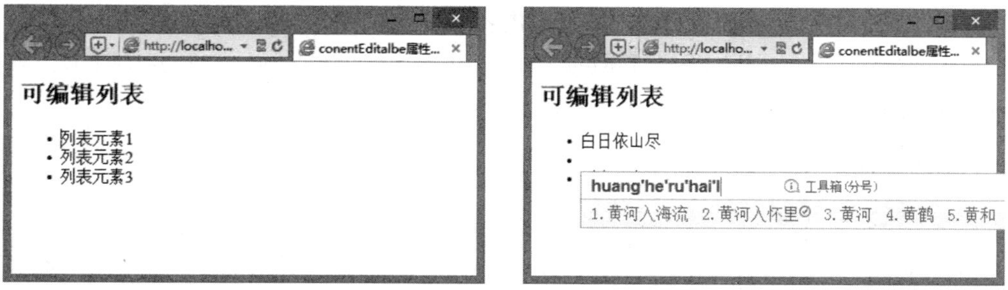

(a) 原始列表　　(b) 编辑列表项项目

图1-13　可编辑列表

在编辑完元素中的内容后，如果想要保存其中的内容，只能把该元素的innerHTML发送到服务器端进行保存。改变元素内容后，该元素的innerHTML内容也会随之改变，目前还没有特别的API来保存编辑后元素中的内容。

contentEditable属性支持的元素包括：defaults、A、ABBR、ACRONYM、ADDRESS、B、BDO、BIG、BLOCKQUOTE、BODY、BUTTON、CENTER、CITE、CODE、CUSTOM、DD、DEL、DFN、DIR、DIV、DL、DT、EM、FIELDSET、FONT、FORM、hn、I、INPUT type=button、INPUT type=password、INPUT type=radio、INPUT type=reset、INPUT type=submit、INPUT type=text、INS、ISINDEX、KBD、LABEL。

2. designMode属性

designMode属性用来指定整个页面是否可编辑，当页面可编辑时，页面中任何支持上文所述的contentEditable属性的元素都变成了可编辑状态。designMode属性只能在Javascript脚本里被编辑修改。该属性有两个值，on与off。属性被指定为on时，页面可编辑；被指定为off时，页面不可编辑。使用Javascript脚本来指定designMode属性的方法如下所示。

```
document.designMode="on"
```

针对designMode属性，各浏览器的支持情况也各不相同。

- IE8：出于安全考虑，不允许使用designMode属性让页面进入编辑状态。
- IE9：允许使用designMode属性让页面进入编辑状态。
- Chrome 3和Safari：使用内嵌frame的方式，该内嵌frame是可编辑的。
- Firefox和Opera：允许使用designMode属性让页面进入编辑状态。

3. hidden属性

在HTML5中，所有的元素都允许使用一个hidden属性。该属性类似于input元素中的hidden元素，功能是通知浏览器不渲染该元素，使该元素处于不可见状态，但是元素中的内容还是浏览器创建的，也就是说页面装载后允许使用Javascript脚本将该属性取消，取消后该元素变为可见状态，同时元素中的内容也即时显示出来。hidden属性的值是一个布尔值，当设为true时，元素处于不可见状态；当设为false时，元素处于可见状态。

4. spellcheck属性

spellcheck属性是HTML5针对input（type=text）与textarea这两个文本输入元素提供的一个新属性，它的功能是对用户输入的文本内容进行拼写和语法检查。spellcheck属性是一个值为布尔值的属性，具有true或false两种值，但是它在书写时有一个特殊的地方，就是必须明确声明属性值为true或false。示例代码如下所示。

```
<!—以下两种书写方法正确 -->
<textarea spellcheck="true" >
<input type=text spellcheck=false>
<!—以下书写方法为错误 -->
<textarea spellcheck >
```

提 示

如果元素的readOnly属性或disabled属性设为true，则不执行拼写检查。目前除了IE之外，Firefox、Chrome、Safari、Opera等浏览器都对该属性提供了支持。

5. tabindex属性

tabindex是开发中的一个基本概念。当不断敲击Tab键，让窗口或页面中的控件获得焦点，对窗口或页面中的所有控件进行遍历的时候，每一个控件的tabindex表示该控件是第几个被访问到的。

1.5 综合实训

集训目标

能够建立不同版本的HTML文档。

- 能够自由使用各种常用标签显示不同类型的网页内容，如表格、表单、列表、图像、段落文本、标题文本、格式化文本等信息。
- 能够根据不同的标签，为它们定义常用属性，以实现对标签的功能、显示方面的控制。

实训1：设计一个自我介绍的简单页面

实训说明

尝试以手写代码的形式在网页中显示如下内容，示例效果如图1-14所示。

- 在网页标题栏中显示“自我介绍”文本信息。
- 以1级标题的形式显示“自我介绍”文本信息。
- 以定义列表的形式介绍个人的基本情况，包括姓名、性别、住址和爱好。
- 在信息列表下面以图像的形式插入个人头像，如果图像太大，使用width属性适当缩小图像。
- 以段落文本的形式显示个人简历，文本内容可酌情输入。

图1-14　设计简单的自我介绍页面效果

示例代码如下所示。

```
<!doctype html>
<html>
<head>
<meta charset="gb2312">
<title> 自我介绍 </title>
</head>
```

```
<body>
<h1> 自我介绍 </h1>
<dl>
    <dt> 姓名 </dt>
    <dd> 张莉莉 </dd>
    <dt> 性别 </dt>
    <dd> 女 </dd>
    <dt> 住址 </dt>
    <dd> 北京后海 4 号院 </dd>
    <dt> 爱好 </dt>
    <dd> 看书、听音乐、跳舞、弹琴 </dd>
</dl>
<img src="images/head.jpg" width="50%">
<p> 大家好，我是一个天生感性，后天理性的女孩．在成长的道路上，将两者有机地结合，
既充分享受做事过程中的快乐，又从不轻视每件事带给自己的收获，驾着理想的航船，把握着手中
的罗盘，向理想出发 .</p>
</body>
</html>
```

实训2：解决网页乱码现象

实训说明

网页为什么会出现乱码？

首先，我们看看出现乱码后的网页效果，如图1-15所示。

图1-15　出现乱码的网页效果

网页乱码是因为网页没有明确设置字符编码。

有时候，在网页中没有明确指明网页的字符编码，但是网页能够正确显示，这是因为

网页字符的编码与浏览器解析网页时采用的默认编码一致，所以不会出现乱码。如果浏览器的默认编码与网页的字符编码不一致时，网页又没有明确定义字符编码，则浏览器依然使用默认的字符编码来解析，这时候就会出现乱码现象。

解决方法

在Dreamweaver中打开该文档，选择“修改”|“页面属性”菜单命令，在打开的“页面属性”对话框中设置“编码”为“简体中文(GB2312)”，然后单击“确定”按钮即可。

此时，在HTML文档head区域中会添加一行代码，head区域代码变为如下形式。

```
    <head>
        <title> 自我介绍 </title>
        <meta http-equiv="Content-Type" content="text/html;
charset=gb2312">
    </head>
```

当然，如果读者能够熟练输入上面<meta>这行代码，则可以不用Dreamweaver帮忙，可以直接在HTML文档中手工输入这行代码以定义网页的字符编码。

这样，重新在浏览器中预览自我介绍页面就不会出现上述乱码现象了。

实训3：把HTML转换为XHTML

实训说明

清楚了XHTML基本语法规范，要把HTML转换为XHTML就比较简单了。可以手动转换，也可以借助工具批量实现，如HTML Tidy。但是，在复杂的HTML文档中，由于手写代码的随意性，一些个性用法和嵌套工具可能无法识别，所以还是建议使用手工方式转换老式的HTML文档。只要铭记下面几条常犯的错误，就能很轻松地把HTML转换为XHTML。

- 闭合所有元素。
- 使用正确的空元素语法。
- 所有的属性值都必须用引号。
- 为所有属性分配值。
- 元素和属性名要小写。
- 元素要正确嵌套。
- 包含DOCTYPE声明。
- 添加XHTML名字空间。

下面这个HTML文档不是一个结构良好的XHTML文档，我们将把它转换成结构良好的XHTML文档，示例代码如下所示，在浏览器中的解析效果如图1-16所示。

```
    <HTML>
    <HEAD>
    <TITLE>Sloppy HTML</TITLE>
    </HEAD>
    <BODY>
    <H1>Element Rules</H1>
    <P><FONT COLOR=RED>Elements provide the structure that holds your
document together.</FONT> <BR>
    <OL COMPACT>
        <LI>Close all elements.
        <LI>Empty elements should follow empty-element syntax,and
besure to add the white space for backward compatibility.
        <LI>Convert all stand-alone attributes to attributes with
values.
        <LI>Add quotation marks to all attribute values.
        <LI>Convert all uppercase element and cttribute names to
lowercase.
        <LI>Use the appropriate DOCTYPE declaration.
        <LI>Add the XHTML namespace to the html start tag.
        <LI>Make sure you comply with any backward-compatible steps
defined in the section "Backward Compatibility."
    </OL>
    </BODY>
    </HTML>
```

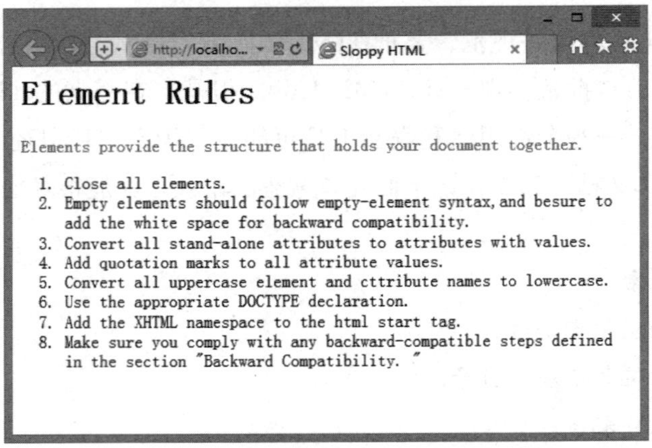

图1-16　HTML文档解析效果

操作步骤

步骤1 关闭所有元素。注意，p元素以及列表项元素li都没有关闭标记，因此应该添加标识p和li的关闭标记。示例代码如下所示。（li元素之列出一行，其余类同。）

```
    <P><FONT COLOR=RED>Elements provide the structure that holds your
document together.</FONT></P>
```

```
<LI>Close all elements.</LI>
```

步骤❷ 空元素应该遵守空元素语法，并且要保证加入必要的空格以保持向后兼容性。BR元素是上述文档中唯一的空元素，因此应该把它更改成
。

步骤❸ 把所有独立的属性转换成带有值的属性。把COMPACT更改为COMPACT="COMPACT"。

步骤❹ 在所有属性值上加引号。代码修改后如下所示。

```
<P><FONT COLOR="RED">Elements provide the structure that holds your
document together.</FONT></P>
<OL COMPACT="COMPACT">
```

步骤❺ 把所有大写元素和属性名（以及属性值）都转换为小写。代码修改后如下所示。

```
<html>
<head>
<title>Sloppy HTML</title>
</head>
<body>
……
```

步骤❻ 使用正确的DOCTYPE声明。这里使用过渡型（Transitional）DTD，代码如下所示。

```
<!DOCTYPE html PUBLIC "-//W3C//DTD XHTML 1.0 Transitional//EN"
"http://www.w3.org/tr/xhtml1/dtd/xhtml1-transitional.dtd">
```

步骤❼ 把XHTML名字空间添加到html起始标志中。代码如下所示。

```
<html xmlns=http://www.w3.org/1999/xhtml>
```

步骤❽ 得到完全符合XHTML规范的文档代码。完整代码如下所示。

```
<!DOCTYPE html PUBLIC "-//W3C//DTD XHTML 1.0 Transitional//EN"
"http://www.w3.org/tr/xhtml1/dtd/xhtml1-transitional.dtd">
<html xmlns=http://www.w3.org/1999/xhtml>
<head>
<title>Sloppy HTML</title>
</head>
<body>
<h1> Element Rules</h1>
<p><font color="red"> Elements provide the structure that holds
your document together.</font></p>
<br />
<ol compact="compact">
    <li> Close all elements.</li>
```

```
        <li> Empty elements should follow empty-element syntax,and
besure to add the white space for backward compatibility.</li>
        <li> Convert all stand-alone attributes to attributes with
values.</li>
        <li> Add quotation marks to all attribute values.</li>
        <li>Convert all uppercase element and cttribute names to
lowercase.</li>
        <li>Use the appropriate DOCTYPE declaration.</li>
        <li>Add the XHTML namespace to the html start tag.</li>
        <li>Make sure you comply with any backward-compatible steps
defined in the section "Backward Compatibility."</li>
    </ol>
    </body>
    </html>
```

1.6 上机练习

1. 网页主要是用来传达信息的，一个标题、一句口号、一个段落、一张图片都可以组成一个网页。请读者以下面这首唐诗为题材，制作一个简单的网页，演示效果如图1-17所示。

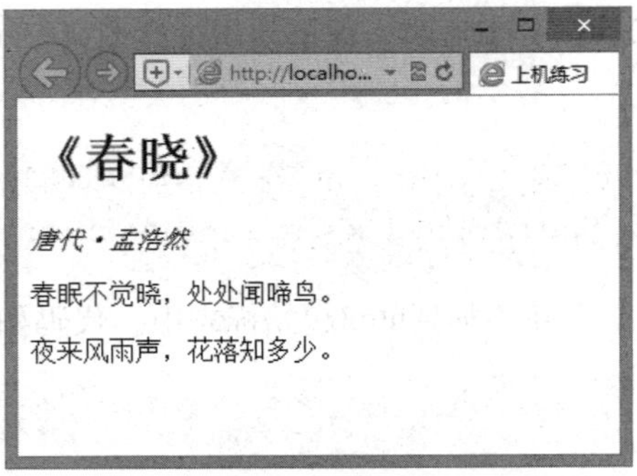

图1-17　网页演示效果

设计要求：

- 在制作网页时，要遵循语义化设计要求，选用不同的标签表达不同的信息。
- 使用<h1>标签设计标题。
- 使用<address>标签设计出处。
- 使用<p>标签设计正文信息。

2. 下面这段HTML文档源代码是不符合XHTML标准的，请把它转换为XHTML过渡型文档，演示页面如图1-18所示。

设计要求：

- 注意标明文档类型和名字空间。
- 使用标题标签设计标题。
- 使用有序列表标签设计列表样式。

- 注意标签的闭合。
- 不要使用非语义字符填充HTML文档。

```
<html>
<head></head>
<body>
<p><b>将CSS样式表文件引入到HTML页面</b></p><br>
<p>  1. 直接写在标签元素的属性style中，通常称之为行间样式；
<p>  2. 将样式写在&lt;style&gt;和&lt;/style&gt;标签之内，通常称之为内嵌样式表；
<p>  3. 通过在&lt;link /&gt;方式外链CSS样式文件，通常称之为外联样式表；
<p>  4. 通过@import关键字导入外部CSS样式文件，通常称之为导入样式表。
</body>
</html>
```

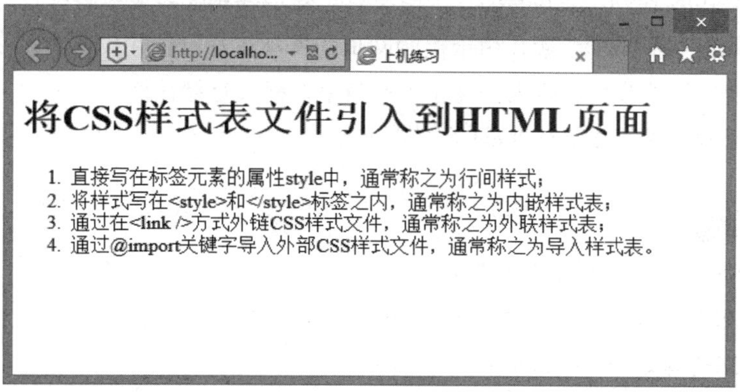

图1-18　页面显示效果

第2章 CSS基础

CSS是Cascading Style Sheet的缩写，中文意思是层叠样式表或级联样式表，它定义如何显示HTML元素，用于控制网页的外观。通过使用CSS实现页面的内容与表现形式分离，极大提高了工作效率。样式存储在样式表中，通常放在头部区域，或者存储在外部CSS文件中。

学习要点

- 了解CSS语言的基本语法和用法
- 了解CSS样式和样式表基本结构
- 熟悉CSS选择器和CSS属性
- 了解CSS特性

训练要点

- 能够正确手写CSS样式代码
- 能够编写CSS样式表文件，并能够把样式表导入到网页中
- 能够灵活并混合使用CSS选择器，能够根据文档结构准确匹配样式
- 能够准确理解CSS的层叠性、继承性和特殊性，并在实践中加以灵活应用

2.1 CSS概述

在网页设计中，CSS与HTML、JavaScript并列为网页前端设计的三种基本语言。其中CSS负责设计网页的显示效果，HTML负责构建网页的基本结构，JavaScript负责开发网页的交互效果。

HTML语言具有强大的结构化组织功能，利用其丰富的标签可以轻松构建网页的结构和显示内容，但在网页布局以及内容显示样式方面的功能就显得比较薄弱。CSS语言弥补了HTML语言的缺陷，为用户提供了功能强大的美化页面样式和布局的功能。

2.1.1 什么是CSS样式

在互联网上随意访问一个页面，然后在浏览器中查看网页源代码，在页面头部区域一般都会看到如下的代码。

```
<style type="text/css">
  ……
</style>
```

或者

```
<link href="style.css" rel="stylesheet" type="text/css" />
```

这些代码正是CSS样式表，<style>标签包含的信息都是具体的CSS样式，而<link>标签连接的文件也是CSS样式表文件。

HTML在显示网页方面存在一个明显的缺陷。虽然HTML在一开始就制定了各种网页样式标签和各种页面修饰属性，但随着网页信息的飞速增加，这种把信息显示内容与信息显示样式混在一起的设计方法已无法满足人们对网络信息快速搜索的需求，更不能适应互联网技术的发展。

W3C标准化组织于1996年12月17日推出了CSS1规范，并得到了微软与网景公司的支持。1998年5月12日，W3C组织推出了CSS2标准，从此该项技术在世界范围内得到推广和使用。现在大部分网页中使用的CSS样式表都遵循CSS2标准。最新的CSS3标准虽然早已经定义完毕，但支持的浏览器和使用者都比较少，因此还没有大规模普及使用。

CSS语言不需要编译，也不需要特殊处理，用户只要把它们放在<style>和</style>标签之间即可。或者单独存储在一个文本文件之中，然后保存为扩展名为“.css”的文件，最后利用<link>标签链接或导入到网页中即可。

2.1.2 为什么学习CSS

CSS是在HTML语言基础上发展而来的，是为了克服HTML网页布局所带来的弊端。在HTML语言中，各种功能的实现都是通过标签元素来实现，然后通过标签的各种属性来定义标签的个性化显示。这些造成了各大浏览器厂商为了实现不同的显示效果而创建各种自定义标签。同时为了设计出不同的效果，经常会把各种标签互相嵌套，造成网页代码的臃肿杂乱。

例如，要在一段文字中把一部分文字变成蓝色，HTML语言代码为：

```
<p><font color=blue>显示信息</font></p>
```

而利用CSS技术，上例代码可以变成：

```
<p style="color: blue">显示信息</p>
```

经过简单比较就可以看出CSS简化了HTML中各种烦琐的标签，使得各个标签的属性更具有一般性和通用性，并且样式表扩展了原先的标签功能，能够实现更多的效果，样式表甚至超越了网页本身的显示功能，而把样式扩展到多种媒体上，显示了难以抗拒的魅力。这仅仅是一个小小的例子，如果把整个网页，甚至全部网站都用一张或几张样式表来专门设计网页的属性和显示样式，就会发现使用CSS的优越性，特别是对后期的更改和维护提供了方便。

样式表的另一个巨大贡献就是把对象引入了HTML，使得可以使用脚本程序（如Javascript、VBscript）来调用网页标签的属性，并且可以改变这些对象属性，达到动态的目的，这在以前的HTML中是无法实现的。

2.1.3 CSS特点

CSS样式表相对简单、灵活、易学，能支持任何浏览器。可以使用HTML标签或命名的方式定义，除可控制一些传统的文本属性外（例如字体、字号、颜色等），还可以控制一些比较特别的HTML属性（例如对象位置、图片效果、鼠标指针等）。

通过CSS样式表可以统一地控制HTML中各标签的显示属性。对页面布局、字体、颜色、背景和其他图文效果实现更加精确地控制。用户只修改一个CSS样式表文件就可以实现改变一批网页的外观和格式，保证在所有浏览器和平台之间的兼容性，拥有更少的编码、更少的页数和更快的下载速度。下面具体说明CSS样式的特点。

- 可以将网页样式和内容分离。

HTML定义了网页的结构和各要素功能，但它让浏览器自己决定应该让各要素以何种模样显示。CSS样式表解决了这个问题，它通过将结构定义和样式定义分离，能够对页面的布局格式施加更多的控制，这样可以保持代码的简明，也就是把CSS代码独立出来，从另一角度控制页面外观。样式和内容的分离简化了维护，因为在样式表中更改某些内容就意味着在任何地方都更改了这些内容。

- 能以前所未有的能力控制页面的布局。

HTML总体上的控制能力很有限，如不能精确地设置高度、行间距和字间距，就不能在屏幕上精确定位图像的位置，但是CSS样式表能够实现所有页面控制功能。

- 可以制作出体积更小、下载速度更快的网页。

CSS样式表只是简单的文本，就像HTML那样。它不需要图像，不需要执行程序，不需要插件，就像HTML指令那样快。使用CSS样式表可以减少表格标签及其他加大HTML体积的代码，减少图像用量从而减少文件尺寸。

- 可以更快、更容易地维护及更新大量的网页。

没有样式表时，如果想更新整个站点中所有主体文本的字体，必须一页一页地修改每张网页，即便站点用数据库提供服务，仍然需要更新所有的模板。CSS样式表的主要目的就是将格式和结构分离，利用样式表可以使站点上所有的网页都使用一个CSS文件，这样只要修改CSS样式表文件中的某一行，那么整个站点都会随之发生变动。

- 使浏览器成为更友好的界面。

CSS样式表代码具有很好的兼容性，不像其他的网络技术，如果用户丢失了某个插件时就会发生中断，使用老版本的浏览器时代码也不会出现杂乱无章的情况。只要是可以识别CSS样式表的浏览器就可以应用它。

2.2 CSS语法和用法

与HTML语言一样，CSS也是一种标识语言，在任何文本编辑器中都可以打开和编辑，由于它简单易学，在网页设计中不可或缺，正成为网页设计师必须掌握的基本语言。下面将讲解CSS的基本语法和简单用法。

2.2.1 CSS基本结构

CSS的语法单元是样式，每个样式包含两部分内容：选择器和声明（或称为规则），如图2-1所示。

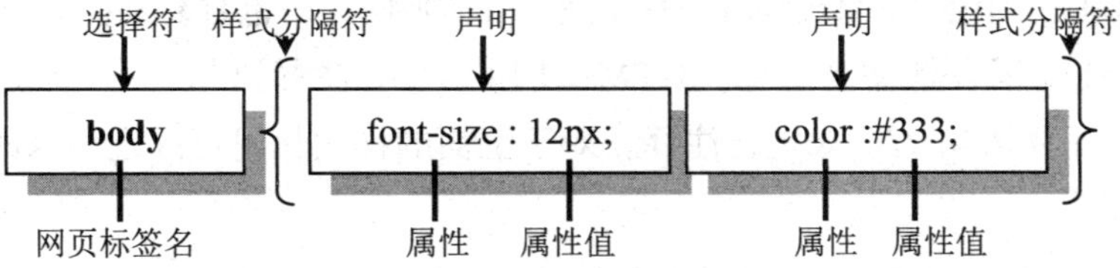

图2-1　CSS样式基本格式

CSS的语法单元中各个部分的说明如下。

- 选择器（Selector）：选择器是告诉浏览器该样式将作用于页面中的哪些对象，这些对象可以是某个标签、所有网页对象、指定Class或ID值等。浏览器在解析这个样式时，根据选择器来渲染对象的显示效果，选择器也可以称为选择符。
- 声明（Declaration）：声明可以增加一个或者无数个，这些声明命令浏览器如何去渲染选择器指定的对象。声明必须包括两部分，属性和属性值，并用分号来标识一个声明的结束，在一个样式中最后一个声明可以省略分号。所有声明被放置在一对大括号内，然后整体紧邻选择器的后面。
- 属性（Property）：属性是CSS提供的设置好的样式选项。属性名是由一个单词或多个单词组成，多个单词之间通过连字符相连，这样能够很直观地表示属性所要设置样式的效果。
- 属性值（Value）：属性值是用来显示属性效果的参数，它包括数值和单位，或者关键字。

【随堂练习】

步骤1 启动Dreamweaver，新建一个网页，保存为test.html，在<head>标签内添加<style type="text/css">标签，定义一个内部样式表，然后在<style>标签内输入样式代码。

步骤2 定义网页字体大小为12像素，字体颜色为深灰色，代码如下所示。

```
body{font-size: 12px; color: #CCCCCC;}
```

步骤3 在上面样式的基础上，定义网页段落文本的背景色为紫色，代码如下所示。

```
body{font-size: 12px; color: #CCCCCC;}p{background-color: #FF00FF;}
```

提 示

多个样式可以并列在一起，不需要考虑如何进行分隔。

步骤4 由于CSS语言忽略空格（除了选择器内部的空格外），因此可以利用空格来美化CSS源代码，将上面的代码进行美化，美化后代码如下所示。

```
body {
    font-size: 12px;
    color: #CCCCCC;
}
p { background-color: #FF00FF; }
```

上面的代码在阅读CSS源代码时一目了然，既方便阅读，也容易维护。

步骤5 任何语言都需要注释，HTML使用“<!-- 注释语句 -->”来进行注释，而CSS使用“/* 注释语句 */”来进行注释。对于上面的样式代码可以进行修改，修改后代码如下所示。

```
body {/* 页面基本属性 */
    font-size: 12px;
    color: #CCCCCC;
}
/* 段落文本基础属性 */
p { background-color: #FF00FF; }
```

2.2.2 CSS基本用法

CSS样式必须放在特定类型的文件、标签或属性中，否则无效，浏览器不会识别和解析。CSS代码一般可以放置在三个位置。

- 直接放在标签的style属性中，示例代码如下所示。

```
<span style="color:red;">红色字体</span>
<div style="border:solid 1px blue; width:200px; height:200px;"></
div>
```

当浏览器解析这些标签时，检测到该标签包含style属性时，就调用CSS引擎来解析这些样式码，并把效果呈现出来。

这种通过style属性直接把样式码放在标签内的做法被称为行内样式。因为它与传统网页布局中增加标签属性的设计方法没有什么两样，这种方法实际上还没有真正把HTML结构和CSS表现分开设计，因此不建议使用。除非为页面中个别元素设置某个特定样式效果而单独进行定义。

- 把样式代码放在<style>标签内，示例代码如下所示。

```
<style type="text/css">
body {/* 页面基本属性 */
    font-size: 12px;
    color: #CCCCCC;
}
/* 段落文本基础属性 */
p { background-color: #FF00FF; }
</style>
```

在设置<style>时应该指定type属性，告诉浏览器该标签包含的代码是CSS源代码。这样，当浏览器遇到<style>之后，会自动调用CSS引擎进行解析。

这种CSS应用方式也被称为网页内部样式。如果仅为一个页面定义CSS样式时，使用这种方法比较高效，且管理方便。在一个网站中，或多个页面之间引用时，这种方法会产生冗余的代码，不建议使用，而且一页一页管理样式也是不经济的。

内部样式一般放在网页的头部区域，目的是让CSS源代码早于页面源代码下载并被解析，这样避免网页信息下载之后，由于没有CSS样式渲染而使页面信息无法正常显示。

- 把样式放置在单独的文件中，然后使用<link>标签或者@import关键字导入。

当浏览器遇到这些代码时，会自动根据它们提供的URL把外部样式表文件导入到页面中并进行解析。

这种应用样式的方式也被称为外部样式。一般网站都采用外部样式来设计网站的表现层问题，以便统筹设计CSS样式，实现快速开发和高效管理。

2.2.3 CSS样式表

一个或多个CSS样式便组成了一个样式表。样式表包括内部样式表和外部样式表。

内部样式表包含在<style>标签内，一个<style>标签就表示一个内部样式表，而通过标签的style属性定义的样式属性就不是样式表。如果一个网页文档中包含了多个<style>标签，就表示该文档包含了多个内部样式表。

如果CSS样式被放置在网页文档外部的文件中，则称为外部样式表，一个CSS样式表文档就表示一个外部样式表。实际上，外部样式表也就是一个文本文件，其扩展名为“.css”。当把不同的样式复制到一个文本文件中后，另存为“.css”文件，它就是一个外部样式表。图2-2就是“禅意花园”的外部样式表。

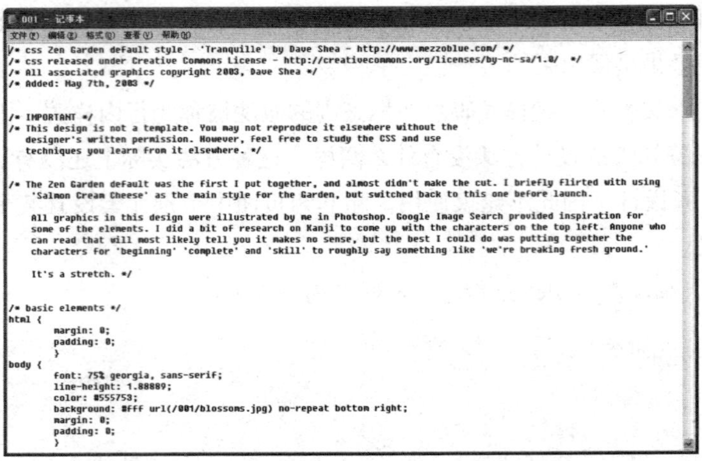


```
/* css Zen Garden default style - 'Tranquille' by Dave Shea - http://www.mezzoblue.com/ */
/* css released under Creative Commons License - http://creativecommons.org/licenses/by-nc-sa/1.0/  */
/* All associated graphics copyright 2003, Dave Shea */
/* Added: May 7th, 2003 */


/* IMPORTANT */
/* This design is not a template. You may not reproduce it elsewhere without the
   designer's written permission. However, feel free to study the CSS and use
   techniques you learn from it elsewhere. */


/* The Zen Garden default was the first I put together, and almost didn't make the cut. I briefly flirted with using
    'Salmon Cream Cheese' as the main style for the Garden, but switched back to this one before launch.

    All graphics in this design were illustrated by me in Photoshop. Google Image Search provided inspiration for
    some of the elements. I did a bit of research on Kanji to come up with the characters on the top left. Anyone who
    can read that will most likely tell you it makes no sense, but the best I could do was putting together the
    characters for 'beginning' 'complete' and 'skill' to roughly say something like 'we're breaking fresh ground.'

    It's a stretch. */


/* basic elements */
html {
        margin: 0;
        padding: 0;
        }
body {
        font: 75% georgia, sans-serif;
        line-height: 1.88889;
        color: #555753;
        background: #fff url(/001/blossoms.jpg) no-repeat bottom right;
        margin: 0;
        padding: 0;
        }
```

图2-2　“禅意花园”外部样式表文件

外部样式表文件与内部样式表没有什么两样，都是由无数个样式组成，也可以在外部样式表文件顶部定义CSS源代码的字符编码。例如，下面代码定义样式表文件的字符编码为中文简体。

```
@charset "gb2312";
```

如果不设置CSS文件的字符编码，可以保留默认设置，浏览器则会根据HTML文件的字符编码来解析CSS代码。

2.2.4　导入外部样式表

外部样式表必须导入到网页文档中，才能够被识别和解析。外部样式表文件可以通过两种方法导入到HTML文档中。

1. 使用<link>标签导入

使用<link>标签导入外部样式表文件，代码格式如下所示。

```
<link href="001.css" rel="stylesheet" type="text/css" />
```

其中，href属性设置外部样式表文件的地址，可以是相对地址，也可以是绝对地址。rel属性定义该标签关联的是样式表标签，type属性定义文档的类型，即为CSS文本文件。

因为不同浏览器要求不同，一般在定义<link>标签时，应该显式设置这3个属性，其中href是必须设置的属性，具体说明如下。

- href：定义样式表文件URL。
- type：定义导入文件类型，同style元素一样。
- rel：用于定义文档关联，这里表示关联样式表。

可以在link元素中添加title属性，设置可选样式表的标题，即当一个网页文档导入了多个样式表后，可以通过title属性值选择所要应用的样式表文件。例如，在Firefox浏览器中可以在菜单中选择“查看”｜“页面风格”，然后在子菜单中会显示title属性值，选择不同的title属性值。可以有选择地应用需要的样式表文件，但IE浏览器不支持该功能。

另外，title属性与rel属性存在联系，按W3C组织的设想，未来的网页文档会使用多个link元素导入不同的外部文件，如样式表文件、脚本文件、主题文件，甚至可以包括个人自定义的其他补充文件。导入这么多不同类型、名称各异的文件后，可以使用title属性进行选择，这时rel属性的作用就显现出来了，它可以指定网页文件初始显示时应用的导入文件类型，目前只能关联样式表文件。虽然目前的浏览器支持不是太好，但还是建议读者加上rel属性，当浏览器都支持该功能后就非常有用了。如果在网页中导入外部样式时没有设置rel属性，那么在Firefox浏览器中浏览网页时，导入的样式表文件会无效，这是因为在link元素中没有用rel属性关联样式表的缘故。

外部样式是CSS应用的最佳方案，一个样式表文件可以被多个网页文件引用，同时一个网页文件可以导入多个样式表，其方法就是重复使用link元素导入不同的样式表文件。

2. 使用@import关键字导入

在<style>标签内使用@import关键字导入外部样式表文件，代码格式如下所示。

```
<style type="text/css">
@import url(,“001.css");
</style>
```

在@import关键字后面，利用“url()”函数包含具体的外部样式表文件的地址。

使用这种方式导入的外部样式表可以被文档执行，但是一些较低版本的浏览器对它的支持不是很好，常被用来实现浏览器的兼容处理。外部样式能够实现CSS样式与HTML结构的分离，这种分离原则是W3C所提倡的，因为它可以更高效地管理文档结构和样式，实现代码优化和重用。

2.2.5 CSS注释和版式

在CSS中增加注释很简单，所有被放在“/*”和“*/”分隔符之间的文本信息都被称为注释。语法格式如下所示。

```
/* 注释 */
```

或

```
/*
注释
*/
```

在CSS中，各种空格是不被解析的，因此读者可以利用Tab键、空格键对样式表和样式代码进行格式化排版，以方便阅读和管理。

2.3 CSS属性和单位

CSS语法和用法比较简单，但是要灵活使用CSS，读者应该掌握CSS属性的语义和用法。只有这样才能够轻松驾驭CSS，使用CSS设计出漂亮、兼容和灵活的网页样式和布局效果。

2.3.1 CSS属性

CSS属性众多，在W3C CSS 2.0版本中共有122个标准属性（http://www.w3.org/TR/CSS2/propidx.html），在W3C CSS 2.1版本中共有115个标准属性（http://www.w3.org/TR/CSS21/propidx.html），其中删除了CSS 2.0版本中的7个属性，分别是font-size-adjust、font-stretch、marker-offset、marks、page、size和text-shadow。在W3C CSS 3.0版本中又新增加了20多个属性（http://www.w3.org/Style/CSS/current-work#CSS3）。

本节不准备逐个介绍每个属性的用法，以及属性取值选项，读者想具体了解可以参考CSS参考手册。下面对CSS属性进行分类说明，如表2-1所示。

表2-1 CSS属性分类说明

分类	说明	数目	使用评价	使用频率
字体	定义字体属性，包括字体基本属性、行距、字距和文字修饰、大小写等属性	16	排版使用，美化文本比较有用	******
文本	定义段落属性，如缩进、文本对齐、书写方式、换行、省略等	25	排版使用，部分属性比较实用，有些比较专业、生僻，浏览器支持不是太好	****
背景	设置对象的背景，如背景色、背景图像及其显示位置	10	修饰使用，比较常用	******
定位	布局网页，包括定位方式、定位坐标	6	布局使用，常用	*********
尺寸	设置对象的大小，包括宽、高、最大宽高、最小宽高	6	布局使用，比较常用，IE6及更低版本对最小或最大宽和高的支持不好	******
布局	布局网页，包括清除、浮动、裁切、显示方式、是否可见、伸缩滚动	8	布局使用，常用，技巧性比较大	*********
外边距	设置对象的外边距（边框外的空隙），包括全部和四个方向外边距设置	5	布局使用，比较常用	*******
轮廓	设置对象的轮廓，包括轮廓的样式、颜色和宽	4	修饰使用，如同外阴影，浏览器支持不好	*
边框	设置对象的边框，包括边线样式、颜色、宽度	20	布局或修饰时使用，比较常用	*******
内容	设置对象的内容，包括插入内容、元素、自动化等	4	不好用，支持也不好	*
内边距	设置对象的内边距（内容与边框之间的距离），包括全部和四个方向内边距的设置	5	布局使用，比较常用	*******
列表	设置列表项，包括列表样式、图像样式、显示位置等	5	布局使用，比较常用	******
表格	设置表格，包括单元格边的显示方式和空隙、标题是否隐藏空单元格、表格解析方式等	6	个别属性有用，IE支持不够好	****
滚动条	设置滚动条，包括滚动条的不同区域颜色	8	修饰使用，IE支持，其他浏览器不支持	****

续表

分类	说明	数目	使用评价	使用频率
打印	设置打印，包括打印页面、页眉、页脚、打印尺寸、元素等	7	打印使用，浏览器支持不好	***
声音	设置声音，主要为特殊设置显示使用，方便残疾人浏览网页	18	特殊显示使用，浏览器支持不好	*
其他	一些特殊设置，包括鼠标样式、行为、特效、对象缩放	4	特效使用，浏览器支持不错	***

在网页布局中，网页设计师主要使用到下面这些属性，如表2-2所示，这些属性在网页布局中经常使用，请读者务必记住。

表2-2　CSS常用布局属性

分类	属性	取值	说明
定位	position	static（默认值）|absolute（绝对）|fixed（固定）|relative（相对）	设置对象的定位方式。取值为absolute表示对象脱离文档流动，根据浏览器、具有定位功能的父元素、特殊父元素的左上角为坐标原点来定位；取值为relative表示以文档流动中当前对象的自身位置为坐标原点进行定位；取值为fixed表示不受任何网页影响，根据浏览器的左上角进行定位，定位之后在窗口中的显示位置就被固定，不随滚动条滚动
定位	z-index	auto（自动）|number（数字）	设置对象层叠顺序，取值越大，显示越靠上，此属性仅作用于position 属性值设置为relative或absolute 的元素
定位	top	auto（自动）|length（高度）	设置对象与其最近一个具有定位属性的上级元素顶边框的距离，该属性仅在定位（position）属性被设置时可用，否则会被忽略
定位	right	auto（自动）|length（高度）	设置对象与其最近一个具有定位属性的上级元素右边框的距离，该属性仅在定位（position）属性被设置时可用，否则会被忽略
定位	bottom	auto（自动）|length（高度）	设置对象与其最近一个具有定位属性的上级元素底边框的距离，该属性仅在定位（position）属性被设置时可用，否则会被忽略
定位	left	auto（自动）|length（高度）	设置对象与其最近一个具有定位属性的上级元素左边框的距离，该属性仅在定位（position）属性被设置时可用，否则会被忽略
尺寸	height	auto（自动）|length（长度）	定义对象的高度，注意IE5.x及以下版本浏览器对于盒模型的高度解析存在误解
尺寸	width	auto（自动）|length（长度）	定义对象的宽度，注意IE5.x及以下版本浏览器对于盒模型的宽度解析存在误解
尺寸	max-height	auto（自动）|length（长度）	定义对象的最大高度，现代标准浏览器支持，IE6及以下版本的浏览器不支持
尺寸	min-height	auto（自动）|length（长度）	定义对象的最小高度，现代标准浏览器支持，IE6及以下版本的浏览器不支持
尺寸	max-width	auto（自动）|length（长度）	定义对象的最大宽度，现代标准浏览器支持，IE6及以下版本的浏览器不支持

续表

分类	属性	取值	说明
尺寸	min-width	auto（自动）｜length（长度）	定义对象的最小宽度，现代标准浏览器支持，IE6及以下版本的浏览器不支持
布局	clear	none（无）｜left（左）｜right（右）｜both（两侧）	设置对象左右不允许有浮动对象，该属性需要与float属性配合使用
布局	float	none（无）｜left（左）｜right（右）	设置对象是否浮动以及浮动方向。当被定义为浮动时，对象将被视作块状显示，即display属性等于block，此时浮动对象的display属性将被忽略
布局	clip	auto｜rect（number number number number）（裁切区域）	设置对象的可视区域，可视区域外的部分是透明的。取值为rect（number number number number）表示依据“上-右-下-左”的顺序提供自对象左上角为（0,0）坐标计算的四个偏移数值，其中任一数值都可用auto替换，即此边不剪切。该属性仅在定位（position）属性值设为absolute时才可以使用，目前支持的浏览器不是很多
布局	overflow	visible（可见）｜auto｜hidden（隐藏）｜scroll（显示滚动条）	设置对象内容超过指定高和宽时如何显示内容。除了textarea元素和body元素的默认值是auto，所有元素默认为visible。设置textarea元素的属性值为hidden将隐藏其滚动条
布局	overflow-x	visible（可见）｜auto｜hidden（隐藏）｜scroll（显示滚动条）	设置对象内容超过指定高时如何显示
布局	overflow-y	visible（可见）｜auto｜hidden（隐藏）｜scroll（显示滚动条）	设置对象内容超过指定宽时如何显示
布局	display	block（块状）｜none（隐藏）｜inline（内联）｜list-item（列表）｜等（不常用就不再显示）	设置对象显示类型或方式
布局	visibility	inherit（继承）｜visible｜hidden（隐藏）｜等（不常用）	设置是否显示对象

CSS属性虽然很多，但这些属性被分为不同的类型，如字体属性、文本属性、边框属性、边距属性、布局属性、定位属性、打印属性等。在记这些属性时，一定要结合实践并举一反三。只有这样才能够完全掌握CSS的所有属性，并能熟练运用。例如，当准备学习CSS布局时，不妨先集中精力把与CSS盒模型相关的属性记住，可以绘制一个图，如图2-3所示。CSS属性的名称比较有规律，且名称与意思紧密相连，根据意思记忆属性名称是一个不错的方法。CSS盒模型是指网页中任何元素都会显示为一个矩形形状，它可以包括外边距、边框、内边距、宽和高等。用英文表示就是margin（外边距，或称为边界）、border（边框）、padding（内边距，或称为补白）、height（高）和width（宽），盒子还有background（背景）。

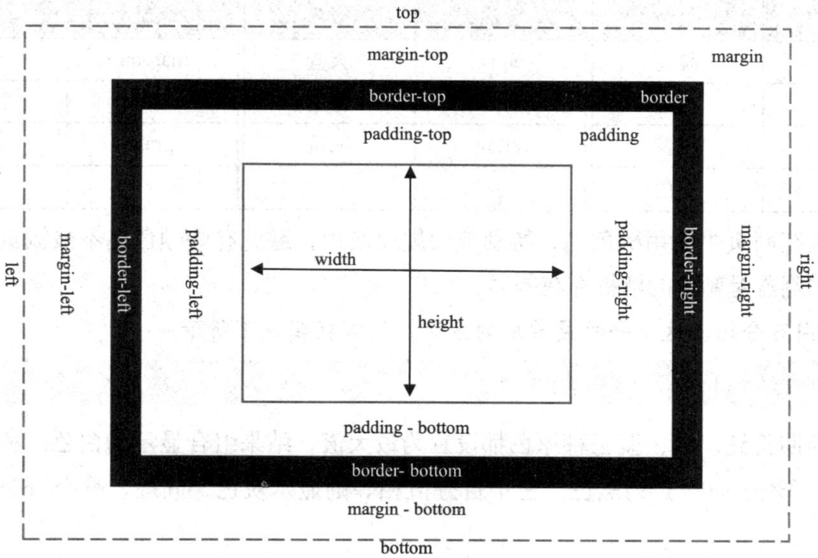

图2-3　CSS盒模型相关的属性

CSS盒模型的外边距按方位包含margin-top、margin-right、margin-bottom、margin-left 4个分支属性，分别表示顶部外边距、右侧外边距、底部外边距和左侧外边距。同样的道理，CSS盒模型的内边距也可以包含padding-top、padding-right、padding-bottom、padding-left、padding属性。

边框可以分为边框类型、粗细和颜色，因此可以包含border-width、border-color和border-style属性，这些属性又可以按四个方位包含很多属性，例如，border-width属性又分为border-top-width、border-right-width、border-bottom-width、border-left-width和border-width属性。同样的方法，读者可以轻松记住其他类型的CSS属性。

2.3.2　CSS单位

CSS单位覆盖范围很广，从长度单位到颜色单位，再到URL地址等。单位的取舍很大程度上依赖用户的显示器和浏览器，不恰当地使用单位会给页面布局带来很多麻烦，因此属性值的单位设置需要读者认真对待。

1. 颜色值

设置颜色值可以选用颜色名、百分比、数字和十六进制数值。

- 如果读者仅使用几个基本的颜色，使用颜色名是最简单的方法。虽然目前已经命名的颜色约有184种，但真正被各种浏览器支持，并且作为CSS规范推荐的颜色名称只有16种，如表2-3所示。

表2-3　CSS规范推荐的颜色名称

名称	颜色	名称	颜色	名称	颜色
black	纯黑	silver	浅灰	navy	深蓝
blue	浅蓝	green	深绿	lime	浅绿

名称	颜色	名称	颜色	名称	颜色
teal	靛青	aqua	天蓝	maroon	深红
red	大红	purple	深紫	fuchsia	品红
olive	褐黄	yellow	明黄	gray	深灰
white	亮白				

不建议在网页中使用颜色名，特别是大规模使用，避免有些颜色名不被浏览器解析，或者不同浏览器对颜色的解析存在差异。

- 使用百分比。这是一种最常用的方法，示例代码如下所示。

```
color:rgb(100%,100%,100%);
```

这个声明将红、绿、蓝三种原色都设置为最大值，结果组合显示为白色。相反，可以设置RGB（0%,0%,0%）为黑色。三个百分值相等则显示灰色，同理，哪个百分值大就偏向哪个原色。

- 使用数值。数字范围从0到255，示例代码如下所示。

```
color:rgb(255,255,255);
```

上面这个声明将显示白色，相反，可以设置为RGB（0,0,0），将显示为黑色。三个数值相等将显示灰色，同理，哪个数值大哪个原色的比重就会加大。

- 十六进制颜色。这是最常用的取色方法，示例代码如下所示。

```
color:#ffffff;
```

其中，要在十六进制前面加一个“#”颜色符号。上面这个声明将显示白色，相反，可以设置“#000000”为黑色，用RGB来描述的代码格式如下所示。

```
color: #RRGGBB;
```

这样一看，与前面的取色方式就很像了，从0到255，实际上十进制的255正好等于十六进制的FF，一个十六进制的颜色值等于三组这样的十六进制的值，它们按顺序连接在一起就等于红、绿、蓝三种原色，这样理解起来就会更明白。

2. 绝对单位

绝对单位在网页中很少使用，一般多用在传统平面印刷中，但在特殊的场合使用绝对单位是很必要的。绝对单位包括：英寸、厘米、毫米、磅和pica。

- 英寸（in）：是使用最广泛的长度单位。
- 厘米（cm）：生活中最常用的长度单位。
- 毫米（mm）：在研究领域使用广泛。
- 磅（pt）：在印刷领域使用广泛，也称点。CSS也常用pt设置字体大小，12磅的字体等于六分之一英寸大小。
- pica（pc）：在印刷领域使用，1pica等于12磅，也称12点活字。

3. 相对单位

相对单位与绝对单位相比，显示大小不是固定的，它所设置的对象受屏幕分辨率、可视区域、浏览器设置以及相关元素的大小等多种因素影响。

- em

em单位表示元素的字体高度，它能够根据字体的font-size属性值来确定单位的大小，示例代码如下所示。

```
p{/* 设置段落文本属性 */
  font-size:12px;
  line-height:2em;/* 行高为 24px*/
}
```

从上面样式代码中可以看出，一个em等于font-size的属性值，如果设置“font-size:12px”，则“line-height:2em”就会等于24px。如果设置font-size属性的单位为em，则em的值将根据父元素的font-size属性值来确定。例如，定义HTML局部结构，示例代码如下所示。

```
<div id="main">
  <p>em 相对长度单位使用 </p>
</div>
```

再定义一个样式，代码操作如下所示。

```
#main {  font-size:12px;}
p {font-size:2em;} /* 字体大小将显示为 24px*/
```

同理，如果父对象的font-size属性的单位也为em，则将依次向上级元素寻找参考的font-size属性值，如果都没有定义，则会根据浏览器默认字体进行换算，默认字体一般为16px。

- ex

ex单位根据所使用的字体中小写字母x的高度作为参考。在实际使用中，浏览器将通过em的值除以2得到ex的值。为什么这样计算呢？

因为x高度计算比较困难，且小写x的高度值是大写x的一半；另一个影响ex单位取值的是字体，由于不同字体的形状存在差异，这就导致相同大小的两段文本，由于字体设置不同，ex单位的取值也会存在很大的差异。

- px

px单位是根据屏幕像素点来确定的。这样，不同的显示分辨率就会使相同取值的px单位所显示出来的效果截然不同。

实际设计中，建议网页设计师多使用相对长度单位em，且在某一类型的单位上使用统一的单位。如设置字体大小，根据个人使用习惯，在一个网站中可以统一使用px或em。

4. 百分比

百分比也是一个相对单位值。百分比值总是通过另一个值来计算，一般参考父对象中相同属性的值。例如，如果父元素宽度为500px，子元素的宽度为50%，则子元素的实际宽度为250px。

百分比可以取负值，但在使用中受到很多限制，在第4章中会介绍如何应用百分比取负值。

5. URL

设置URL的值也是读者最容易糊涂的地方，URL包括绝对地址和相对地址。绝对地址一般不会出错，只要输入完整的地址即可，问题就在于相对地址的设置。当CSS文件和引用的HTML文档不在同一文件夹中时，能否正确输入URL对于初学者确实是一个不小的考验。

【随堂练习】

如图2-4所示，这是一个简单的站点模拟结构。在根目录下存在images和css两个文件夹，在images文件夹中存放着logo.gif图像，在css文件夹中存放着style.css样式文件。

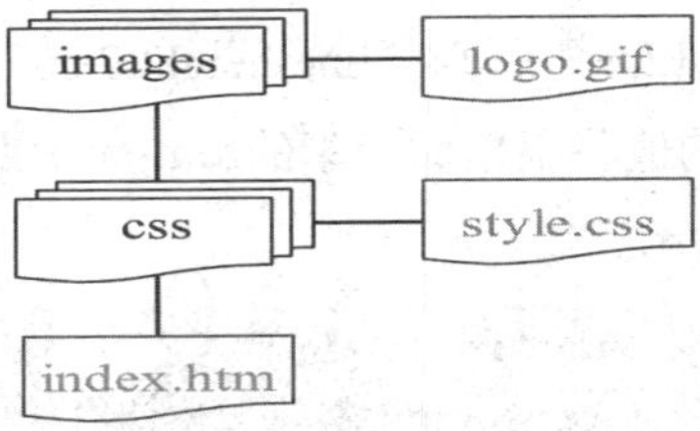

图2-4　站点模拟结构

想一想，若在index.htm网页文件中显示logo.gif图像，该如何设置URL？

步骤1 把style.css导入index.htm，代码如下所示。

```
<link href="css/style.css" type="text/css" rel="stylesheet" />
```

步骤2 从logo.gif到style.css的参照物是什么？是index.htm，还是style.css？显然是以style.css样式文件本身作为参照物，正确的代码如下所示。

```
body{ background:url(../images/logo.gif);}
```

步骤3 这与Javascript用法截然不同，假设在CSS文件夹中有一个“.js”文件需要导入到index.htm网页中，而“.js”文件也引用了logo.gif图像，再使用“url(../images/logo.gif)”就不对了，正确的代码如下所示。

```
url(images/logo.gif)
```

以上操作是因为它们的参照物不同，在浏览器中被解析的顺序和方式也不同。

2.4 基本选择器

基本选择器包括标签选择器、类选择器、ID选择器三种类型，其他选择器都是在这些选择器的基础上组合而成，灵活使用这些选择器是使用CSS控制网页显示效果的基础。在基本选择器中还包括一种特殊的类型，即通配选择器，通配选择器能够匹配网页中所有的标签。

2.4.1 标签选择器

HTML网页由标签和网页信息组成，网页信息都包含在各种标签中，如果要控制这些内容的显示效果，最简单的方法就是匹配这些标签。标签选择器正是确定哪些标签需要定义样式。

标签选择器直接引用HTML标签名称即可，如图2-5所示。有时候可以把标签选择器称为类型选择器，类型选择器规定了网页元素在页面中默认显示的样式。因此，标签选择器可以快速、方便地控制页面标签的默认显示效果。

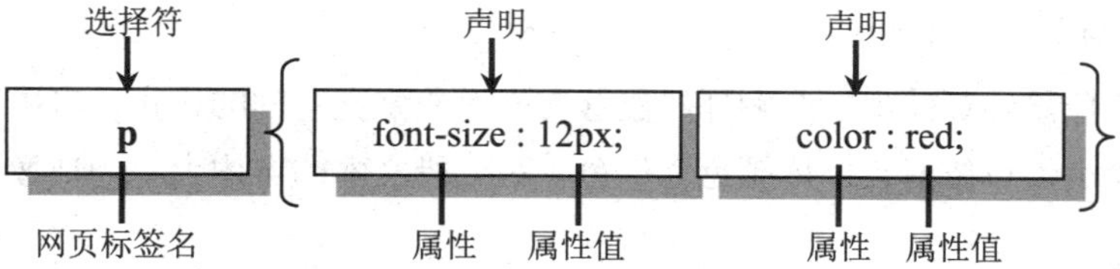

图2-5　标签选择器

【随堂练习】

通过标签选择器，统一定义网页中段落文本的样式为：段落内文本字体大小为12像素，字体颜色为红色。实现上述默认段落文本效果，可以利用标签选择器定义样式，代码如下所示。

```
<style type="text/css">
p {
    font-size:12px;                         /* 字体大小为 12 像素 */
    color:red;                              /* 字体颜色为红色 */
}
</style>
```

在定制网页样式时，利用标签选择器设计网页默认的显示效果，或者统一常用元素的基本样式。标签选择器在CSS中是使用率最高的一类选择器，且容易管理，因为它们都与网页元素同名。

2.4.2 类选择器

标签选择器虽然很方便，但是也存在很多缺陷，因为每个标签选择器所定义的样式不仅会影响某一个特定对象，而是会影响到页面中所有同名的标签。如果希望同一个标签在网页的不同位置显示不同的样式，使用这种方法定义的样式就存在很多弊端。

类选择器能够为网页对象定义不同的样式类，实现不同元素拥有相同的样式，相同元素的不同对象拥有不同的样式。类选择器以一个点（.）前缀开头，然后跟随一个自定义的类名，示例如图2-6所示。

在自定义类名时，只能够使用字母、数字、下划线和连字符，类名的首字符必须以字母开头，否则无效。另外，类名是区分大小写的，所以类font18px和类Font18px是属于两个不同的类。

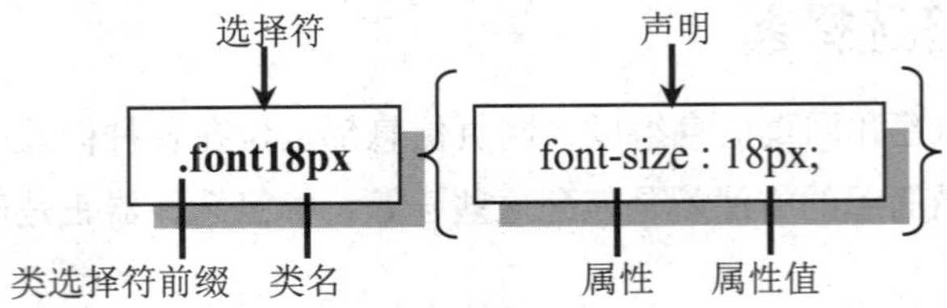

图2-6　类选择器

应用类样式可以使用class属性来实现，HTML所有元素都支持该属性，只要在标签中定义class属性，然后把该属性值设置为事先定义好的类选择器的名称即可。

【随堂练习】

利用类选择器为页面中三个相邻的段落文本对象定义不同的样式，其中第一和第三段文本的字体大小为12像素、字体颜色为红色，第二段文本的字体大小为18像素、字体颜色为红色。

步骤❶ 启动Dreamweaver，新建一个网页，保存为test.html，在<body>标签内输入三段段落文本，代码如下所示。

```
<p> 问君能有几多愁，恰似一江春水向东流。</p>
<p> 剪不断，理还乱，是离愁。别是一般滋味在心头。</p>
<p> 独自莫凭栏，无限江山，别时容易见时难。流水落花春去也，天上人间。</p>
```

步骤❷ 在<head>标签内添加<style type="text/css">标签，定义一个内部样式表。

步骤❸ 通过标签选择器定义所有段落文本的字体大小为12像素，字体颜色为红色，代码如下所示。

```
<style type="text/css">
p {
    font-size:12px;                         /* 字体大小为 12 像素 */
    color:red;                              /* 字体颜色为红色 */
}
</style>
```

步骤❹ 如果仅定义第2段文本的字体大小为18像素，这时就可以使用类选择器。假设定义一个18像素大小的字体类，代码如下所示。

```
.font18px { font-size:18px;}
```

步骤❺ 在第2段段落标签中引用font18px类样式，代码如下所示。

```
<p> 问君能有几多愁，恰似一江春水向东流。</p>
<p class="font18px"> 剪不断，理还乱，是离愁。别是一般滋味在心头。</p>
<p> 独自莫凭栏，无限江山，别时容易见时难。流水落花春去也，天上人间。</p>
```

步骤❻ 在浏览器中预览显示效果，如图2-7所示，此时可以看到三段文本的显示样式，其中第2段文本被单独放大显示。

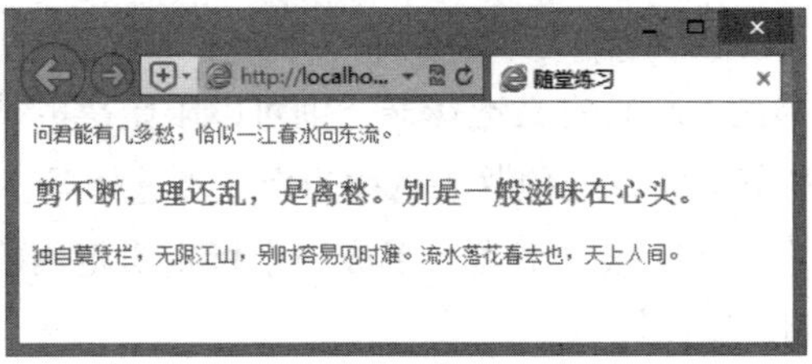

图2-7　类选择器应用效果

【拓展练习1】

class属性可以包含多个类，因此可以设计复合样式类。读者可以按如下步骤上机练习。

步骤❶ 复制上面示例中的文档，并在内部样式表中定义3个类：font18px、underline和italic。

步骤❷ 在段落文本中分别引用这些类，其中第2段文本标签引用了3个类，演示效果如图2-8所示。

```
<style type="text/css">
p {/* 段落默认样式 */
    font-size:12px;                              /* 字体大小为 12 像素 */
    color:red;                                   /* 字体颜色为红色 */
}
.font18px {/* 字体大小类  */
    font-size:18px;                              /* 字体大小为 18 像素 */
}
.underline {/* 下划线类 */
    text-decoration:underline;                   /* 字体修饰为下划线 */
}
.italic {/* 斜体类 */
    font-style:italic;                           /* 字体样式为斜体 */
}
</style>
<p class="underline">问君能有几多愁，恰似一江春水向东流。</p>
<p class="font18px italic underline">剪不断，理还乱，是离愁。别是一般滋味在心头。</p>
<p class="italic">独自莫凭栏，无限江山，别时容易见时难。流水落花春去也，天上人间。</p>
```

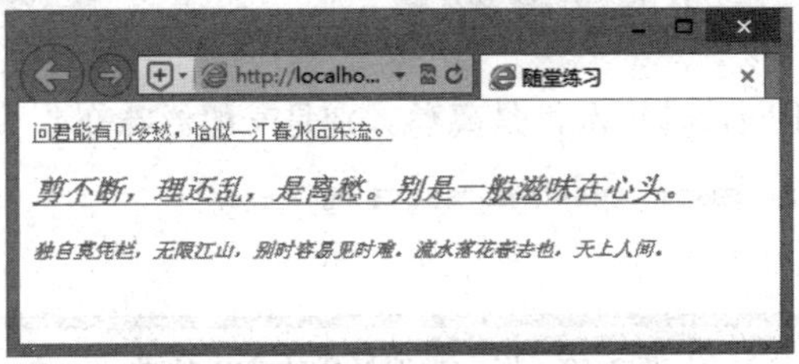

图2-8　多类引用的应用效果

【拓展练习2】

如果把标签与类捆绑在一起来定义选择器，则可以限定类的使用范围，也就可以指定该类仅适用于特定的标签范围内，这种做法也称为指定类选择器。

这种用法是在标签的后面紧跟一个类，组成一个指定类范围的复合选择器，操作步骤如下，指定类选择器如图2-9所示。

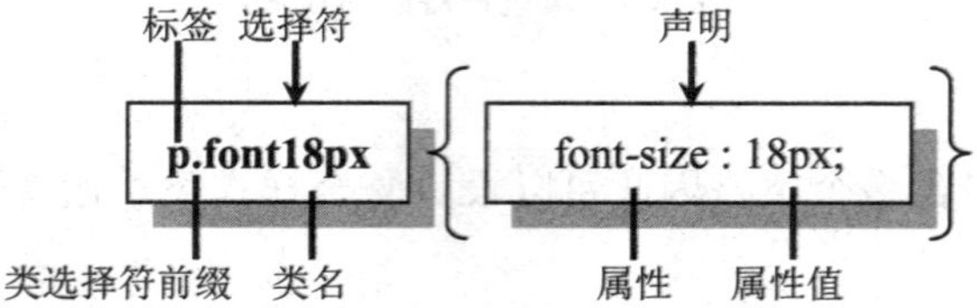

图2-9　指定类选择器

步骤1 复制上面示例文档，并在内部样式表中定义3个样式。

步骤2 第1个样式声明所有段落文本的字体大小为12像素。

步骤3 第2个样式定义一个font18px类，声明字体大小为18像素。

步骤4 第3个样式声明font18px类在段落文本中显示为24像素。

```
<style type="text/css">
p {/* 段落样式  */
    font-size:12px;                          /* 字体大小为 12 像素 */
}
.font18px {/* 类样式  */
    font-size:18px;                          /* 字体大小为 18 像素 */
}
p.font18px {/* 指定段落的类样式  */
    font-size:24px;                          /* 字体大小为 24 像素 */
}
</style>
<div class="font18px">问君能有几多愁，恰似一江春水向东流。</div>
<p class="font18px">剪不断，理还乱，是离愁。别是一般滋味在心头。</p>
<p>独自莫凭栏，无限江山，别时容易见时难。流水落花春去也，天上人间。</p>
```

在浏览器中预览显示效果，如图2-10所示。

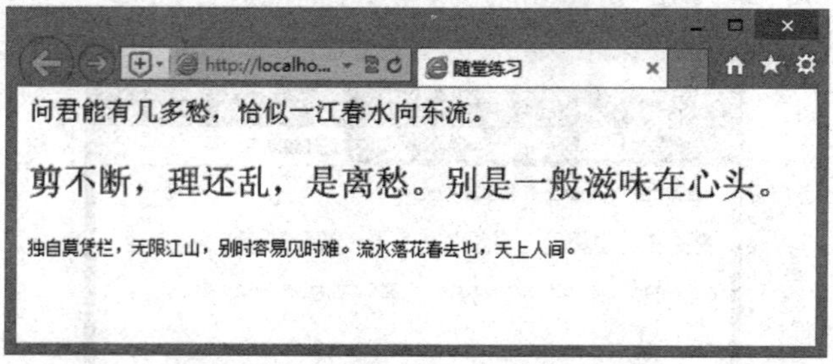

图2-10　指定类选择器的应用效果

【练习小结】

类选择器可以精确控制页面中每个对象的样式，而不管这个对象是属于什么类型的标签，同时一个类样式可以被多个对象引用，也不管这个对象是否为同一个类型的标签。

通过为类选择器指定标签范围，能够更准确地控制页面元素的样式，避免类样式对于所有元素的影响。这也是设计师最喜欢使用的一种组合选择器方式。

类选择器虽然比标签选择器在使用上更精确，但是必须把类引用到具体的标签上才有效。任何标签在没有设置class属性时，所定义的类样式是无效的，故这在使用上给设计师带来了一定程度的麻烦。

2.4.3 ID选择器

ID是英文IDentity的缩写，它表示编号的意思，一般是指定标签在HTML文档中的唯一编号。ID选择器与标签选择器和类选择器的作用范围不同，ID选择器仅仅定义一个对象的样式，而标签选择器和类选择器可以定义多个对象的样式。

ID选择器以井号（#）作为前缀，然后是一个自定义的ID名，示例结构如图2-11所示。ID命名规则与类名命名规则相同。

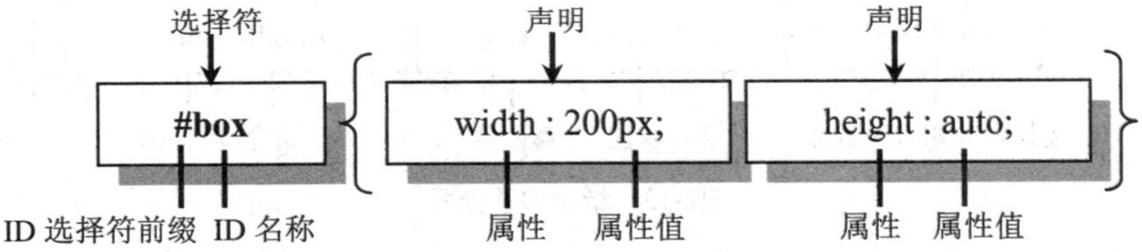

图2-11　ID选择器

应用ID选择器可以使用ID属性来实现，HTML所有元素都支持该属性，只要在标签中定义ID属性，然后把该属性值设置为事先定义好的ID选择器的名称即可。

【随堂练习】

步骤1 启动Dreamweaver，新建一个网页，保存为test.html，在<body>标签内输入<div>标签，定义了一个盒子，代码如下所示。

```
<div id="box">问君能有几多愁，恰似一江春水向东流。</div>
```

步骤2 在<head>标签内添加<style type="text/css">标签，定义一个内部样式表，然后为该盒子定义固定宽和高，并设置背景图像以及边框和内边距大小，代码如下所示。

```
<style type="text/css">
#box {/* ID样式   */
    background:url(images/bg1.gif) center bottom; /* 定义背景图像并居
中、底部对齐 */
    height:200px;                               /* 固定盒子的高度 */
    width:400px;                                /* 固定盒子的宽度 */
    border:solid 2px red;                       /* 边框样式 */
    padding:20px;                               /* 增加内边距 */
```

```
    }
    </style>
```

在浏览器中预览显示效果，如图2-12所示。

图2-12　ID选择器的应用效果

【拓展练习】

为ID选择器指定标签范围。指定ID选择器的语法结构如图2-13所示。

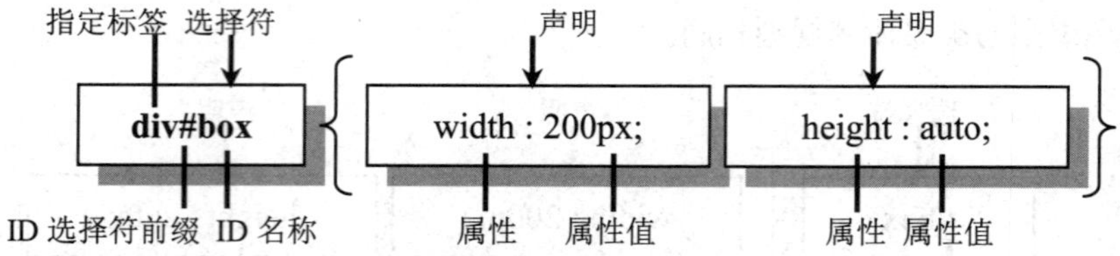

图2-13　指定ID选择器

部分读者可能不解，ID选择器已经针对页面中某个特定对象定义样式，还有必要给它指定范围吗？

当然没有这个必要，采用这种方法的真实目的是提高该样式的优先级。例如，针对上面示例可以在ID选择器前面增加一个<div>标签，这样div#box选择器的优先级会大于#box选择器的优先级。在同等条件下，浏览器会优先解析div#box选择器定义的样式。

```
    <style type="text/css">
    div#box {/* ID样式  */
        background:url(images/bg1.gif) center bottom; /* 定义背景图像并居
中、底部对齐 */
        height:200px;                                    /* 固定盒子的高度 */
        width:400px;                                     /* 固定盒子的宽度 */
        border:solid 2px red;                            /* 边框样式 */
        padding:20px;                                    /* 增加内边距 */
    }
    </style>
    <div id="box">问君能有几多愁，恰似一江春水向东流。</div>
```

【练习小结】

一个ID选择器所定义的样式可以被多处引用，也就是说在一个HTML文档中一个ID值可以多处使用。虽然CSS能够容忍这种做法，但是JavaScript等脚本遇到这种情况就会出现错误，所以建议读者在定义ID属性值时，要保证ID值在文档中的唯一性。同时在一个ID属性中，不能够设置多个ID值，这与类样式有所不同。一般设计师通过ID选择器来定义HTML框架结构的布局效果，因为HTML框架元素的ID值都是唯一的。

在实际开发中，如何确定使用类选择器和ID选择器呢？

- 对于网页结构问题，一般建议使用ID选择器来定义。
- 对于重复出现的样式，可以考虑使用类选择器来进行提炼。
- 当ID选择器和类选择器的样式发生冲突时，ID选择器的样式要优先于类选择器定义的样式。

2.4.4 通配选择器

如果HTML所有元素都需要定义相同的样式，单独分别为它们定义样式会感觉很麻烦，怎么办？这时不妨使用通配选择器。通配选择器是固定的，它使用星号（*）来表示。例如，对于上面的清除边距样式，可以使用下面的方式来定义，定义代码如下所示。

```
* {
    margin: 0;
    padding: 0;
}
```

这样操作是不是很简单，当然使用通配选择器会影响到页面中所有元素的显示效果，在使用时要慎重选择。

2.5 复合选择器

标签选择器、类选择器和ID选择器是CSS的三大基本选择器，也是最常用的类型。仅仅掌握它们的使用是不够的，读者还需要掌握高级选择器的使用，如子选择器、相邻选择器和属性选择器等。

利用标签选择器和类选择器可以控制网页中众多对象的样式，而利用ID选择器、子选择器和相邻选择器可以精确控制页面中特定对象的样式，使用属性选择器可以更敏捷、更模糊地控制页面中包含不同属性的对象样式。对于成批的对象来说，逐个定义会很麻烦，而对于一些特殊的对象又无法进行控制，因此读者还要掌握包含选择器、选择器分组的使用。

2.5.1 子选择器

所谓子选择器就是指定父元素所包含的子元素的样式。子选择器使用尖角号（>）来表示，示例如图2-14所示。

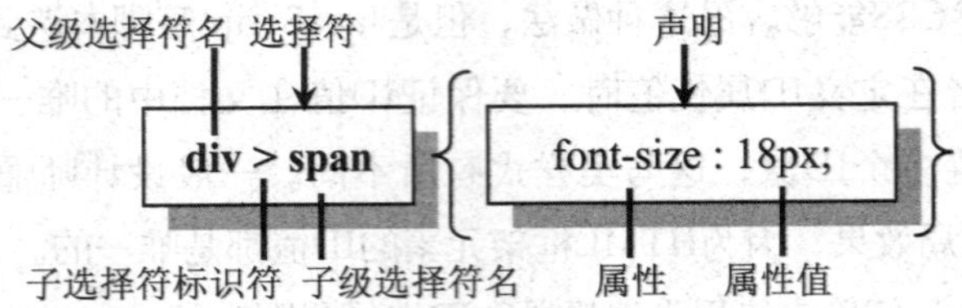

图2-14　子选择器

【随堂练习】

步骤❶ 启动Dreamweaver，新建一个网页，保存为test.html，在<body>标签内输入如下代码。

```
<h2>
    <span>HTML 文档树状结构 </span>
</h2>
<div id="box">
    <span class="font24px"> 问君能有几多愁，恰似一江春水向东流。</span>
</div>
```

步骤❷ 在<head>标签内添加<style type="text/css">标签，定义一个内部样式表，然后定义所有span元素的字体大小为12像素，再利用子选择器来定义所有div元素包含的子元素span的样式为24像素，代码如下所示。

```
<style type="text/css">
span { /* span 元素的默认样式 */
    font-size:12px;                          /* 字体大小为 12px */
}
div > span { /* div 元素包含的 span 子元素的默认样式 */
    font-size:24px;                         /* 字体大小为 24px */
}
</style>
```

在浏览器中预览显示效果，如图2-15所示。

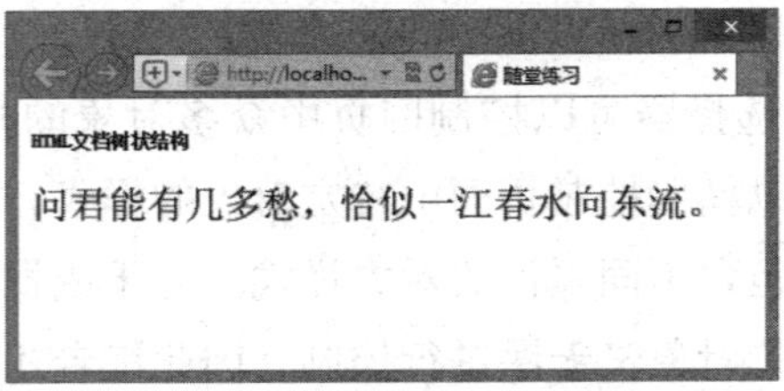

图2-15　子选择器应用效果

从上面演示效果图可以看到，包含在div元素内的子元素span定义的字体大小为24像素。通过这种方式可以准确定义HTML文档的某个或一组子元素的样式，而不再需要为它们定义ID属性或者Class属性。

【拓展练习】

读者也可以使用ID值或Class值来定义子选择器。

步骤1 新建一个网页，保存为test.html，在<body>标签内输入如下代码内容。

```
<h2><span>HTML 文档树状结构 </span></h2>
<div id="box"><span class="font24px"> 问君能有几多愁，恰似一江春水向东流。</span></div>
<div><span class="font24px"> 问君能有几多愁，恰似一江春水向东流。</span></div>
<div><span> 问君能有几多愁，恰似一江春水向东流。</span></div>
```

步骤2 在<head>标签内添加<style type="text/css">标签，定义一个内部样式表。分别使用不同的方式定义3个子选择器。

- “div > span”表示div元素包含的所有span子元素的样式。
- “div > .font24px”表示div元素包含的所有命名为font24px类的子元素。
- “#box > .font24px”表示“#box”元素包含的类名为font24px的所有子元素的样式。

定义代码如下所示。

```
<style type="text/css">
span { font-size:12px;}
div > span { font-size:16px;}
div > .font24px { font-size:20px;}
#box > .font24px { font-size:24px;}
</style>
```

在浏览器中预览显示效果，如图2-16所示。

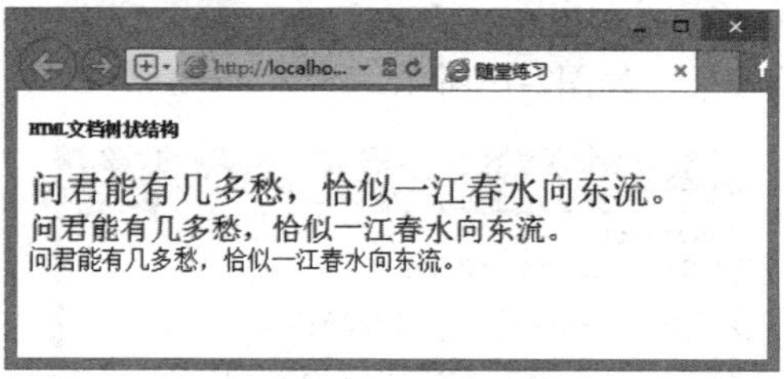

图2-16　子选择器演示效果

2.5.2　相邻选择器

子选择器是利用父子关系来控制HTML结构中某个特定对象或一组子对象，通过相邻的兄弟元素来相互控制，则可以使用相邻选择器。所谓相邻选择器就是指定一个元素相邻的下一个元素的样式。相邻选择器使用加号（+）来表示，示例如图2-17所示。

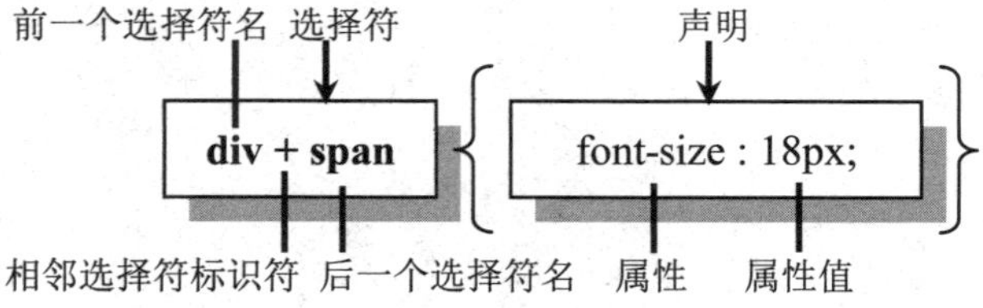

图2-17　相邻选择器

【随堂练习】

步骤1 启动Dreamweaver，新建一个网页，保存为test.html，在<body>标签内输入如下代码内容。

```
<h2>HTML 文档树状结构 </h2>
<div> 问君能有几多愁，恰似一江春水向东流。</div>
<p> 问君能有几多愁，恰似一江春水向东流。</p>
<div class="class1"> 问君能有几多愁，恰似一江春水向东流。</div>
<div> 问君能有几多愁，恰似一江春水向东流。</div>
```

步骤2 在<head>标签内添加<style type="text/css">标签，定义一个内部样式表，然后利用相邻选择器递进控制并列显示的几个元素的显示样式。

- “h2 + div”表示标题元素h2后面相邻的div元素的样式。
- “div + p”表示div元素后面相邻的p元素的样式。
- “p + div”表示p元素后面相邻的div元素的样式。
- “div + div”表示div元素后面相邻的div元素的样式。

```
<style type="text/css">
h2 { font-size:12px;}
h2 + div {font-size:16px;}
div + p {font-size:20px;}
p + div {font-size:24px;}
div + div {font-size:28px;}
</style>
```

在浏览器中预览显示效果，如图2-18所示。

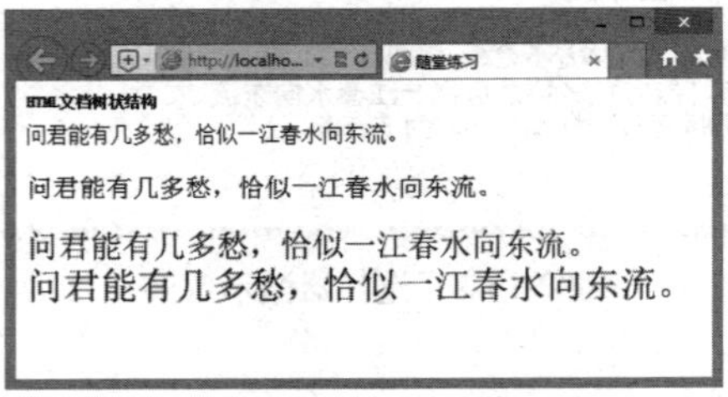

图2-18 相邻选择器演示效果

【拓展练习】

针对上面的样式，可以借助Class属性值或者ID属性值来进行控制。例如，修改上面样式中相邻选择器的用法，修改后代码如下所示。

```
<style type="text/css">
h2 {font-size:12px;}
h2 + div {font-size:16px;}
div + p {font-size:20px;}
p + .class1 {font-size:24px;}
.class1 + div {font-size:28px;}
</style>
```

IE 6及其以下版本不支持相邻选择器，使用时应考虑浏览器的版本兼容性问题。

2.5.3 包含选择器

有时候会希望设置网页头部区域段落文本的字体颜色为黑色，主体区域段落文本的字体颜色为深灰色，而定义脚部区域段落文本的字体颜色为灰色等。对于这种不能够确定要定义的对象而是知道要控制的页面区域时，可以使用包含选择器。

包含选择器通过空格标识符来表示，前面的一个选择器表示包含对象的选择器，后面的选择器表示被包含的选择器，示例如图2-19所示。

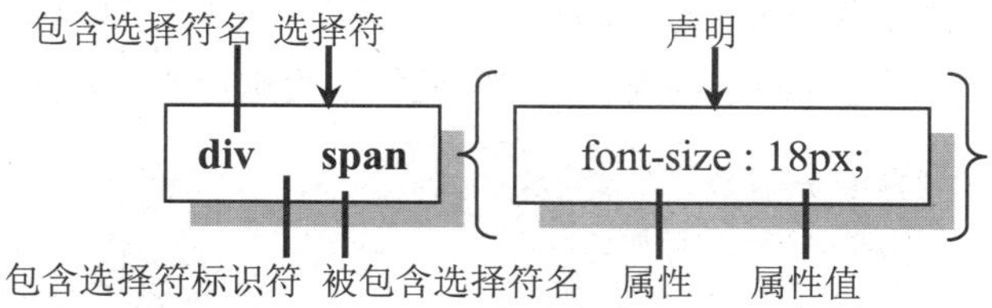

图2-19　包含选择器

【随堂练习】

步骤1 启动Dreamweaver，新建一个网页，保存为test.html，在<body>标签内输入如下代码内容。

```
<div id="wrap">
    <div id="header">
        <p> 头部区域第 1 段文本 </p>
        <p> 头部区域第 2 段文本 </p>
        <p> 头部区域第 3 段文本 </p>
    </div>
    <div id="main">
        <p> 主体区域第 1 段文本 </p>
        <p> 主体区域第 2 段文本 </p>
        <p> 主体区域第 3 段文本 </p>
    </div>
</div>
```

步骤2 在<head>标签内添加<style type="text/css">标签，定义一个内部样式表。希望定义的样式实现如下设计目标。

- 定义<div id="header">包含框内的段落文本字体大小为14像素。
- 定义<div id="main">包含框内的段落文本字体大小为12像素。

步骤3 利用包含选择器来快速定义它们的样式，代码如下所示。

```
<style type="text/css">
#header p { font-size:14px;}
#main p {font-size:12px;}
</style>
```

【拓展练习1】

针对上面的内容，也可以使用子选择器来定义它们的样式，请读者复制上面示例的页面，使用下面的代码覆盖已经定义的样式。

```
<style type="text/css">
#header > p { font-size:14px;}
#main > p {font-size:12px;}
</style>
```

【拓展练习2】

如果页面结构比较复杂，所有包含的元素不仅仅是子元素，这时就只能够使用包含选择器了。例如，对于下面这样的结构内容就只能使用包含选择器来定义。

```
<div id="wrap">
    <div id="header">
        <h2>
            <p> 头部区域第 1 段文本 </p>
        </h2>
        <p> 头部区域第 2 段文本 </p>
        <p> 头部区域第 3 段文本 </p>
    </div>
    <div id="main">
        <div>
            <p> 主体区域第 1 段文本 </p>
            <p> 主体区域第 2 段文本 </p>
        </div>
        <p> 主体区域第 3 段文本 </p>
    </div>
</div>
```

包含选择器的用处比较广泛，在选择器嵌套中经常被使用，同时该选择器还可以被IE 6版本浏览器识别，因此使用它不用考虑浏览器版本兼容性问题。

2.5.4　多层选择器嵌套

CSS允许使用选择器嵌套来实现对HTML结构中纵深元素的控制，对嵌套的层级没有明确限制。嵌套的定义是利用空格来实现，示例如图2-20所示。

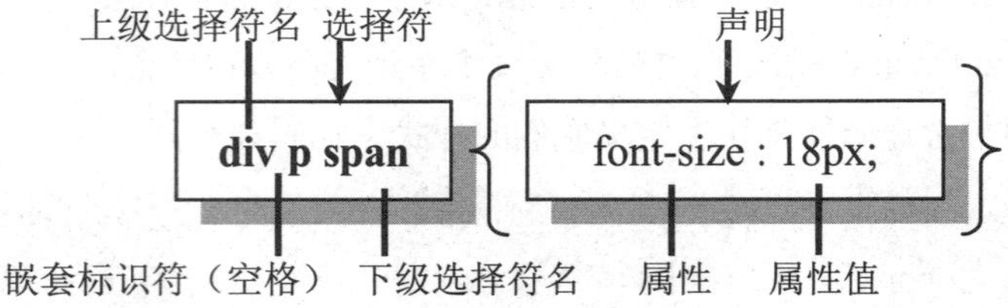

图2-20　选择器嵌套结构

【随堂练习】

步骤1 启动Dreamweaver，新建一个网页，保存为test.html，在<body>标签内输入如下代码内容。

```
<div id="wrap">
    <div id="header">
        <h2><span> 网页标题 </span></h2>
        <div id="menu">
            <ul>
                <li><span> 首页 </span></li>
                <li> 菜单项 </li>
            </ul>
        </div>
    </div>
    <div id="main">
        <h2><span> 栏目标题 </span></h2>
        <p> 主体内容 </p>
    </div>
</div>
```

在这个页面结构中，包含了2个标题。如果要控制每个标题显示不同的样式，使用选择器嵌套是比较理想的选择。使用多层嵌套，一方面能够精确控制元素，另一方面还能够提升选择器的优先级。

步骤2 在<head>标签内添加<style type="text/css">标签，定义一个内部样式表，然后定义样式，希望实现上述设计目标，代码如下所示。

```
<style type="text/css">
#wrap #header h2 span { font-size:24px;}
#wrap #main h2 span { font-size:14px;}
</style>
```

在浏览器中预览显示效果，如图2-21所示。

图2-21　嵌套选择器的演示效果

【拓展练习】

CSS允许嵌套更多的选择器，或者跳级嵌套。例如，针对上面所定义的样式，可以使用如下嵌套选择器来定义，代码如下所示。

```
<style type="text/css">
```

```
#header h2 span { font-size:24px;}
#main h2 span { font-size:14px;}
</style>
```

当然，具体采用哪种嵌套结构可以根据需要酌情选择。

2.5.5 属性选择器

属性选择器就是利用网页标签包含的属性及其属性值来定义特定对象或一定范围元素的样式。属性选择器一般是一个元素后面紧跟中括号，中括号内是属性或者属性表达式，示例如图2-22所示。

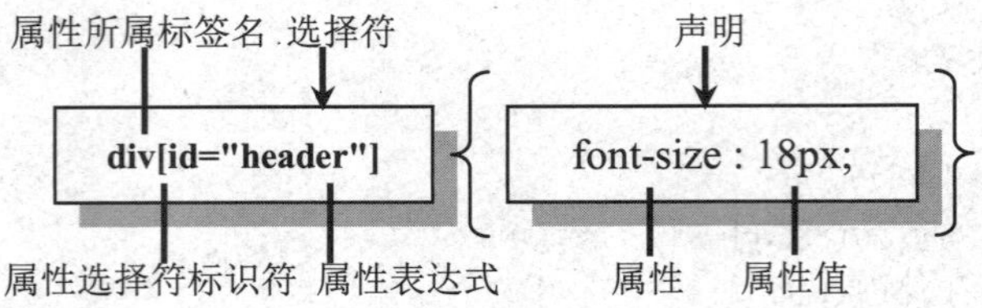

图2-22 属性选择器

实际上，ID选择器和类选择器在本质上与属性选择器类似，它们借助HTML文档中的id和class属性来定位页面中某个或某一类元素。

属性选择器比较复杂，功能也比较强大，设计师可以借助属性选择器精确控制页面中任意一个元素，它犹如正则表达式一样让很多设计师为之神往。由于属性选择器用法比较复杂，需要分类讲解。

提 示

属性选择器还不支持IE 6及其以下版本的浏览器，使用时要注意兼容性问题。

1. 匹配属性名选择器

匹配属性名选择器的语法格式如图2-23所示。

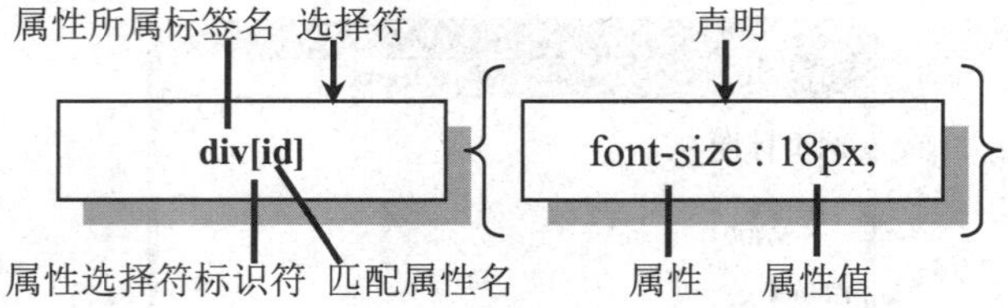

图2-23 匹配属性名选择器

这是一种简单的属性选择器，它能够为包含指定属性名的所有该类型标签定义样式。

【随堂练习】

步骤1 启动Dreamweaver，新建一个网页，保存为test.html，在<body>标签内输入如下代码内容。

```
<div class="class1">问君能有几多愁，恰似一江春水向东流。</div>
<p>问君能有几多愁，恰似一江春水向东流。</p>
```

```
<div class="class2">问君能有几多愁，恰似一江春水向东流。</div>
<div>问君能有几多愁，恰似一江春水向东流。</div>
```

步骤❷ 在<head>标签内添加<style type="text/css">标签，定义一个内部样式表，然后定义一个div[class]属性选择器，使该选择器能够匹配div元素中设置了class属性的对象，而不管class属性的属性值是什么，代码如下所示。

```
<style type="text/css">
body { font-size:12px;}
div[class] { font-size:24px;}
</style>
```

在浏览器中预览显示效果，如图2-24所示。

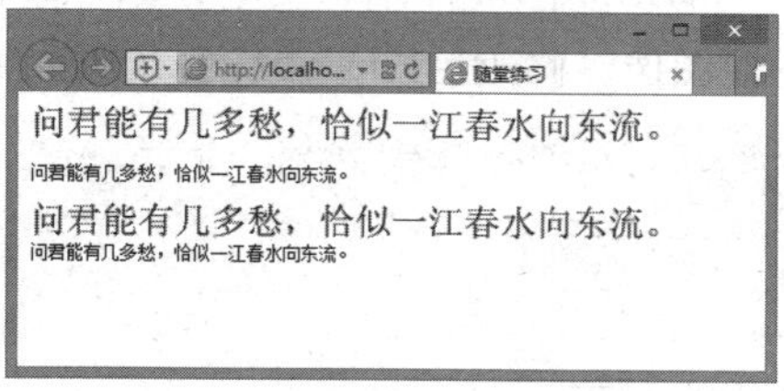

图2-24　匹配属性名选择器演示效果

【拓展练习1】

上一个示例演示了如何匹配class属性的选择器，当然也可以设置匹配所有合法属性。

步骤❶ 新建一个网页，保存为test.html，在<body>标签内输入如下代码。

```
<img src="images/pic1.jpg" alt="图像1" />
<img src="images/pic2.jpg" alt="" />
<img src="images/pic3.jpg" />
```

步骤❷ 在<head>标签内添加<style type="text/css">标签，定义一个内部样式表，然后定义img[alt]属性选择器，匹配设置了alt属性的所有图像对象，显示为红色边框线，代码如下所示。

```
<style type="text/css">
img { width:260px;}
img[alt] { border:solid 2px red;}
</style>
```

这样就可以为所有设置了alt属性的图像嵌套一个红色边框。在浏览器中预览显示效果，如图2-25所示。

图2-25　匹配图像中属性名样式演示效果

【拓展练习2】

CSS允许设置多个属性名，多个匹配属性名之间分别使用不同的中括号来表示，示例如图2-26所示。

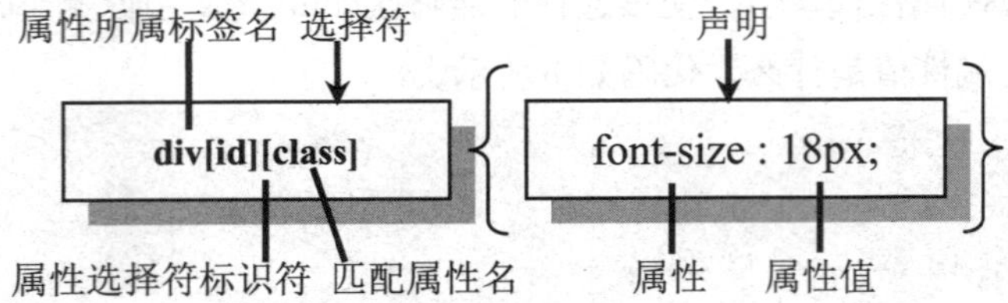

图2-26　多个匹配属性名选择器

复制上面示例的页面，然后清除内部样式表中的样式，重新定义两个匹配属性，则最终显示红色边框线的为第一幅图像，修改后<body>标签代码如下所示。

```
<img src="images/pic1.jpg" alt="图像" title="图像" />
<img src="images/pic2.jpg" alt="图像" />
<img src="images/pic3.jpg" />
```

修改后<head>标签代码内容如下。

```
<style type="text/css">
img { width:260px;}
img[alt][title] { border:solid 2px red;}
</style>
```

2. 匹配属性值选择器

匹配属性值选择器的语法格式如图2-27所示。

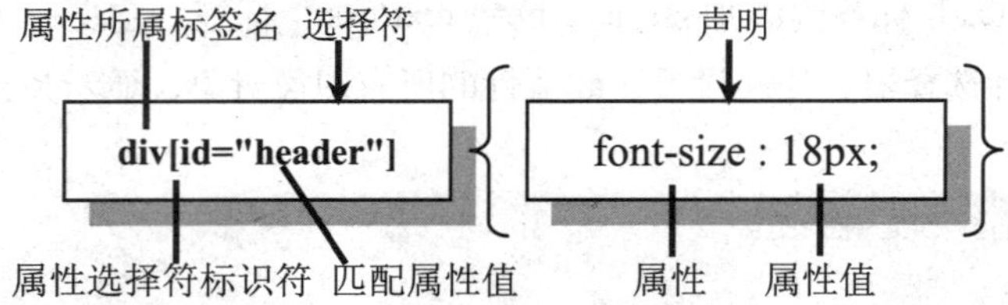

图2-27　匹配属性值选择器

在指定属性值时应该确保值被双引号括起来了。

【随堂练习】

步骤1 新建一个网页，保存为test.html，在<body>标签内输入如下代码。

```
<img src="images/pic1.jpg" alt="图像" title="图像" />
<img src="images/pic2.jpg" alt="图像" />
<img src="images/pic3.jpg" title="图像" />
```

步骤2 在<head>标签内添加<style type="text/css">标签，定义一个内部样式表，然后通过指定属性值来为第1个图像定义样式，使第1个图像显示红色的边框线，代码如下所示。

```
<style type="text/css">
img { width:260px;}
img[alt=" 图像 "][title=" 图像 "] { border:solid 2px red;}
</style>
```

在浏览器中预览显示效果，如图2-28所示。

图2-28　匹配图像中多个属性值的样式演示效果

读者还可以设置多个匹配属性值，方法与上面相同，这里就不再举例了。

3. 模糊匹配属性值选择器

这是一类特殊的属性选择器，类似于正则表达式的匹配模式，也是属性选择器中功能最强大的一部分，主要包括如下几种匹配模式。

- [|=]（连字符匹配）：以连字符为分隔符，匹配属性值中的局部字符串。
- [~=]（空白符匹配）：以空白符为分隔符，匹配属性值中局部字符串。
- [^=]（前缀匹配）：匹配属性值中起始字符。
- [$=]（后缀匹配）：匹配属性值中结束字符。
- [*=]:（子字符串匹配）：匹配属性值中存在的指定字符。

【随堂练习】

步骤1 新建一个网页，保存为test.html，在<body>标签内输入如下代码。

```
<div class="red-blue-green"> 支持 [|=]（连字符匹配）属性选择器 </div>
<div class="red blue green"> 支持 [~=]（空白符匹配）属性选择器 </div>
<div class="Red-blue-green"> 支持 [^=]（前缀匹配）属性选择器 </div>
<div class="red-blue-green"> 支持 [$=]（后缀匹配）属性选择器 </div>
<div class="red-blue-green"> 支持 [*=]:（子字符串匹配）属性选择器 </div>
```

步骤2 在<head>标签内添加<style type="text/css">标签，定义一个内部样式表，然后分别定义5个模糊匹配的属性选择器，具体代码如下所示。

```
<style type="text/css">
div {display: none;}/* 隐藏所有 div 元素 */
[class|="blue"] {display: block;}             /* 连字符匹配 */
[class~="blue"] {display: block;}             /* 空白符匹配 */
[class^="Red"] {display: block;}              /* 前缀匹配 */
[class$="Green"] {display: block;}            /* 后缀匹配 */
[class*="gre"] {display: block;}              /* 子字符串匹配 */
</style>
```

在浏览器中预览显示效果，如图2-29所示。

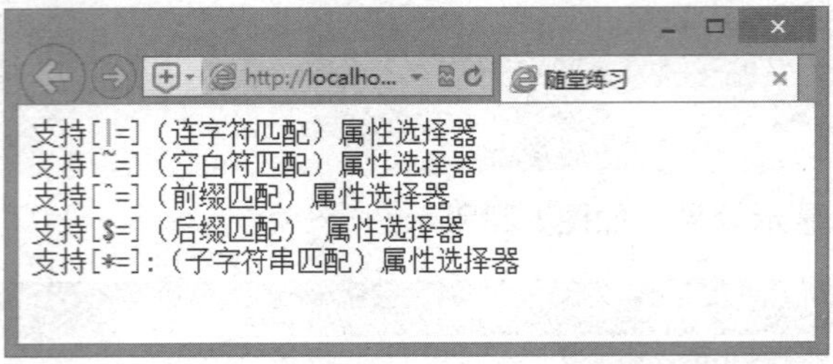

图2-29　模糊匹配属性选择器演示效果

利用上面示例把匹配的div元素显示出来，以测试浏览器是否支持该属性选择器。上面示例中省略了属性选择器的指定标签选择器，这时它将匹配任意标签元素，可以使用星号（*）通配符来指定任意元素。

2.5.6　伪选择器和伪元素选择器

伪类和伪元素是一类特殊的选择器，它定义了一些特殊区域或特殊状态下的样式，这些特殊区域或特殊状态是无法通过标签、ID或Class以及其他属性来进行精确控制的。

伪类和伪元素以冒号（:）为前缀来表示，语法格式如图2-30所示。

> **提 示**
>
> 伪类和伪元素的前缀符号（:）与前后名称之间不要有空格。

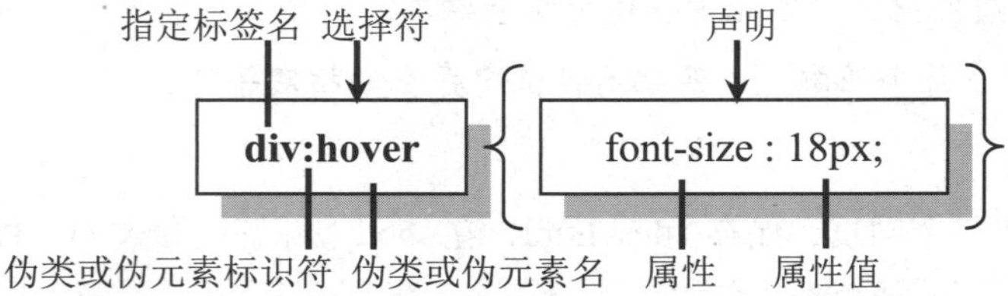

图2-30　伪类和伪元素选择器

【随堂练习】

步骤1 新建一个网页，保存为test.html，在<body>标签内输入如下代码，定义超链接。

```
<a href="#"> 超链接文本 </a>
```

步骤2 在<head>标签内添加<style type="text/css">标签，定义一个内部样式表，然后利用超链接的4个伪类选择器定义超链接文本的4种不同显示状态，代码如下所示。

```
<style type="text/css">
a:link {color: #FF0000;}                /* 正常链接状态下样式 */
a:visited {color: #0000FF;}             /* 被访问之后的样式 */
a:hover {color: #00FF00;}               /* 鼠标经过时的样式 */
a:active {color: #FF00FF;}              /* 超链接被激活时的样式 */
</style>
```

【拓展练习】

超链接的这四种状态，也可以应用到其他元素上，甚至所有元素都可以定义鼠标的四种状态样式。

步骤1 新建一个网页，保存为test.html，在<body>标签内输入如下代码。

```
<div> 鼠标经过样式 </div>
<p> 鼠标经过样式 </p>
```

步骤2 在<head>标签内添加<style type="text/css">标签，定义一个内部样式表，然后利用超链接的4个伪类选择器定义body、div和span元素伪类样式，即当鼠标移过链接、在链接上面和移出链接时的活动状态。

```
<style type="text/css">
:link {color: #FF0000;}                    /* 正常状态下样式 */
:visited {color: #0000FF;}                 /* 被访问之后的样式 */
:hover {color: #00FF00;}                   /* 鼠标经过时的样式 */
:active {color: #FF00FF;}                  /* 单击被激活时的样式 */
</style>
```

在演示时，读者可能会看到不完整鼠标移动时的元素状态样式，因为所有元素，包括body元素都被定义了4种状态样式，更为稳妥的方法是在伪类标识符前面指定一个具体的标签名。其他伪类和伪对象的说明和使用可以参考“CSS参考手册”。

提 示

除了超链接的4种伪类选择器之外，IE 6及其以下版本的浏览器不支持其他伪类和伪对象选择器，使用时应适当注意。

2.5.7 选择器分组

选择器分组就是把多个选择器写在一起，以方便样式的组织和管理。被分为一组的多个选择器以逗号排列在一起，组内每个选择器可以为任意类型的选择器，如标签选择器、类选择器、ID选择器，甚至是复合选择器。

【随堂练习】

步骤1 新建一个网页，保存为test.html，在<body>标签内输入代码，设计6级标题，代码如下所示。

```
<h1> 一级标题 </h1>
<h2> 二级标题 </h2>
<h3> 三级标题 </h3>
<h4> 四级标题 </h4>
<h5> 五级标题 </h5>
<h6> 六级标题 </h6>
```

步骤2 在<head>标签内添加<style type="text/css">标签，定义一个内部样式表，然后为各级标题定义样式，设计所有标题的字体大小为14像素，代码如下所示。

```
<style type="text/css">
h1 { font-size:14px; }
h2 { font-size:14px; }
h3 { font-size:14px; }
h4 { font-size:14px; }
h5 { font-size:14px; }
h6 { font-size:14px; }
</style>
```

步骤3 由于这些标题的样式是相同的，这时可以利用选择器分组来实现，将这些标题元素分成一组，被称为样式群，以实现快速开发，代码如下所示。

```
<style type="text/css">
h1, h2, h3, h4, h5, h6 {
    font-size:14px;
}
</style>
```

【拓展练习】

在网页设计中，大家都会习惯性使用选择器分组的方式，把所有元素的边距清除为0，示例代码如下所示。

```
html, body,
h1, h2, h3, h4, h5, h6,
p,
table, caption, tr, td, th,
ul, ol, li, dl, dt, dd,
form, legend, fieldset {
    margin: 0;
    padding: 0;
}
```

除了对标签元素进行分组之外，还可以给类选择器、ID选择器等其他选择器进行分组，方法完全相同。

2.6 CSS继承性、层叠性、优先级和特殊性

CSS样式具有三个基本特性，继承性、层叠性和特殊性。继承性说明样式可以相互传递，层叠性说明样式可以相互覆盖，特殊性说明样式可以特殊化处理。

2.6.1 CSS继承性

CSS继承性就是CSS允许结构的外围样式不仅可以应用于某个特定的元素，还可以应用于它包含的和可匹配的标签。通俗说就是在HTML文档结构中，包含在内部的标签将拥

有外部标签的某些样式。

【随堂练习】

CSS继承性最典型的应用是在body元素中定义整个页面的字体大小、字体颜色等基本页面属性，这样包含在body元素内的其他元素都将继承该基本属性，以实现页面显示效果的统一。

步骤1 新建一个网页，保存为test.html，在<body>标签内输入代码，设计一个多级嵌套结构，代码如下所示。

```
<div id="wrap">
    <div id="header">
        <div id="menu">
            <ul>
                <li><span> 首页 </span></li>
                <li> 菜单项 </li>
            </ul>
        </div>
    </div>
    <div id="main">
        <p> 主体内容 </p>
    </div>
</div>
```

步骤2 在<head>标签内添加<style type="text/css">标签，定义一个内部样式表，然后为body定义字体大小为12像素，通过继承性，包含在body元素中的所有其他元素都将继承该属性，字体大小显示为12像素，代码如下所示。

```
<style type="text/css">
body {font-size:12px;}
</style>
```

在浏览器中预览显示效果，如图2-31所示。

灵活利用CSS继承性，可以节省CSS代码，缩短开发时间。因此，当准备开发时，先把页面或模块中相同的、可以继承的样式提取出来，然后在总包含框中定义，利用继承性让这些样式影响所包含的所有子元素。

图2-31　CSS继承性演示效果

【拓展学习】

CSS继承性给网页设计带来很多便利，但不是每个CSS属性都是可以继承的。为了防止继承性对网页设计的破坏性影响，CSS强制规定了部分属性不具有继承特性，分类说明如下。

- 边框属性。
- 边界属性。
- 补白属性。
- 背景属性。
- 定位属性。
- 布局属性。
- 元素宽高属性。

例如，对于background属性来说，它是用来设置元素的背景，为了避免嵌套结构相互影响，CSS就会禁止background属性继承。实际上它也不应该有继承性，如果所有包含元素都继承了背景属性，文档看起来就会很怪异。

继承是非常重要的，使用它可以简化代码，降低CSS样式的复杂度。但是，如果在网页中所有元素都大量继承样式，要判断样式的来源就会变得很困难，因此读者应该注意一些特殊的情况。

对于字体、文本类属性等涉及到网页中通用属性时可以使用继承性。例如，网页显示字体、字号、颜色、行距等可以在body元素中统一设置，然后通过继承性影响文档中所有的文本。其他属性就不要使用继承性来实现。

【拓展练习】

元素通过继承性获取上级元素的样式，但是这些样式的影响力是非常弱的。当元素本身包含了冲突样式时，一般会忽略继承样式。

步骤1 新建一个网页，保存为test.html，在<body>标签内输入代码，设计一个多级嵌套结构，代码如下所示。

```
<div id="wrap">
    <div id="header">
        <h2><span>网页标题</span></h2>
        <div id="menu">
            <ul>
                <li><span>首页</span></li>
                <li>菜单项</li>
            </ul>
        </div>
    </div>
    <div id="main">
        <h2><span>栏目标题</span></h2>
        <p>主体内容</p>
    </div>
</div>
```

步骤2 在<head>标签内添加<style type="text/css">标签，定义一个内部样式表，然后为body定义字体大小为12像素，通过继承性，包含在body元素中的所有其他元素都将继承该属性，字体大小显示为12像素，代码如下所示。

```
<style type="text/css">
body { font-size:12px;}
</style>
```

由于h2元素默认定义了字体大小，则将忽略从body元素继承来的属性，因此不是显示为12像素大小，而是显示为默认设置的字体大小效果，如图2-32所示。

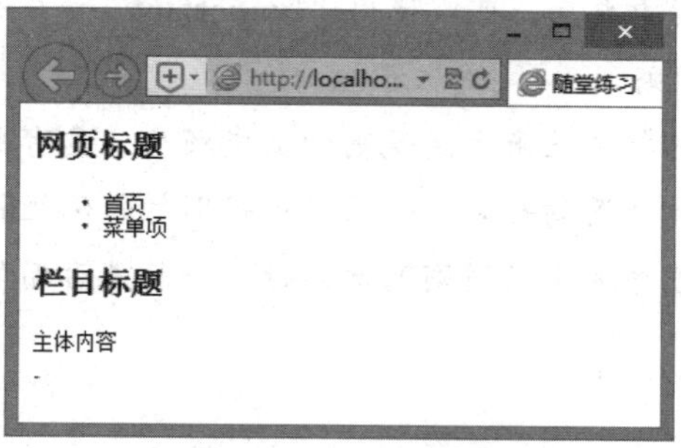

图2-32　CSS继承性失效演示效果

2.6.2　CSS层叠性

CSS层叠性是指CSS能够对同一个元素或者同一个网页应用多个样式或多个样式表的能力。例如，可以创建一个CSS样式来应用颜色，创建另一个样式来应用边距，然后将两个样式应用于同一个页面中的同一个元素，这样CSS就能够通过样式层叠设计出各种页面效果。

【随堂练习】

CSS的层叠性会带来样式冲突，如果多个样式声明的属性相同，但是样式效果不同，并且它们都被应用到同一个对象上，这种层叠效果就会发生矛盾，浏览器该如何进行解析？

步骤1 新建一个网页，保存为test.html，在<body>标签内输入代码，代码如下所示。

```
<div id="wrap">看看我的样式效果</div>
```

步骤2 在<head>标签内添加<style type="text/css">标签，定义一个内部样式表，分别添加两个样式，代码如下所示。

```
div {font-size:12px;}
div {font-size:14px;}
```

这两个样式中都是声明相同的属性，并应用于同一个元素上，那么div元素内的字体到底显示为多大呢？

在浏览器中测试，读者会发现最后字体显示为14像素，也就是说14像素的字体大小覆盖了12像素的字体大小，这就是样式层叠。

【拓展学习】

当声明有相同属性，但是属性值不同，且定义的样式都作用于同一个对象时，浏览器应如何进行选择？是不是根据先后顺序来确定？

CSS设计出一套计算方法，根据计算出的权重值来确定不同样式的重要性，并决定最终要呈现的效果，具体说明如下。

- CSS为每个规则都分配了一个重要度，其中网页设计师（作者）定义的样式是最重要的，然后是浏览者（用户）自定义的样式，最后才是浏览器的默认样式。
- 如果要提高样式的重要度，可以使用“!important”命令来强制提高它的重要性，使它优先于任何规则。
- 最后根据选择器的特殊性来决定规则的优先顺序。具有更特殊的选择器的规则优先于比较一般的选择器的规则。如果两个规则的特殊性相同，那么就会根据在网页中位置的先后顺序来决定规则的优先性，一般是后面的样式会优先前面相同声明的样式。

【拓展练习】

条件假设：

- 读者所用的浏览器默认显示字体样式是宋体，这是浏览器定义的样式。
- 读者通过修改浏览器的设置来改变浏览器中的字体，使字体显示为楷体，这是用户定义的样式。
- 当打开网页自带样式表，它定义的字体属性为幼圆，因为网页样式是由网页设计师定义的，所以这是作者定义的样式。

解析：在浏览器中预览，网页字体最终显示为幼圆，因为根据层叠规则，三者中作者的样式具有最高的重要性，用户定义的样式次之，最后是浏览器的样式。

如果作者没有定义某个属性，浏览器会寻找用户是否定义了该属性的样式，如果用户也没有设置该属性的样式，则最终将根据浏览器预定义的样式来呈现页面效果。

如果作者的样式设置为如下代码。

```
body {font-family:" 隶书 "!important;}
body {font-family:" 幼圆 ";}
```

那么根据规则，虽然它们都是作者定义的样式，都具有相同的重要性。根据位置排列的先后顺序，后面的样式将优先于前面的样式，但前面的样式中加了“!important”，最终网页字体显示为隶书。

2.6.3 CSS优先级

浏览器根据一定的CSS优先级来解析网页效果，下面详细说明CSS样式的优先级。

1. CSS样式表的优先级

根据CSS样式的起源，可以将网页定义的样式分为4种：HTML、作者、用户、浏览器。HTML表示元素的默认样式；作者就是创建人，即创建网站时编辑CSS的人；用户也就是浏览网页的人所设置的样式，浏览器就是指浏览器默认的样式。

原则上讲，作者定义的样式优先于用户设置的样式，用户设置的样式优先于浏览器的默认样式，而浏览器的默认样式会优先于HTML的默认样式。

> **提 示**
>
> 在CSS2中，当用户设置的样式中使用了“!important”命令声明之后，用户的“!important”命令会优先于作者声明的“!important”命令。

2. CSS样式的优先级

对于相同的CSS样式来说，不同位置的样式其优先级也是不同的。

一般来说，行内样式会优先于内部样式表，内部样式表会优先于外部样式表，而被附加了“!important”关键字的声明会拥有最高的优先级。

【随堂练习】

步骤1 新建一个网页，保存为test.html，在<body>标签内输入代码，在p元素行内定义一个内嵌属性样式，定义字体大小为14像素（style="font-size:14px"），代码如下所示。

```
<p style="font-size:14px"> 段落文本 </p>
```

步骤2 在<head>标签内添加<style type="text/css">标签，定义一个内部样式表，在内部样式表中定义字体大小为24像素，代码如下所示。

```
<style type="text/css">
p { font-size:24px;}
</style>
```

步骤3 使用<link>标签导入一个外部样式表。

```
<link href="style.css" rel="stylesheet" type="text/css" />
```

步骤4 在外部样式表“style.css”中定义字体大小为34像素，代码如下所示。

```
p { font-size:34px;}
```

在浏览器中预览效果，根据CSS样式的优先级，最终显示结果为14像素，这说明内嵌的CSS样式属性具有最高的优先级，如图2-33所示。

图2-33　CSS样式优先级的演示效果

2.6.4　CSS特殊性

CSS特殊性是指不同类型的选择器，它们的权重比值不同。对于常规选择器来说，它们的权重比值说明如下。

- 标签选择器：权重值为1。
- 伪元素或伪对象选择器：权重值为1。

- 类选择器：权重值为10。
- 属性选择器：权重值为10。
- ID选择器：权重值为100。
- 其他选择器：权重值为0，如通配选择器等。

以上面权值数为起点来计算每个样式中选择器的总权值数，计算规则如下。

- 统计选择器中ID选择器的个数，然后乘于100。
- 统计选择器中类选择器的个数，然后乘于10。
- 统计选择器中的标签选择器的个数，然后乘于1。

以此方法类推，最后把所有权重值数相加，即可得到当前选择器的总权重值，最后根据权重值来决定哪个样式的优先级大。

【随堂练习】

步骤1 新建一个网页，保存为test.html，在<body>标签内输入如下代码。

```
<div id="box" class="red">CSS 选择器的优先级 </div>
```

步骤2 在<head>标签内添加<style type="text/css">标签，定义一个内部样式表，添加如下样式。

```
<style type="text/css">
body div#box { border:solid 2px red;}
#box {border:dashed 2px blue;}
div.red {border:double 3px red;}
</style>
```

对于上面的样式表，可以这样计算它们的权重值：

body div#box = 1 + 1 + 100 = 102;

#box = 100

di.red = 1 + 10 = 11

因此，最后的优先级为“body div#box”大于“#box”，“#box”大于“di.red”。最终在浏览器中可以看到宽为2像素的红色实线，显示效果如图2-34所示。

图2-34　CSS优先级的样式演示效果

【拓展练习1】

利用上述方法，分别计算下面样式表中每个样式的优先级别。

```
<style type="text/css">
div{color:Green;}                    /* 特殊性权重值= 1*/
div h2{color:Red;}                   /* 特殊性权重值：1+1 = 2*/
.blue{color:Blue;}                   /* 特殊性权重值：10 = 10*/
div.blue{color:Aqua;}                /* 特殊性权重值：1+10 = 11*/
div.blue.dark{color:Maroon;}         /* 特殊性权重值：1+10+10 = 21*/
```

```
#header{color:Gray;}                    /* 特殊性权重值：100 = 100*/
#header span{color:Black;}              /* 特殊性权重值：100 + 1 = 101*/
</style>
```

【拓展练习2】

被继承的样式的权重值为0。不管原继承样式的优先权多大，被继承后，它的权重值始终为0。

步骤1 新建一个网页，保存为test.html，在<body>标签内输入如下代码。

```
<div id="header" class="blue">
    <span>遗产继承不如白手起家</span>
</div>
```

步骤2 在<head>标签内添加<style type="text/css">标签，定义一个内部样式表，添加如下样式。

```
<style type="text/css">
span{ color:Gray;}
#header{ color:Black;}
</style>
```

虽然#header具有100的权重值，但被span继承时，权重值就为0，而span选择器的权重值虽然仅为1，但是它大于继承样式的权重值，所以元素最后显示的颜色为灰色。

【拓展练习3】

样式属性最优先。当使用style属性为标签定义样式属性时，它的权重值可以为100或者更高。总之，它拥有比样式表（内部或者外部）中定义的样式更大的优先级。

步骤1 新建一个网页，保存为test.html，在<body>标签内输入如下代码。

```
  <div id="header" class="blue" style="color:Yellow">
    内部优先
</div>
```

步骤2 在<head>标签内添加<style type="text/css">标签，定义一个内部样式表，添加如下样式。

```
<style type="text/css">
div {color:Green;}                                /* 元素样式 */
.blue{color:Blue;}                                /*class 样式 */
#header{color:Gray;}                              /*id 样式 */
  </style>
```

在上面的样式表中，虽然通过ID和类选择器分别定义了div元素的字体属性，但由于div元素同时定义了样式属性，样式属性权重值大于ID和类选择器定义的样式，因此div元素最终显示为黄色。

【拓展练习4】

在相同权重值下，CSS将遵循就近原则，也就是说靠近元素的样式具有最大优先权，即位于最后的样式具有最大优先权。

步骤1 新建一个网页，保存为test.html，设计网页文档结构如下。

```
<!DOCTYPE html PUBLIC "-//W3C//DTD XHTML 1.0 Transitional//EN" "http://www.w3.org/TR/xhtml1/DTD/xhtml1-transitional.dtd">
<html xmlns="http://www.w3.org/1999/xhtml">
<head>
<meta http-equiv="Content-Type" content="text/html; charset=gb2312" />
<title> 样式特殊性比较 </title>
<link href="style.css" rel="stylesheet" type="text/css" /><!-- 导入外部样式 -->
<style type="text/css">
#header{/* 内部样式 */
  color:Gray;
}
</style>
</head>
<body>
<div id="header" >
    就近优先
</div>
</body>
</html>
```

步骤2 在外部样式表文件“style.css”中输入如下样式。

```
/*CSS 外部样式表文件，名称为 style.css*/
#header{/* 外部样式 */
     color:Red;
}
```

在浏览器中预览，页面内的<div>标签显示为灰色。

步骤3 更改内部样式，修改代码如下所示。

```
div{/* 内部样式 */
      color:Gray;
}
```

特殊性不同，最终文字显示为外部样式所定义的红色。同样的道理，如果同时导入两个外部样式表，则排在下面的样式表会比上面的样式表具有较大优先权。

【拓展练习5】

CSS定义“!important”命令拥有最大的权重值，也就是说“!important”命令在任何环境和情况下，都拥有最大优先权。“!important”命令必须位于属性值和分号之间，否则无效。

步骤1 新建一个网页，保存为test.html，设计网页文档结构如下。

```
<!DOCTYPE html PUBLIC "-//W3C//DTD XHTML 1.0 Transitional//EN"
"http://www.w3.org/TR/xhtml1/DTD/xhtml1-transitional.dtd">
<html xmlns="http://www.w3.org/1999/xhtml">
<head>
<meta http-equiv="Content-Type" content="text/html; charset=gb2312" />
<title>!important 命令最大 </title>
<link href="style.css" rel="stylesheet" type="text/css" /><!-- 导入
外部样式 -->
<style type="text/css">
#header{/* 内部样式 */
  color:Gray;
}
</style>
</head>
<body>
<div id="header"  style="color:Yellow"><!-- 内嵌样式 -->
    天王盖地虎，天下唯 !important 命令独尊
</div>
</body>
</html>
```

步骤2 在外部样式表中定义如下样式，并添加“!important”命令。

```
/*CSS 外部样式表文件，文件名称为 style.css*/
#header{/* 外部样式 */
        color:Red!important;
}
```

在浏览器中预览，<div>标签显示为红色。

注意，IE6及更低版本不支持“!important”命令。

2.7 综合实训

本章集训目标

- 在理解的基础上，能够根据具体的结构选择恰当的选择器来定义样式。
- 能够灵活使用各种选择器，准确匹配网页特定对象。
- 能够混合使用多种选择器，配合使用设计富有变化的页面效果。

实训1：设计个人网站菜单

实训说明

这是一款适合个人网站、酷站风格的导航菜单，从外观上看这个菜单导航横条很炫酷。黑色代表严肃、沉着，灰黑色渐变背景效果加上鼠标浮动在菜单上所显示出来的按钮

背景图，将这个菜单栏与众不同之处完美地展现出来。示例效果如图2-35所示。

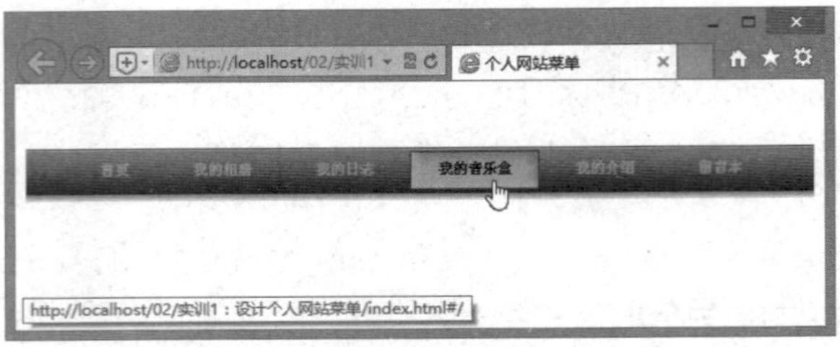

图2-35　设计个人网站菜单演示效果

主要训练技巧说明

- 通过无序列表标签构建导航结构。
- 通过类样式设计菜单中的基本效果。
- 通过包含选择器限制样式的应用范围。
- 通过选择器分组，提高CSS样式编写效率。
- 通过伪类样式设计动态效果。

设计步骤

步骤❶ 启动Dreamweaver，新建网页并保存为index.html。打开网页文档，设计如下导航菜单结构，代码如下所示。

```
<body>
<ul class="menu">
    <li class="top"><a href="#" class="top_link"><span>首页</span></a></li>
    <li class="top"><a href="#" class="top_link"><span>我的相册</span></a></li>
    <li class="top"><a href="#" class="top_link"><span>我的日志</span></a></li>
    <li class="top"><a href="#" class="top_link"><span>我的音乐盒</span></a></li>
    <li class="top"><a href="#" class="top_link"><span>我的介绍</span></a></li>
    <li class="top"><a href="#" class="top_link"><span>留言本</span></a></li>
</ul>
</body>
```

在这个导航菜单中，包含2层结构，外层的<ul>标签控制导航总体样式，内层的<li>标签控制每个菜单项的样式。

步骤❷ 为了与页面其他模块的列表结构进行区分，在该导航菜单中定义外层的<ul>标签类名为menu，内层的<li>标签类名为top，每个选项中包含的超链接类名为“top_link”。

步骤❸ 新建CSS样式表文件，命名为“style.css”，保存到images文件夹中，然后在页面头部区域导入该样式表，代码如下所示。

```
<link rel="stylesheet" href="images/style.css" type="text/css" />
```

步骤4 设计菜单框架样式，控制整个导航菜单的外观。这里主要通过类选择器“.menu”实现，样式细节包括设置内外边距、固定高度40像素、清除列表框默认样式（如项目符号、缩进）、定义背景效果、设置字体样式、设计外框为相对定位“position:relative;”，代码如下所示。

```
.menu {padding:0 0 0 32px; margin:0; list-style:none; height:40px; background:#fff url(button1a.gif) repeat-x; position:relative; font-family:arial, verdana, sans-serif; margin-top:50px;}
```

其中“position:relative;”声明对于整个案例效果的影响最为关键，它能够约束内部结构的布局，position属性的深入讲解请参阅后面的章节。

步骤5 以包含选择器的方式匹配每个列表项，然后定义每个列表项以块状显示，并向左浮动，实现横向并列显示效果，代码如下所示。

```
.menu li.top {display:block; float:left; position:relative;}
```

提 示

这里使用包含选择器限制匹配范围为导航菜单框内，然后使用指定范围类样式，以便提高类样式的优先级，以及确定样式应用的标签类型范围。

步骤6 通过多层包含选择器定义选项中超链接的样式 。设置每个超链接以块状向右浮动显示，然后定义高度与导航栏同高，定义菜单内字体样式等，代码如下所示。

```
.menu li a.top_link {display:block; float:left; height:40px; line-height:33px; color:#bbb; text-decoration:none; font-size:11px; font-weight:bold; padding:0 0 0 12px; cursor:pointer;}
```

步骤7 以多层包含选择器定义超链接中包含的span元素样式，该样式与超链接样式基本相似，代码如下所示。

```
.menu li a.top_link span {float:left; font-weight:bold; display:block; padding:0 24px 0 12px; height:40px;}
```

步骤8 以伪类选择器方式定义鼠标经过超链接的样式。该效果主要包含2个样式，它们分别定义a和span元素样式。在样式中主要重设背景图像和位置，代码如下所示。

```
.menu li a.top_link:hover {color:#000; background: url(button4.gif) no-repeat;}
.menu li a.top_link:hover span {background:url(button4.gif) no-repeat right top;}
```

步骤9 以选择器分组的方式定义导航菜单中的公共样式，如初始化ul默认效果，考虑在不同位置、不同状态下的ul样式，这里采用了选择器分组的方式进行统一控制，代码如下所示。

```
.menu ul,
```

```
    .menu :hover ul ul,
    .menu :hover ul :hover ul ul,
    .menu :hover ul :hover ul :hover ul ul,
    .menu :hover ul :hover ul :hover ul :hover ul ul
{position:absolute; left:-9999px; top:-9999px; width:0; height:0;
margin:0; padding:0; list-style:none;}
```

实训2：设计网站登录页面

实训说明

这是一款个性的网站登录页面，从效果上看，页面以灰色背景与浅蓝色方框进行搭配，使登录框精致且富有立体效果，示例效果如图2-36所示。登录框页面一般比较简单，包含的结构和信息都很单纯，但是要设计一个比较有新意的登录框，需要读者提前在Photoshop中进行设计，然后再转换为HTML标准布局效果。

图2-36 设计网站登录页面效果

主要训练技巧说明

- 通过通配选择器实现对整个页面的控制。
- 通过body样式统一网页背景色，并嵌入登录框背景图。
- 设计表单元素的样式。

通过类样式定义按钮样式以及动态效果。

通过属性选择器控制特定对象样式。

设计步骤

步骤1 启动Dreamweaver，新建网页并保存为index.html。打开网页文档，设计如下表单结构，代码如下所示。

```
    <body>
    <form id="login-form" action="#" method="post">
        <fieldset>
            <legend>登录</legend>
            <label for="login">Email</label>
            <input type="text" id="login" name="login"/>
            <div class="clear"></div>
            <label for="password">密码</label>
            <input type="password" id="password" name="password"/>
```

```
            <div class="clear"></div>
            <label for="remember_me" style="padding: 0;">记住状态?</
label>
            <input type="checkbox" id="remember_me" style="position:
relative; top: 3px; margin: 0; " name="remember_me"/>
            <div class="clear"></div>
            <br />
            <input type="submit" style="margin: -20px 0 0 287px;"
class="button" name="commit" value="登 录"/>
        </fieldset>
    </form>
    <p align="center"><strong>&copy; www.xxxxxx.cn</strong></p>
    </body>
```

步骤2 为form元素定义ID属性，以便对整个表单控制，同时方便设计ID样式。

步骤3 新建CSS样式表文件，命名为“style.css”，保存到images文件夹中，然后在页面头部区域导入该样式表，代码如下所示。

```
    <link rel="stylesheet" type="text/css" href="images/style.css" />
```

步骤4 通过通配选择器清除页面中所有标签的内外边距，代码如下所示。

```
    * { margin: 0; padding: 0; }
```

步骤5 在body元素中定义网页字体效果，如类型、大小和颜色，设计网页背景图像，并让背景图像偏上居中显示，禁止平铺，同时设置背景图像无法覆盖的区域，颜色显示浅灰色（#c4c4c4），代码如下所示。

```
    body { font-family: Georgia, serif; background: url(login-page-bg.
jpg) center -50px no-repeat #c4c4c4; color: #3a3a3a; }
```

步骤6 定义清除样式类，以便控制页面中每个表单域的换行显示，代码如下所示。

```
    .clear { clear: both; }
```

步骤7 设计表单对象样式。其中，通过属性选择器控制复选框的样式，代码如下所示。

```
    form { width: 406px; margin: 120px auto 0; }
    legend { display: none; }
    fieldset { border: 0; }
    label { width: 115px; text-align: right; float: left; margin: 0 10px
0 0; padding: 9px 0 0 0; font-size: 16px; }
    input { width: 220px; display: block; padding: 4px; margin: 0 0 10px
0; font-size: 18px; color: #3a3a3a; font-family: Georgia, serif; }
    input[type=checkbox] { width: 20px; margin: 0; display: inline-
block; }
```

步骤8 设计按钮在鼠标经过和未经过时的状态样式，代码如下所示。

```
    .button { background: url(button-bg.png) repeat-x top center;
border: 1px solid #999; -moz-border-radius: 5px; padding: 5px; color:
black; font-weight: bold; -webkit-border-radius: 5px; font-size: 13px;
width: 70px; }
    .button:hover { background: white; color: black; }
```

2.8 上机练习

1. 请实现图2-37所示的导航菜单效果。该导航菜单效果的设计方法与综合训练中实训1实例的设计思路基本相同。读者可以按如下思路进行操作。

- 通过列表结构构建菜单框架。
- 通过类样式控制框架的基本样式。
- 通过伪类样式设计菜单的动态样式。
- 通过包含选择器限制样式应用的范围。
- 通过选择器分组实现CSS代码的优化。

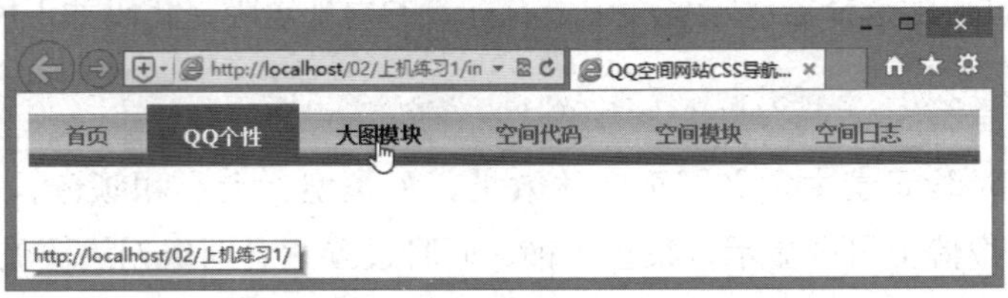

图2-37　设计QQ空间网站菜单演示效果

2. 学习编写高效的CSS样式，应避免使用一些低效的CSS选择器去匹配大量的元素，这样能够加速浏览器对页面的解析效率。

步骤1 启动Dreamweaver，新建一个网页，保存为index.html，在<body>标签内输入如下代码。

```
    <div class="menu">
        <ul class="submenu">
            <li class="topmenu"><a href="" ></a></li>
            <li class="topmenu"><a href="" ></a> </li>
            <li class="topmenu"><a href=""></a> </li>
        </ul>
    </div>
    <div class="news">
        <ul class="subnews">
            <li class="new"><a href="" ></a></li>
            <li class="new"><a href="" ></a> </li>
            <li class="new"><a href=""></a> </li>
```

```
    </ul>
</div>
```

步骤2 在<head>标签内添加<style type="text/css">标签，定义一个内部样式表，然后定义样式，练习使用不同的组合选择器匹配导航菜单中的a元素。

```
.menu a {  }
.submenu li a {  }
.menu ul a {  }
.menu li a {  }
.menu .submenu li a {  }
```

在上面多个选择器中，它们都可以准确匹配导航菜单中的a元素，思考哪种写法更高效？自己动手测试一下。

知识铺垫

当浏览器解析HTML结构时，它构造了一个文档树来展现所有被显示的元素。一般CSS引擎通过选择器去寻找匹配，CSS引擎评估每一个选择器是按从右到左的顺序执行的，即从最右的子选择符开始，直到找到匹配元素为止。

根据这个规则，使用越少的选择器组合，CSS引擎的匹配速度就越快，优化选择器组合也有利于提高页面的性能。这可以避免冗余的代码，使引擎系统快速匹配到元素而不需要花费太多的时间。

反思用法

你是否习惯下面这样编写样式的选择器，如果是，请改掉这些陋习。

- 使用通配选择符作为关键匹配，如：

```
body * { }
.hide-scrollbars * {}
```

- 使用标签选择器作为关键匹配，如：

```
ul li a { }
#footer h3 { }
```

- 使用子选择器和相邻选择器，如：

```
body > * { }
.hide-scrollbars > * { }
ul > li > a { }
#footer > h3 { }
```

子选择器和相邻选择器是最低效的，因为对于每一个元素的匹配，浏览器不得不检索其他元素，这就需要双倍的时间耗费在匹配上。

- 过度地限定选择器。

```
ul#top_blue_nav { }
form#UserLogin { }
```

ID选择器是唯一的，包含标签或者类限定仅仅是增加了一些匹配负担，是无用的信息。

推荐用法

为提高CSS样式代码的执行效率，请尝试使用下面的选择器组合方式。

- 避免使用全局样式。

允许一个元素去继承它的祖先，或者使用一个类样式去应用复杂的元素。

- 将选择器写得越精确越好。

建议多用类选择器和ID选择器，少用标签选择器和通配选择器。

- 少一些无用的匹配限定，如：

（1）ID选择器被类选择器或者标签选择器限定。

（2）类选择器被标签选择器限定。

- 避免使用后代选择器，特别是包含了一些无用的祖先元素。

例如，“body ul li a{ }”就使用了一个无用的body限定，因为所有的元素都是在body中。

- 使用类选择器取代后代选择器。

例如，一个无序列表，一个有序列表，如果需要两个不同的样式，则不要使用下面的样式。

```
ul li {color:blue} ol li {color:red}
```

应该使用如下的样式。

```
.unordered-list-item {color: blue;}
.ordered-list-item {color: red;}
```

如果必须使用后代选择器，建议多用子选择器。

HTML

第3章 定义网页文本

文字是网页信息传递的主要载体，虽然使用图像、动画或视频等多媒体信息也可以表情达意，但是文字所传递的信息是最准确，也是最丰富的。字体和文字样式与传统印刷排版的样式相似。例如，在Word软件中，用户经常要设置字体类型、大小和颜色，段落文本的版式和样式，这些效果在网页中都可以通过CSS来实现。

学习要点

- 了解HTML字体标签
- 了解CSS字体和文字属性
- 熟悉字体和文字属性的特殊取值

训练要点

- 能够使用HTML标签标识不同类型的文本
- 能够使用CSS正确设置网页字体和文字样式
- 能够灵活使用CSS字体和文字属性设计出精美的网页正文版式

3.1 使用文本标签

所有信息的描述都应基于语义来确定。例如，结构的划分、属性的定义等。设计一个好的语义结构会增强信息的可读性和扩展性，同时也降低了结构的维护成本，为跨平台信息交流和阅读打下了基础。

3.1.1 标题文本

<h1>至<h6>之间的标签可定义标题，其中<h1>定义最大的标题，<h6>定义最小的标题。

由于h元素拥有确切的语义，因此用户要慎重地选择恰当的标签层级来构建文档的结构，不能使用标题标签来改变同一行中的字体大小。

在网页中，标题信息比正文信息重要，因为不仅浏览者要看标题，搜索引擎也同样要先检索标题。标签按级别高低，从大到小分别为h1、h2、h3、h4、h5、h6，它们包含的信息重要性逐渐递减。其中h1表示最重要的信息，而h6表示最次要的信息。

【随堂练习1】

下面的代码操作是不妥的，用户应使用CSS样式来设计显示效果。

```
<div id="header1">一级标题</div>
<div id="header2">二级标题</div>
<div id="header3">三级标题</div>
```

【随堂练习2】

很多用户在选用标题元素时不规范，不讲究网页结构的层次轻重，例如下面的代码内容，其效果如图3-1所示。

图3-1　标题与正文的信息重要性比较

```
<div id="wrapper">
        <h1>模块标题</h1>
    <div id="box1">
        <h1>子栏目标题</h1>
        <p>正文</p>
    </div>
    <div id="box2">
        <h1>子栏目标题</h1>
        <p>正文</p>
    </div>
</div>
```

在上面模板结构中，h1元素重复使用了三次，显然是不合适的。

【拓展练习】

下面是一个示例层次清晰、语义合理的结构，对于阅读者和机器来说都是很友好的。除了h1元素外，h2、h3和h4等标题元素在一篇文档中可以重复使用多次，但如果把h2作为网页副标题之后，也只应使用一次，因为网页的副标题只有一个。代码如下所示。

```
<div id="wrapper">
    <h1> 网页标题 </h1>
    <h2> 网页副标题 </h2>
          <div id="box1">
           <h3> 栏目标题 </h3>
           <p> 正文 </p>
       </div>
       <div id="box2">
           <h3> 栏目标题 </h3>
           <div id="sub_box1">
               <h4> 子栏目标题 </h4>
               <p> 正文 </p>
            </div>
                 <div id="sub_box2">
               <h4> 子栏目标题 </h4>
               <p> 正文 </p>
          </div>
       </div>
</div>
```

h1、h2和h3元素比较常用，h4、h5和h6元素不是很常用，除非在结构层级比较深的文档中才会考虑使用，因为一般文档的标题层次在三级左右。

对于标题元素的位置，一般出现在正文内容的顶部，应该为第一行的位置。

3.1.2 段落文本

<p>标签定义段落文本，在段落文本前后会创建一定距离的空白，浏览器会自动添加这些空间，用户可以根据需要使用CSS重置这些样式。

传统用户习惯使用<div>或
标签来对文本分段，这样会带来歧义，妨碍搜索引擎对信息的检索。

【随堂练习】

下面的代码使用语义化的元素构建文章的结构，其中使用div元素定义文章包含框，使用h1定义文章标题，使用h2定义文章的作者，使用p定义段落文本，使用cite定义转载地址。示例代码如下，所显示的效果如图3-2所示。

```
<div id="article">
    <h1 title=" 哲学散文 "> 箱子的哲学 </h1>
    <h2 title=" 作者 "> 海之贝 </h2>
    <p> 一个朋友在外地工作，准备今年要回家过年。我说，告诉我航班我去接你吧。他在电话那头说：“我这次回去拉了个大箱子，很不方便的。”意思是不好麻烦我。我当然执意要去接他，多几个箱子又算什么。</p>
    <p> 挂断电话，想起这个朋友整天东奔西走，在异乡扎根，这次又暂时要栖息到故乡，有些许感慨。其中的原因，不在于漂泊，不在于根，而在于箱子。</p>
    <p> 人一生走来，谁不都是拖着一个大箱子呢？ </p>
    <p> 细数一下，我们拖着的箱子，装着我们生存生活的必需品，也装着我们路上捡来的、换来的、被授予的、硬塞给的，乃至不知道怎么来的各种各样的东西。于是我们拖着风花雪月、爱恨情仇、柴米油盐、康健患疾，还有生存的权利、生活的质量、生命的尊严，谁也摆脱不了。那些所谓的亲情爱情友情、欢乐平静痛苦、无望失望希望、过去现在未来，以及亲疏善恶美丑全都在这箱子中存放着。</p>
    ……
    <cite title=" 转载地址 ">http://article.hongxiu.com/a/2007-1-26/1674332.shtml </cite>
</div>
```

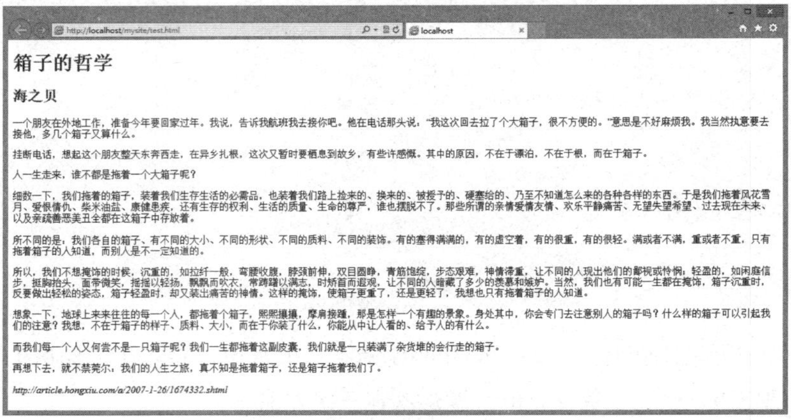

图3-2 文档结构图效果

3.1.3 引用文本

<q>标签定义短的引用，浏览器经常在引用的内容周围添加引号。<blockquote>标签定义块的引用，其包含的所有文本都会从常规文本中分离出来，左、右两侧会缩进显示，有时会显示为斜体。

从语义角度分析，<q>标签与<blockquote>标签是一样的，不同之处在于它们的显示和应用。<q>标签用于简短的行内引用，如果需要从周围内容中分离出比较长的部分，应使用<blockquote>标签。

提 示

一段文本不可以直接放在blockquote元素中，应包含在一个块元素中，如q元素。

<q>标签包含一个cite属性，该属性定义引用的出处或来源。<blockquote>标签也包含一个cite属性，定义引用的来源URL。

<cite>标签定义参考文献的引用，如书籍或杂志的标题，引用的文本将以斜体显示。常与<a>标签配合使用，定义一个超链接指向参考文本的联机版本。

<cite>标签还有一个隐藏的功能，能从文档中自动摘录参考书目，浏览器能够根据这个功能自动整理引用表格，并把它们作为脚注或者独立的文档来显示。

【随堂练习】

下面这一段代码综合展示了cite、q和blockquote元素以及cite引文属性的用法，其演示效果如图3-3所示。

```
    <div id="article">
        <h1> 智慧到底是什么呢？ </h1>
        <h2>《卖拐》智慧摘录 </h2>
        <blockquote cite="http://www.szbf.net/Article_Show.
asp?ArticleID=1249">
            <p> 有人把它说成是知识，以为知识越多，就越有智慧。我们今天无时无处不在
受到信息的包围和信息的轰炸，似乎所有的信息都是真理，仿佛离开了这些信息，就不能生存下
去了。但是你掌握的信息越多，只能说明你知识的丰富，并不等于你掌握了智慧。有的人，知识
丰富，智慧不足，难有大用；有的人，知识不多，但却无所不能，成为奇才。</p>
        </blockquote>
        <p> 下面让我们看看 <cite> 大忽悠 </cite> 赵某的这段台词，从中可以体会到语
言的智慧。</p>
        <div id="dialog">
            <p> 赵  某：<q> 对头，就是你的腿有病，一条腿短！ </q></p>
            <p> 范  某：<q> 没那个事儿！我要一条腿长，一条腿短的话，那卖裤子人就告
诉我了！ </q> </p>
            <p> 赵  某：<q>  卖裤子的告诉你你还买裤子么，谁像我心眼这么好哇？这样吧，
```

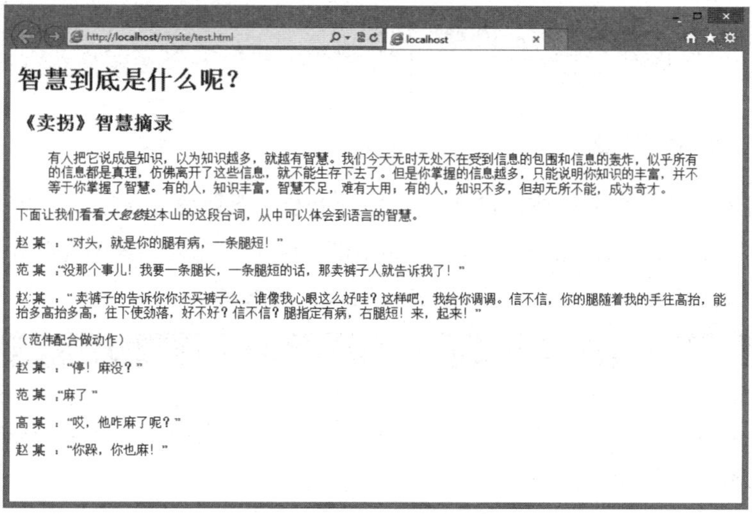

图3-3　引用信息的语义效果

```
我给你调调。信不信，你的腿随着我的手往高抬，能抬多高抬多高，往下使劲落，好不好？信不信？
腿指定有病，右腿短！来，起来！ </q> </p>
            <p class="action">（范某配合做动作）</p>
            <p>赵 某：<q>停！麻没？ </q> </p>
            <p>范 某：<q>麻了 </q> </p>
            <p>高 某：<q>哎，他咋麻了呢？ </q> </p>
            <p>赵 某：<q>你踩，你也麻！ </q> </p>
        </div>
    </div>
```

3.1.4　强调文本

<em>标签用于强调文本，其包含的文字默认为斜体；<strong>标签也用于强调文本，但它强调的程度更强一些，其包含文字通常以粗体形式显示。粗体和斜体效果不代表强调的语义，用户可以根据需要使用CSS重置标签样式。在正文中，<em>和<strong>标签使用的次数不应太频繁，且<strong>比<em>标签应该更少。

提 示

<em>标签除强调之外，还可以引入新的术语，或者在引用特定类型的术语、概念作为固定样式的时候，也可以考虑使用<em>标签，以便把这些名称和其他斜体字区别开来。

【随堂练习】

对于下面这段信息，分别使用<strong>和<em>标签来强调部分词语，其中em强调信息以斜体显示，而strong强调信息以粗体显示，代码如下所示，所显示的效果如图3-4所示。

图3-4　强调信息的显示效果

```
<p> 没有 <em> 最好 </em> 只有 <strong> 更好 </strong>!</p>
```

3.1.5　格式文本

文本格式多种多样，如粗体、斜体、大号、小号、下划线、预定义、高亮、反白等效果。为了排版需要，HTML5继续支持HTML4中部分纯格式标签，具体说明如下。

- <b>：定义粗体文本。与<strong>标签的默认效果相似。

提 示

根据HTML5规范，在没有合适标签的情况下才选用<b>标签。应该使用<h1> 至<h6>之间的标签表示标题，使用<em>标签表示强调的文本，使用<strong>标签表示重要文本，使用<mark>标签表示标注、突出显示的文本。

- <i>：定义斜体文本。与<em>标签的默认效果相似。

- <big>：定义大号字体。

提 示

<big>标签包含的文字字体比周围的文字要大一号，如果文字已经是最大号字体，则<big>标签将不起任何作用。用户可以嵌套使用<big>标签逐步放大文本，每一个 <big> 标签都可以使字体大一号，直到上限7号文本为止。

- <small>：定义小号字体。

提 示

与<big>标签类似，<small>标签也可以嵌套，从而连续地把文字缩小，每个<small>标签都可以把文本的字体变小一号，直到达到下限的1号字为止。

- <sup>：定义上标文本。以当前文本流中字符高度的一半显示，但是与当前文本流中文字的字体和字号都是一样的。

提 示

当添加脚注以及表示方程式中的指数值时，<sup>很有用，如果和<a>标签结合起来使用，就可以创建超链接脚注。

- <sub>：定义下标文本。

提 示

无论是<sub>标签，还是对应的<sup>标签，在数学等式、科学符号和化学公式中都非常有用。

【随堂练习】

对于下面这个数学解题演示的段落文本，使用格式化语义结构能够很好地解决数学公式中的各种特殊格式要求。对于机器来说，也能够很好地理解它们的用途，代码如下，其效果如图3-5所示。

```
<div id="maths">
    <h1> 解一元二次方程 </h1>
    <p> 一元二次方程求解有四种方法：</p>
    <ul>
        <li> 直接开平方法 </li>
        <li> 配方法 </li>
        <li> 公式法 </li>
        <li> 分解因式法 </li>
    </ul>
    <p> 例如，针对下面这个一元二次方程：</p>
    <p><i>x</i><sup>2</sup>-<b>5</b><i>x</i>+<b>4</b>=0</p>
    <p> 我们使用 <big><b> 分解因式法 </b></big> 来演示解题思路如下：</p>
    <p><small> 由：</small>(<i>x</i>-1)(<i>x</i>-4)=0</p>
```

```
        <p><small>得：</small><br />
            <i>x</i><sub>1</sub>=1<br />
            <i>x</i><sub>2</sub>=4</p>
    </div>
```

在上面代码中，使用i元素定义变量x以显示斜体；使用sup元素定义二元一次方程中的二次方；使用b元素加粗显示常量值；使用big元素和b元素加大加粗显示“分解因式法”这个短语；使用small元素缩写操作谓词“由”和“得”的字体大小；使用sub元素定义方程的两个解的下标。

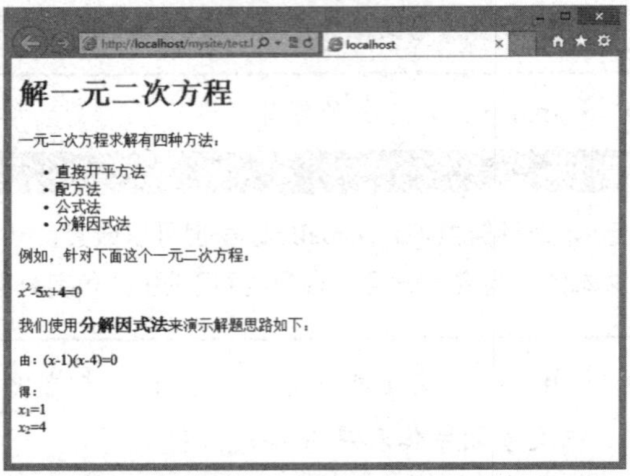

图3-5　格式化文本的语义结构效果

3.1.6　输出文本

HTML元素提供了很多输出信息的标签，具体如下所示。

- <code>：表示代码字体，即显示源代码。
- <pre>：表示预定义格式的源代码，即保留源代码显示中的空格大小。
- <tt>：表示打印机字体。
- <kbd>：表示键盘字体。
- <dfn>：表示定义的术语。
- <var>：表示变量字体。
- <samp>：表示代码范例。

【随堂练习】

下面这个示例演示了每种输出信息的显示效果。虽然它们的显示效果不同，但是对于机器来说其语义是比较清晰的，代码如下，其演示效果如图3-6所示。

```
<div id="output">
    <p>表示预定义格式的源代码：</p>
    <pre>
var count = 0;
while (count < 10) {
    document.write(count + "&lt;br&gt;");
    count++;
}
</pre>
    <p>表示代码字体：<code>Specifies a code sample</code></p>
    <p>表示打印机字体：<tt>Renders text in a fixed-width font</tt></p>
    <p>表示键盘字体：<kbd>Renders text in a fixed-width font</kbd></p>
```

```
        <p>表示定义的术语：<dfn>Indicates the defining instance of a term</dfn></p>
        <p>表示变量字体：<var>Defines a programming variable. Typically renders in an italic font style</var></p>
        <p>表示代码范例：<samp>Specifies a code sample</samp></p>
    </div>
```

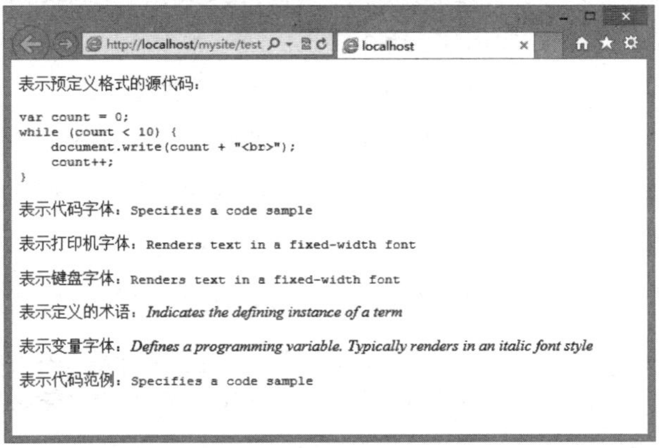

图3-6　输出信息的显示效果

3.1.7　缩写文本

<abbr>标签可以定义简称或缩写，通过对缩写进行标记，能够为浏览器拼写检查和搜索引擎提供有用的信息。例如，dfn是Defines a Definition Term的简称，kbd是Keyboard Text的简称，samp是Sample的简称，var是Variable的简称。

<acronym>标签可以定义首字母缩写。例如，CSS是Cascading Style Sheets短语的首字母缩写，HTML是Hypertext Markup Language短语的首字母缩写等。

提 示

HTML5不支持<acronym>标签，建议使用<abbr>标签代替。在<abbr>标签中可以使用全局属性title，设置在鼠标指针移动到<abbr>上时显示完整版本。

【随堂练习1】

下面的示例比较了abbr和acronym元素在文档中的应用，示例代码如下所示。

```
    <p><abbr title="Abbreviation">abbr</abbr>元素最初是在HTML3.0中引入的，表示它所包含的文本是一个更长的单词或短语的缩写形式。浏览器可能会根据这个信息改变对这些文本的显示方式，或者用其他文本代替。</p>
    <p><acronym title="Hypertext Markup Language">HTML</acronym>是目前网络上应用最为广泛的语言，也是构成网页文档的主要语言。</p>
```

【随堂练习2】

IE 6及其以下版本的浏览器不支持abbr元素，如果要实现在IE低版本浏览器中正确显示，不妨在abbr元素外包含一个span元素，代码如下所示。

```
<p><span title="Abbreviation"><abbr title="Abbreviation">abbr</abbr>
</span>元素最初是在HTML3.0中引入的，表示它所包含的文本是一个更长的单词或短语的缩写形式。浏览器可能会根据这个信息改变对这些文本的显示方式，或者用其他文本代替。</p>
```

3.1.8 插入和删除文本

<ins>标签定义插入文档中的文本，<del>标签定义文档中已被删除的文本。一般可以配合使用这两个标签来描述文档中的更新和修正。

<ins>和<del>标签都支持下面两个专用属性，具体说明如下。

- cite：指向另外一个文档的URL，该文档可解释文本被删除的原因。
- datetime：定义文本被删除的日期和时间，格式为YYYYMMDD。

【随堂练习】

下面演示插入和删除信息标签的应用，代码如下所示，其显示效果如图3-7所示。

```
<p> <cite>因为懂得，所以慈悲</cite>。<ins cite="http://news.sanwen8.cn/a/2014-07-13/9518.html" datetime="2014-8-1">这是张爱玲对胡兰成说的话</ins>。</p>
<p> <cite>笑全世界便与你同笑，哭你便独自哭</cite>。<del datetime= "2014-8-8">出自冰心的《遥寄印度哲人泰戈尔》</del>，<ins cite="http://news.sanwen8.cn/a/2014-07-13/9518.html" datetime="2014-8-1">出自张爱玲的小说《花凋》</ins> </p>
```

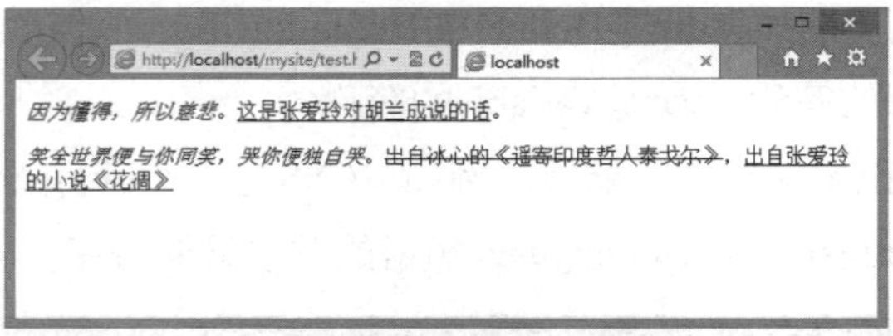

图3-7 插入和删除信息标签的应用效果

3.1.9 文本方向

使用<bdo>标签可以改变文本流的方向。它包含一个属性dir，取值包括ltr（从左到右）和rtl（从右到左）。

【随堂练习】

使用<bdo>标签让唐诗反向显示，代码如下所示，其演示效果如图3-8所示。

```
<bdo dir="rtl">床前明月光，疑是地上霜。举头望明月，低头思故乡。 </bdo>
```

图3-8 反向显示文本

3.2 设计网页文本样式

网页文本的样式包括字体样式和段落文本样式。字体样式主要涉及文字本身的型体效果，而文本样式主要涉及多个文字的排版效果。CSS在命名属性时，特意使用了font前缀和text前缀来区分两类不同性质的属性。

3.2.1 定义字体类型

CSS使用font-family属性来定义字体类型，另外使用font属性也可以定义字体类型。

font-family是字体类型的专用属性，该属性用法如下所示。

```
font-family : name
font-family :ncursive | fantasy | monospace | serif | sans-serif
```

name表示字体名称，可指定多种字体，多个字体将按优先顺序排列，以逗号隔开。如果字体名称包含空格，则应使用引号括起。第二种声明方式是使用所列出的字体序列名称，如果使用fantasy序列，将提供默认字体序列。

font是一个复合属性，所谓复合属性是指能够设置多种字体的属性，该属性用法如下所示。

```
    font : font-style || font-variant || font-weight || font-size ||
line-height || font-family
    font : caption | icon | menu | message-box | small-caption |
status-bar
```

属性值之间以空格分隔。font属性至少应设置字体大小和字体类型，且必须放在后面，否则无效。前面可以自由定义字体样式、字体粗细、大小写和行高，详细的讲解将在后面小节中分别介绍。

【随堂练习】

步骤❶ 启动Dreamweaver，新建一个网页，保存为test.html，在<body>标签内输入一行段落文本，示例代码如下所示。

```
<p> 定义字体类型 </p>
```

步骤❷ 在<head>标签内添加<style type="text/css">标签，定义一个内部样式表，然后输入样式，用来定义网页字体的类型，示例代码如下所示。

```
body {/* 页面基本属性 */
    font-family:Arial, Helvetica, sans-serif;     /* 字体类型 */
}
p {/* 段落样式 */
    font:24px " 隶书 ";                      /* 24 像素大小的隶书字体 */
}
```

【拓展练习】

在font-family和font属性中，可以以列表的形式设置多种字体类型。

尝试在上面示例的基础上，为段落文本设置三种字体类型。第一个字体类型为具体的字体类型，后面两个字体类型为通用字体类型，代码如下所示。

```
p { font-family:"Times New Roman", Times, serif}
```

注意，字体列表以逗号进行分隔，浏览器会根据这个字体列表来检索用户系统中的字库，按从左到右的顺序进行选用。如果系统中没有找到列表中对应的字体，则选用浏览器默认的字体显示。

【拓展知识】

对于英文或其他西文字体来说，CSS提供了五类通用字体。所谓通用字体就是一种备用机制，即指定的所有字体都不可用时，能够在用户系统中找到一个类似字体进行替代显示。这五类通用字体说明如下。

- serif：衬线字体，通常是变宽的，字体较明显地显示粗与细的笔划，在字体头部和尾部会显示附带的一些装饰细线。
- sans-serif：无衬线字体，没有突变、交叉笔划或其他修饰线，无衬线字体通常是变宽的，字体粗细笔划的变化不明显。
- cursive：草体，表现为斜字型、连笔或其他草体的特征。看起来像是用手写笔或刷子书写的，而不是印刷出来的。
- fantasy：奇异字体，主要是装饰性的，但保持了字符的呈现效果，换句话说就是艺术字，用画写字，或者说字体像画。
- monospace：等宽字体，唯一标准就是所有的字型宽度都是一样的。

注意，常用网页字体分为衬线字体、无衬线字体和等宽字体三种。在Dreamweaver中设置字体时会自动提示，读者快速进行选择即可，如图3-9所示。通用字体对于中文字体无效，简单比较三种通用字体类型的效果如图3-10所示。

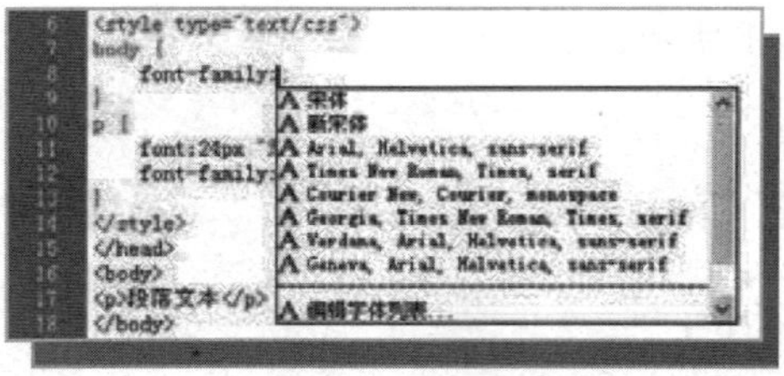

图3-9 Dreamweaver的字体类型提示

图3-10 三种通用字体的比较效果

3.2.2 定义字体大小

CSS使用font-size属性来定义字体大小，该属性用法如下。

```
font-size : xx-small | x-small | small | medium | large | x-large |
xx-large | larger | smaller | length
```

其中xx-small（最小）、x-small（较小）、small（小）、medium（正常）、large（大）、x-large（较大）、xx-large（最大）表示绝对字体尺寸，这些特殊值将根据对象字体进行调整。

larger（增大）和smaller（缩小）这对特殊值能够根据父对像中字体尺寸进行相对增大或者缩小处理，使用成比例的em 单位进行计算。

length可以是百分数，或者浮点数字和单位标识符组成的长度值，但不可为负值，其百分比取值是基于父对象中字体的尺寸来计算，与em单位计算相同。

【随堂练习】

启动Dreamweaver，新建一个网页，保存为test.html，在<head>标签内添加<style type="text/css">标签，定义一个内部样式表，然后输入下面的样式，分别设置网页字体默认大小、正文字体大小，以及栏目中字体大小，代码如下所示。

```
body {font-size:12px;}                /* 以像素为单位设置字体大小 */
p {font-size:0.75em;}                 /* 以父辈字体大小为参考设置大小 */
div {font:9pt Arial, Helvetica, sans-serif;}
                                      /* 以点为单位设置字体大小 */
```

【拓展学习】

定义字体大小很容易，但是选择字体大小的单位比较复杂。在网页设计中，常用像素（px）、百分比（%）或em作为字体大小单位。

CSS提供了很多单位，它们都可以归为两大类，绝对单位和相对单位。

绝对单位所定义的字体大小是固定的，字体大小显示效果不会受外界因素影响。例如，in（inch，英寸）、cm（centimeter，厘米）、mm（millimeter，毫米）、pt（point，印刷的点数）、pc（pica，1pc=12pt）。此外， xx-small、x-small、small、medium、large、x-large、xx-large这些关键字也是绝对单位。

相对单位所定义的字体大小一般是不固定的，会根据外界环境而发生变化。

- px（pixel，像素），根据屏幕像素点的尺寸变化而变化。因此，不同分辨率的屏幕所显示的像素字体大小也是不同的，屏幕分辨率越大，相同像素的字体就显得越小。
- em，相对于父辈字体的大小来定义字体大小。例如，如果父元素字体大小为12像素，而子元素的字体大小为2em，则实际大小应该为24像素。
- ex，相对于父辈字体的x高度来定义字体大小，因此ex单位大小既取决于字体的大小，也取决于字体类型。在固定大小的情况下，实际的高度将随字体类型不同而不同。

- %，以百分比的形式定义字体大小，它与em效果相同，相对于父辈字体的大小来定义字体大小。
- larger和smaller这两个关键字将以父元素的字体大小为参考进行换算。

【拓展练习】

在网页设计中，如何正确选择字体大小的单位呢？

网页设计师常用的字体大小单位包括了像素和百分比，下面就围绕这两个单位进行讨论和练习。

- 对于网页宽度固定或者栏目宽度固定的布局，使用像素是正确的。
- 对于页面宽度不固定或者栏目宽度也不固定的页面，使用百分比或em是一个正确的选择。

从用户易用性角度考虑，定义字体大小应该以em（或%）为单位进行设置。主要考虑因素是：一方面有利于客户端浏览器调整字体大小；另一方面，通过设置字体大小的单位为em或百分比，这样使字体能够适应版面宽度的变化。

步骤1 启动Dreamweaver，新建一个网页，保存为test.html，在<body>标签内输入下面的代码。

```
<div id="content">框架
    <div id="sub">子框架
        <p>段落文本</p>
    </div>
</div>
```

步骤2 在<head>标签内添加<style type="text/css">标签，定义一个内部样式表，然后定义样式，设计页面正文字体大小为12像素，使用em来设置，代码如下所示。

```
body {/* 网页字体大小 */
    font-size:0.75em;                                   /* 约等于12像素 */
}
```

计算方法：浏览器默认字体大小为16像素，用16像素乘以0.75即可得到12像素。同样的道理，预设14像素，则应该是0.875em；预设20像素，则应该是0.625em。

步骤3 在复杂结构中如果反复选择em或百分比定义字体大小，可能就会出现字体大小显示混乱的状况。如果修改上面示例中的样式，分别定义body、div和p元素的字体大小为0.75em，代码如下所示。

```
body, div, p {
    font-size:0.75em;
}
```

由于em单位是以上级字体大小为参照进行显示，所以在浏览器中预览就会发现正文文字看不清楚，如图3-11所示。

图3-11　以em为单位所带来的隐患

【练习小结】

根据上一步的计算方法，body字体大小应该为12像素，而<div id="content">内字体大小只为9像素；<div id="sub">内字体只为7像素，而段落文本的字体大小只为5像素了。所以，在使用em为单位设置字体大小时，不要嵌套使用em单位定义字体大小。

3.2.3　定义字体颜色

CSS使用color属性来定义字体颜色，该属性用法如下所示。

```
color : color
```

正确使用color属性才能正确设置颜色值，详细说明请参阅第2章相关介绍。

【随堂练习】

启动Dreamweaver，新建一个网页，保存为test.html，在<head>标签内添加<style type="text/css">标签，定义一个内部样式表，然后输入下面的位码，分别定义页面、段落文本、<div>标签、<span>标签中包含字体的颜色。

```
body { color:gray;}                    /* 使用颜色名 */
p { color:#666666;}                    /* 使用十六进制 */
div { color:rgb(120,120,120);}         /* 使用 RGB */
span { color:rgb(50%,50%,50%);}        /* 使用 RGB */
```

3.2.4　定义字体粗细

CSS使用font-weight属性来定义字体粗细，该属性用法如下所示。

```
font-weight : normal | bold | bolder | lighter | 100 | 200 | 300 |
400 | 500 | 600 | 700 | 800 | 900
```

font-weight属性取值比较特殊，其中normal关键字表示默认值，即正常的字体，相当于取值为400。bold关键字表示粗体，相当于取值为700，或者使用<b>标签定义的字体效果。

bolder（较粗）和lighter（较细）是相对于normal字体粗细而言的。

另外，也可以设置值为100、200、300、400、500、600、700、800、900，它们分别表示字体的粗细，是对字体粗细的一种量化方式，值越大就表示越粗，值越小就表示越细。

【随堂练习】

启动Dreamweaver，新建一个网页，保存为test.html，在<head>标签内添加<style type="text/css">标签，定义一个内部样式表，然后输入下面的代码，分别定义段落文本、一级标题、<div>标签包含字体的粗细效果，同时定义一个粗体样式类，代码如下所示。

```
p { font-weight: normal }                    /* 等于 400 */
h1 { font-weight: 700 }                      /* 等于 bold */
div{ font-weight: bolder }                   /* 可能为 500 */
.bold {/* 粗体样式类 */
    font-weight:bold;                        /* 加粗显示 */
}
```

提 示

设置字体粗细也可以称为定义字体的重量，对于中文网页设计来说，一般仅用到bold（加粗）、normal（普通）两个属性值即可。

3.2.5 定义斜体字体

CSS使用font-style属性来定义字体倾斜效果，该属性用法如下所示。

```
font-style : normal | italic | oblique
```

其中normal表示默认值，即正常的字体，italic表示斜体，oblique表示倾斜的字体。Italic和oblique两个取值只能在英文等西方文字中有效。

【随堂练习】

步骤1 启动Dreamweaver，新建一个网页，保存为test.html，在<head>标签内添加<style type="text/css">标签，定义一个内部样式表，然后输入下面的样式，定义一个斜体样式类，代码如下所示。

```
.italic {/* 斜体样式类 */
    font-style:italic;                       /* 斜体 */
}
```

步骤2 在<body>标签中输入一行段落文本，并把斜体样式类应用到该段落文本中，示例代码如下所示。

```
<p><span class="italic">dfn</span>元素表示术语的定义。</p>
```

3.2.6 定义下划线

CSS使用text-decoration属性来定义字体下划线效果，该属性用法如下。

```
text-decoration : none || underline || blink || overline || line-through
```

其中none表示默认值，即无装饰字体；blink表示闪烁效果；underline表示下划线效果；line-through表示删除线效果；overline 表示上划线效果。

【随堂练习】

步骤1 启动Dreamweaver，新建一个网页，保存为test.html，在<head>标签内添加<style type="text/css">标签，定义一个内部样式表，然后输入下面的代码，定义三个装饰字体样式类，代码如下所示。

```
.underline {text-decoration:underline;}          /* 下划线样式类 */
.overline {text-decoration:overline;}            /* 上划线样式类 */
.line-through {text-decoration:line-through;}    /* 删除线样式类 */
```

步骤2 在<body>标签中输入三行段落文本，并分别应用上面的装饰类样式，代码如下所示。

```
<p class="underline"> 设置下划线 </p>
<p class="overline"> 设置上划线 </p>
<p class="line-through"> 设置删除线 </p>
```

步骤3 定义一个样式，在该样式中，同时声明多个装饰值，代码如下所示。

```
.line { text-decoration:line-through overline underline; }
```

步骤4 在正文中输入一行段落文本，并把这个line样式类应用到该行文本中，代码如下所示。

```
<p class="line"> 设置多重修饰线 </p>
```

步骤5 在浏览器中预览，可以看到最后一行文本显示多种修饰线效果，效果如图3-12所示。

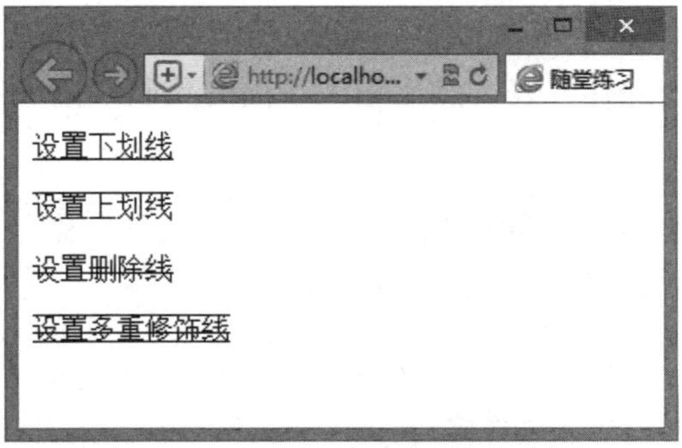

图3-12　多种装饰线的应用效果

3.2.7　定义字体大小写

CSS使用font-variant属性来定义字体大小效果，该属性用法如下所示。

```
font-variant : normal | small-caps
```

其中normal表示默认值，即正常的字体，small-caps表示小型的大写字母字体。

【随堂练习】

步骤❶ 启动Dreamweaver，新建一个网页，保存为test.html，在<head>标签内添加<style type="text/css">标签，定义一个内部样式表，然后输入下面的代码，定义一个类样式如下所示。

```
.small-caps {/* 小型大写字母样式类 */
    font-variant:small-caps;
}
```

步骤❷ 在<body>标签中输入一行段落文本，并应用上面定义的类样式。

```
<p class="small-caps">font-variant </p>
```

注意，font-variant仅支持以英文为代表的西文字体，中文字体没有大小写区分。如果设置了小型大写字体，但是该字体没有找到原始小型大写字体，浏览器则会模拟一个。例如，可通过使用一个常规字体，并将其小写字母替换为缩小过的大写字母。

【拓展学习】

CSS还定义了一个text-transform属性，该属性也能够定义字体大小写的效果。不过该属性主要定义单词大小写样式，属性用法如下所示。

```
text-transform : none | capitalize | uppercase | lowercase
```

其中，none表示默认值，无转换发生；capitalize表示将每个单词的第一个字母转换成大写，其余无转换发生；uppercase表示把所有字母都转换成大写；lowercase表示把所有字母都转换成小写。

【拓展练习】

步骤❶ 新建一个网页，保存为test.html，在<head>标签内添加<style type="text/css">标签，定义一个内部样式表，然后输入下面的代码，定义三个类样式，代码如下所示。

```
.capitalize {/* 首字母大小样式类 */
    text-transform:capitalize;
}
.uppercase {/* 大写样式类 */
    text-transform:uppercase;
}
.lowercase {/* 小写样式类 */
    text-transform:lowercase;
}
```

步骤❷ 在<body>标签中输入三行段落文本，并分别应用上面定义的类样式，代码如下所示。

```
<p class="capitalize">text-transform:capitalize;</p>
<p class="uppercase">text-transform:uppercase;</p>
<p class="lowercase">text-transform:lowercase;</p>
```

分别在IE和FF浏览器中预览会发现，IE认为只要是单词就把首字母转换为大写，如图3-13所示；而FF认为只有单词通过空格间隔之后，才能够成为独立意义上的单词，所以几个单词连在一起时就算作一个词，如图3-14所示。

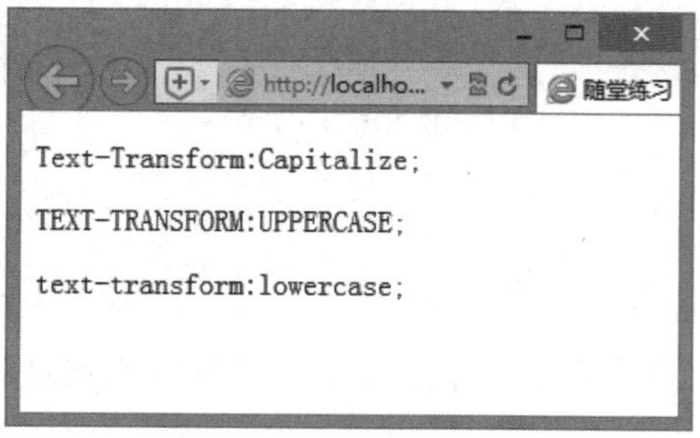

图3-13　IE中解析的大小写效果

图3-14　FF中解析的大小写效果

3.2.8　定义文本对齐

在传统布局中，一般使用HTML的align属性来定义对象水平对齐，这种用法在过渡型文档类型中依然可以使用。CSS使用text-align属性来定义文本的水平对齐方式，该属性的用法如下所示。

```
text-align : left | right | center | justify
```

该属性取值包括四个：其中left是默认值，表示左对齐；right表示右对齐；center表示居中对齐；justify表示两端对齐。

【随堂练习】

步骤❶ 新建一个网页，保存为test.html，在<head>标签内添加<style type="text/css">标签，定义一个内部样式表，然后输入下面的代码定义居中对齐类样式，代码如下所示。

```
.center {/* 居中对齐样式类 */
    text-align:center;
}
```

步骤❷ 在<body>标签中输入两行段落文本，并分别使用传统的HTML align属性和标准设计中CSS的text-align属性定义文本居中，代码操作如下所示。

```
<p align="center">段落文本</p>              <!-- 传统居中对齐方式 -->
<p class="center">段落文本</p>              <!-- 标准居中对齐方式 -->
```

在浏览器中预览，可以看到使用传统方式和标准方式设计文本居中的效果是相同的。

【拓展练习1】

text-align属性只能够设计文本的水平对齐问题，而对于块状元素的水平对齐还需要使用CSS的margin属性。在标准化设计中，当块状元素左右边界都被设置为自动时，块状元素将居中显示。

步骤1 新建一个网页，保存为test.html，在<head>标签内添加<style type="text/css">标签，定义一个内部样式表，然后输入下面的代码，定义盒子对象居中显示，代码如下所示。

```
#box {/* 块状元素居中对齐 */
    margin-left:auto;                       /* 左侧边界为自动 */
    margin-right:auto;                      /* 右侧边界为自动 */
    width:300px;                            /* 定义盒子的宽度 */
    height:50px;                            /* 定义盒子的高度 */
    background:red;                         /* 红色背景色 */
}
```

为了方便观察块状元素居中显示的效果，上面样式中除了定义了盒子的固定宽度和高度，还以红色背景显示。

步骤2 在<body>标签中输入<div>标签，并定义该盒子的ID值为box，示例代码如下所示。

```
<div id="box"></div>
```

在IE 7浏览器中预览显示效果，如图3-15所示。

【拓展练习2】

由于不同浏览器及其不同版本对于CSS支持的不同，上述示例在IE 6及其以下版本浏览器（不支持这种块状元素居中对齐的方式）中显示效果，如图3-16所示。不过，IE浏览器使用text-align属性都可以设置块元素水平对齐。

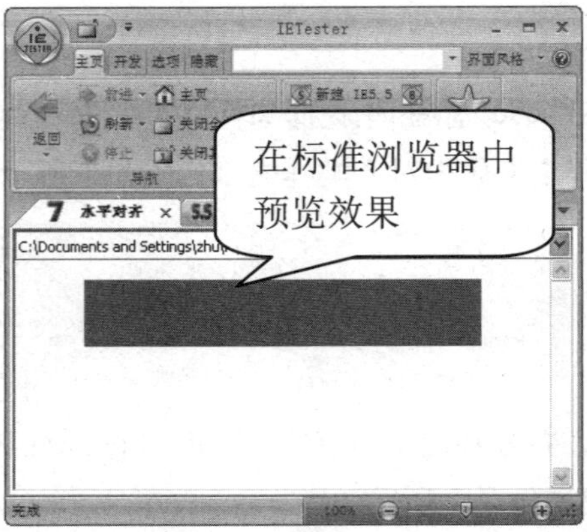

图3-15 IE 7中的解析效果

图3-16 IE 5.5中的解析效果

为了兼容IE浏览器，可以添加text-align属性声明以实现对浏览器的兼容显示。针对上述示例，使用如下兼容样式表，代码如下所示。

```
<style type="text/css">
body {/* 页面居中显示 */
```

```
        text-align:center;                       /* 居中显示 */
    }
    #box {/* 块状元素居中对齐 */
        margin-left:auto;                        /* 左侧边界为自动 */
        margin-right:auto;                       /* 右侧边界为自动 */
        text-align:left;                         /* 恢复文本左对齐默认样式 */
        width:300px;                             /* 定义盒子的宽度 */
        height:50px;                             /* 定义盒子的高度 */
        background:red;                          /* 红色背景色 */
    }
    </style>
```

在使用上述兼容技巧时，读者应该注意两个问题。

第一，必须定义布局包含框为居中对齐，其目的是为了兼容IE早期版本的浏览器。如上面示例中，body元素就是div元素的布局包含框。所谓布局包含框就是包含子元素的块状元素，通俗地说就是父级块状元素。对于下面这样的包含结构就不能够算是布局包含框了，因为span元素默认为行内元素，它不具有布局特性，不过它也可算作包含框，即看作是行内包含容器。

```
<span>
    <div id="box"></div>
</span>
```

第二，在对齐块状元素中使用text-align属性把居中对齐的文本再恢复到默认的左对齐状态。因为在父级元素中定义了居中对齐方式，根据CSS继承性，其包含的文本也会自动居中，为了避免此举破坏文本的显示效果，需要再恢复默认对齐方式。

3.2.9 定义垂直对齐

在传统布局中，一般元素不支持垂直对齐效果，不过在表格中可以实现。例如，在下面表格结构中使用td元素的valign属性定义单元格内包含的对象垂直居中显示，示例代码如下所示。

```
<table border="1">
    <tr>
        <td valign="middle">垂直对齐</td>
    </tr>
</table>
```

CSS使用vertical-align属性来定义文本垂直对齐，该属性的用法如下。

```
    vertical-align : auto | baseline | sub | super | top | text-top |
middle | bottom | text-bottom | length
```

其中，auto属性值将根据layout-flow属性的值对齐对象内容；baseline表示默认值，表示将支持valign特性的对象内容与基线对齐；sub表示垂直对齐文本的下标；super表示垂直对齐文本的上标；top表示将支持valign特性的对象的内容与对象顶端对齐；text-top表示将支持valign特性的对象的文本与对象顶端对齐；middle表示将支持valign特性的对象的内容与对象中部对齐；bottom表示将支持valign特性的对象的内容与对象底端对齐；text-bottom表示将支持valign特性的对象的文本与对象底端对齐；length表示由浮点数字和单位标识符组成的长度值或者百分数，可为负数，定义由基线算起的偏移量，基线对于数值来说为0，对于百分数来说就是0%。

【随堂练习】

步骤1 新建一个网页，保存为test.html，在<head>标签内添加<style type="text/css">标签，定义一个内部样式表，然后输入下面的代码，定义上标类样式，代码如下所示。

```
.super {
    vertical-align:super;
}
```

步骤2 在<body>标签中输入一行段落文本，并应用该上标类样式，示例代码如下所示。

```
<p>vertical-align 表示垂直 <span class=" super “> 对齐 </span> 属性 </p>
```

在浏览器中预览显示效果，如图3-17所示。

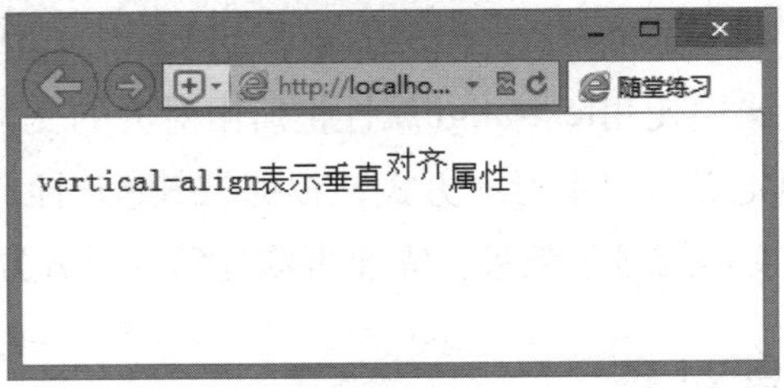

图3-17　文本上标样式显示效果

【拓展练习1】

vertical-align属性不支持块状元素对齐，只有当包含框显示为单元格时才有效。

步骤1 启动Dreamweaver，新建一个网页，保存为test.html，在<body>标签内输入如下代码。

```
<div id="box">
    <div id="sub_box"></div>
</div>
```

步骤2 在<head>标签内添加<style type="text/css">标签，定义一个内部样式表，然后定义如下两个样式，定义外面盒子为单元格显示，且垂直居中，代码如下所示。

```
#box {/* 布局包含框 */
    display:table-cell;                              /* 单元格显示 */
```

```
    vertical-align:middle;                          /* 垂直居中 */
    width:300px;                                    /* 固定宽度 */
    height:200px;                                   /* 固定高度 */
    border:solid 1px red;                           /* 红色边框线 */
}
#sub_box {/* 子包含框 */
    width:100px;                                    /* 固定宽度 */
    height:50px;                                    /* 固定高度 */
    background:blue;                                /* 蓝色背景 */
}
```

在IE 8浏览器中预览，显示效果如图3-18所示。但是在IE 7及以下版本的浏览器（不支持这种方法）中预览效果如图3-19所示。

图3-18 IE 8中的解析效果

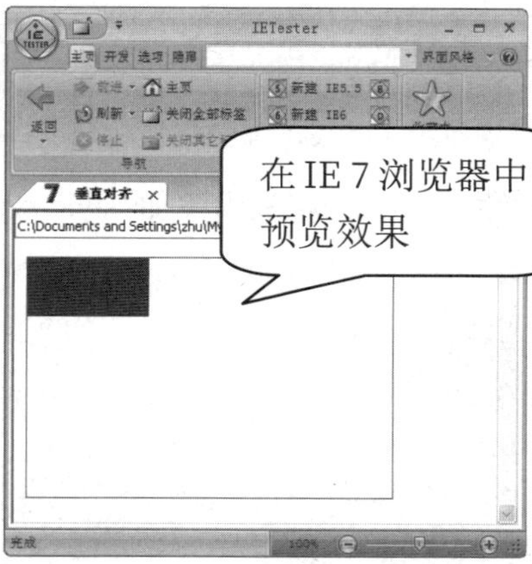

图3-19 IE 7中的解析效果

步骤3 IE支持在表格中定义垂直居中，因此针对上面示例的结构可进行如下修改，把内部盒子放在单元格中就可以实现在IE 7及其以下版本的浏览器中设置垂直对齐效果，代码如下所示。

```
<table>
    <tr>
        <td id="box"><div id="sub_box"></div></td>
    </tr>
</table>
```

当然，这种方法在实际使用时不是很方便，建议读者尝试其他方法，在后面练习中也会涉及此类应用。

【拓展练习2】

vertical-align属性提供的值很多，但是IE浏览器与其他浏览器对于解析它们的效果却存在很大的分歧。一般情况下，不建议广泛使用这些属性值，实践中主要用到vertical-align属性的垂直居中样式，偶尔也会用到上标和下标效果。为了方便读者比较这些取值效果，请上机练习下面这个示例。

步骤1 新建一个网页，保存为test.html，在<body>标签内输入如下代码。

```
    <p>valign:
    <span class="baseline"><img src="images/box.gif" title="baseline"
/></span>
    <span class="sub"><img src="images/box.gif" title="sub" /></span>
    <span class="super"><img src="images/box.gif" title="super" /></span>
    <span class="top"><img src="images/box.gif" title="top" /></span>
    <span class="text-top"><img src="images/box.gif" title="text-top"
/></span>
    <span class="middle"><img src="images/box.gif" title="middle" /></
span>
    <span class="bottom"><img src="images/box.gif" title="bottom" /></
span>
    <span class="text-bottom"><img src="images/box.gif" title="text-
bottom" /></span>
    </p>
```

步骤2 在<head>标签内添加<style type="text/css">标签，定义一个内部样式表，然后定义如下类样式，代码如下所示。

```
    body {font-size:48px;}
    .baseline {vertical-align:baseline;}
    .sub {vertical-align:sub;}
    .super {vertical-align:super;}
    .top {vertical-align:top;}
    .text-top {vertical-align:text-top;}
    .middle {vertical-align:middle;}
    .bottom {vertical-align:bottom;}
```

在浏览器中预览显示效果，如图3-20所示。读者可以通过这个效果图直观地比较这些取值的效果。

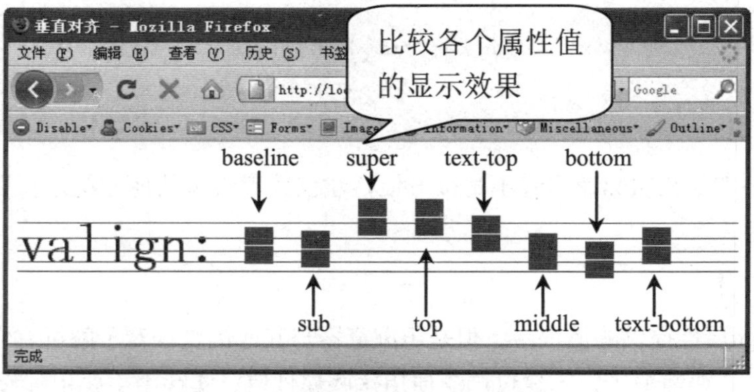

图3-20　比较垂直对齐不同取值的效果

3.2.10 定义字距和词距

CSS使用letter-spacing属性定义字距，使用word-spacing属性定义词距。这两个属性的取值都是长度值，由浮点数字和单位标识符组成，默认值为normal，表示默认间隔。

定义词距时，以空格为基准进行调节，如果多个单词被连在一起，则被word-spacing视为一个单词。如果汉字被空格分隔，则分隔的多个汉字就被视为不同的单词，word-spacing属性此时有效。

【随堂练习】

步骤1 新建一个网页，保存为test.html，在<head>标签内添加<style type="text/css">标签，定义一个内部样式表，然后输入下面的代码，定义两个类样式，代码如下所示。

```
.lspacing {/* 字距样式类 */
    letter-spacing:1em;
}
.wspacing {/* 词距样式类 */
    word-spacing:1em;
}
```

步骤2 在<body>标签中输入两行段落文本，并应用上面两个类样式，示例代码如下所示。

```
<p class="lspacing">letter spacing word spacing (字间距) </p>
<p class="wspacing">letter spacing word spacing (词间距) </p>
```

在浏览器中预览显示效果，如图3-21所示。从图中可以直观地看到，所谓字距就是定义字母之间的间距，而词距就是定义西文单词的距离。

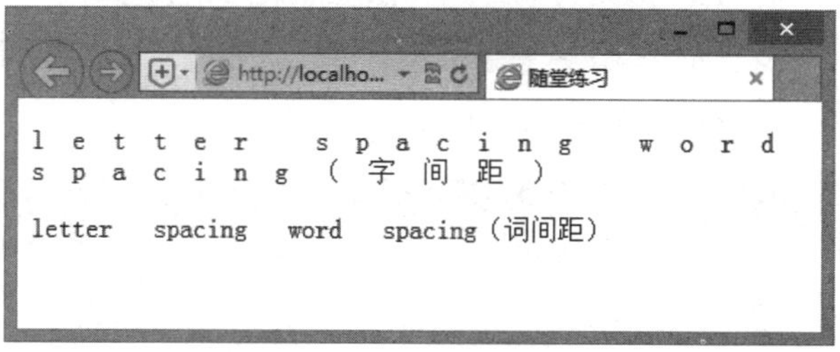

图3-21 比较字距和词距的演示效果

提 示

字距和词距一般很少使用，使用时应慎重考虑用户的阅读体验和感受。对于中文用户来说，letter-spacing属性有效，而word-spacing属性无效。

3.2.11 定义行高

行高也称为行距，是段落中文本行与文本行之间的距离。CSS使用line-height属性定义行高，该属性的用法如下。

```
line-height : normal | length
```

其中，normal表示默认值，一般为1.2em；length表示百分比数字，或者由浮点数字和单位标识符组成的长度值，允许为负值。

【随堂练习】

步骤1 新建一个网页，保存为test.html，在<head>标签内添加<style type="text/css">标签，定义一个内部样式表，然后输入下面的代码，定义两个行高类样式，代码如下所示。

```
.p1 {/* 行高样式类 1 */
    line-height:1em;                        /* 行高为一个字大小 */
}
.p2 {/* 行高样式类 2 */
    line-height:2em;                        /* 行高为两个字大小 */
}
```

步骤2 在<body>标签中输入两个段落文本，并应用上面两个类样式，示例代码如下所示。

```
<h1>《天才梦》节选 </h1>
<h2>张爱玲 </h2>
<p class="p1">我是一个古怪的女孩，从小被视为天才，除了发展我的天才外别无生存的目标。然而，当童年的狂想逐渐褪色的时候，我发现我除了天才的梦之外一无所有——所有的只是天才的乖僻缺点。世人原谅瓦格涅的疏狂，可是他们不会原谅我。 </p>
<p class="p2">加上一点美国式的宣传，也许我会被誉为神童。我三岁时能背诵唐诗。我还记得摇摇摆摆地立在一个满清遗老的藤椅前朗吟"商女不知亡国恨，隔江犹唱后庭花"，眼看着他的泪珠滚下来。七岁时我写了第一部小说，一个家庭悲剧。遇到笔画复杂的字，我常常跑去问厨子怎样写。第二部小说是关于一个失恋自杀的女郎。我母亲批评说：如果她要自杀，她决不会从上海乘火车到西湖去自溺，可是我因为西湖诗意的背景，终于固执地保存了这一点。</p>
```

在浏览器中预览显示效果，如图3-22所示。

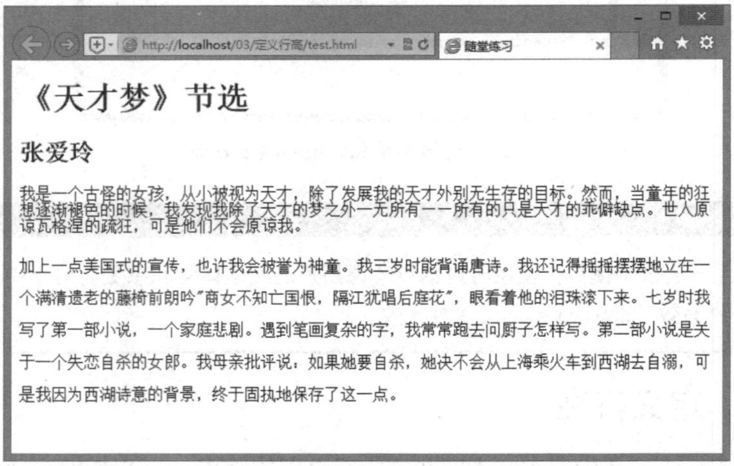

图3-22　段落文本的行高演示效果

【拓展练习1】

行高取值单位一般使用em或百分比，很少使用像素，也不建议使用。

- 当line-height属性取值小于一个字的大小时，就会发生上下行文本重叠的现象。在上面示例的基础上，修改定义的类样式，代码如下所示。

```
.p1 { line-height:0.5em;}
.p2 { line-height:0em;}
```

在浏览器中预览显示效果，如图3-23所示，说明当取值小于字体大小时，多行文本会发生重叠现象。

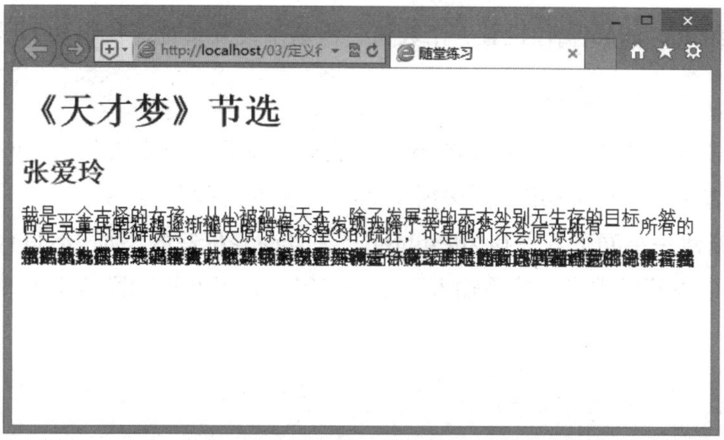

图3-23　段落文本重叠演示效果

- 一般行高的最佳设置范围为1.2em～1.8em，对于特别大的字体或者特别小的字体可以特殊处理。因此，读者可以遵循字体越大，行高越小的原则来定义段落的具体行高。

例如，如果段落字体大小为12px，则行高设置为1.8em比较合适；如果段落字体大小为14px，则行高设置为1.5em～1.6em比较合适；如果段落字体大小为16px ～18px，则行高设置为1.2em比较合适。一般浏览器默认行高为1.2em左右。例如，IE默认为19px，如果除以默认字体大小（16px），则约为1.18em，而FF默认为1.12em。

【拓展学习】

行高一般以中线为准，减去字体大小值之后，平分为上下空隙，如果值为奇数，则把多出的一个像素分给上边空隙或下边空隙。

例如，如果字体大小为12px，行高为1.6em，则行高实际为19px，行高减去字体大小后等于7px，则上下空隙分别分得3px，然后把多出的一个像素分给上边空隙。使用等式表示如下：

行高（19px）=下边空隙（3px）＋字体大小（12px）＋上边空隙（4px）

在浏览器中预览英文字体显示效果，其中多余的一个像素分给了上边空隙，如图3-24所示。对于中文字体来说，多余的一个像素分给了下边空隙，如图3-25所示。

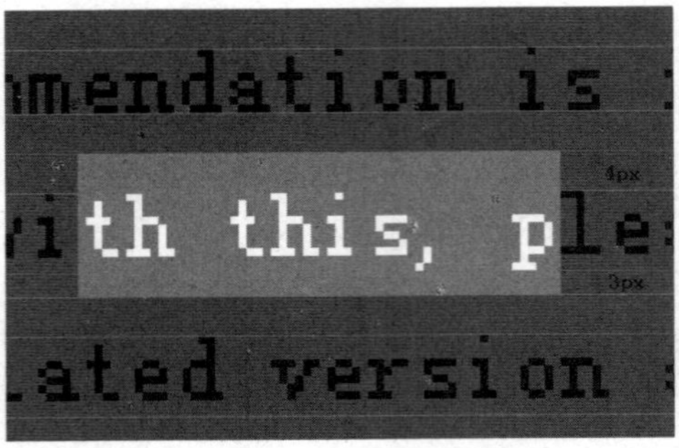

图3-24　英文字体的行高值分配示意图

图3-25　中文字体的行高值分配示意图

【拓展练习2】

读者可以给line-height属性设置一个数值，但是不设置单位，代码如下所示。

```
body { line-height:1.6;}
```

这时浏览器会把它作为1.6em或者160%，也就是说页面行高实际为19px。利用这种特殊的现象，读者可以设计多层嵌套结构中行高继承出现的问题。

步骤❶ 新建一个网页，保存为test.html，在<head>标签内添加<style type="text/css">标签，定义一个内部样式表，然后输入下面的代码，设置网页和段落文本的默认样式，代码如下所示。

```
body {
    font-size:12px;
    line-height:1.6em;
}
p { font-size:30px;}
```

步骤❷ 在<body>标签中输入如下标题和段落文本，代码如下所示。

```
<h1>《天才梦》节选</h1>
<h2>张爱玲</h2>
<p>我是一个古怪的女孩，从小被视为天才，除了发展我的天才外别无生存的目标。然而，当童年的狂想逐渐褪色的时候，我发现我除了天才的梦之外一无所有——所有的只是天才的乖僻缺点。世人原谅瓦格涅的疏狂，可是他们不会原谅我。</p>
```

上面示例定义body元素的行高为1.6em。由于line-height具有继承性，因此网页中段落文本的行高也继承了body元素的行高。浏览器在继承该值时，并不是继承1.6em这个值，而是把它转换为精确值之后（即19px）再继承。换句话说，p元素的行高为19px，但是p元素的字体大小为30px，继承的行高小于字体大小，就会发生文本行重叠现象。

在浏览器中预览显示效果，如图3-26所示。

为了解决这个错误的继承问题，读者可以重新为页面中所有元素定义行高，但是这种方法比较繁琐，不值得推荐。

如果在定义body元素的行高时，不为其设置单位，即直接定义为“line-height:1.6”，这样页面中其他元素所继承的值为1.6，而不是19px，此时内部继承元素就会为继承的值

1.6附加默认单位em，最后页面中所有继承元素的行高都为1.6em。

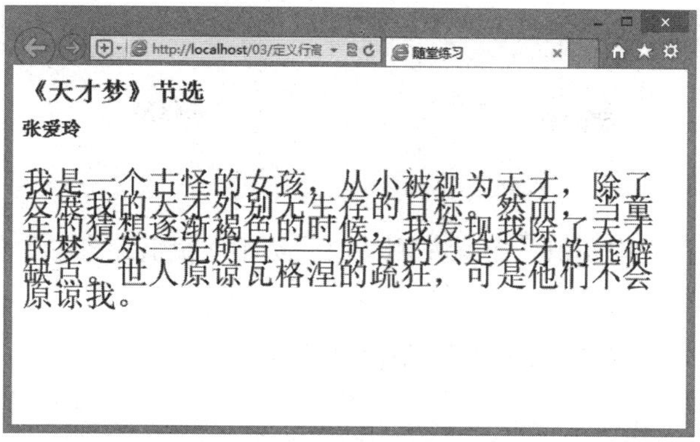

图3-26　错误的行高继承效果

3.2.12　定义缩进

CSS使用text-indent属性定义首行缩进，该属性的用法如下所示。

```
text-indent : length
```

length表示百分比数字，或者由浮点数字和单位标识符组成的长度值，允许为负值。建议在设置缩进单位时，以em为设置单位，它表示一个字距，这样能比较精确地确定首行缩进的效果。

【随堂练习】

步骤1 新建一个网页，保存为test.html，在<head>标签内添加<style type="text/css">标签，定义一个内部样式表，然后输入下面的代码，定义段落文本首行缩进2个字符，代码如下所示。

```
p {/* 首行缩进 2 个字距 */
        text-indent:2em;
}
```

步骤2 在<body>标签中输入如下标题和段落文本，代码如下所示。

```
<h1>《天才梦》节选 </h1>
<h2> 张爱玲 </h2>
<p> 我是一个古怪的女孩，从小被视为天才，除了发展我的天才外别无生存的目标。然而，
当童年的狂想逐渐褪色的时候，我发现我除了天才的梦之外一无所有——所有的只是天才的乖僻
缺点。世人原谅瓦格涅的疏狂，可是他们不会原谅我。</p>
```

在浏览器中预览，可以看到文本缩进的效果。

【拓展练习】

使用text-indent属性可以设计悬垂缩进效果。

步骤1 新建一个网页，保存为test.html，在<head>标签内添加<style type="text/css">标签，定义一个内部样式表，然后输入下面的样式，定义段落文本首行缩进负的2个字

符，并定义左侧内部补白为2个字符，代码如下所示。

```
p {/* 悬垂缩进 2 个字距 */
    text-indent:-2em;                                        /* 首行缩进 */
    padding-left:2em;                                        /* 左侧补白 */
}
```

text-indent属性可以取负值，定义左侧补白，防止取负值缩进导致首行文本伸到段落的边界外边。

步骤❷ 在<body>标签中输入如下标题和段落文本。

```
<h1>《天才梦》节选 </h1>
<h2> 张爱玲 </h2>
<p> 我是一个古怪的女孩，从小被视为天才，除了发展我的天才外别无生存的目标。然而，当童年的狂想逐渐褪色的时候，我发现我除了天才的梦之外一无所有——所有的只是天才的乖僻缺点。世人原谅瓦格涅的疏狂，可是他们不会原谅我。</p>
```

在浏览器中预览文本悬垂缩进效果，如图3-27所示。

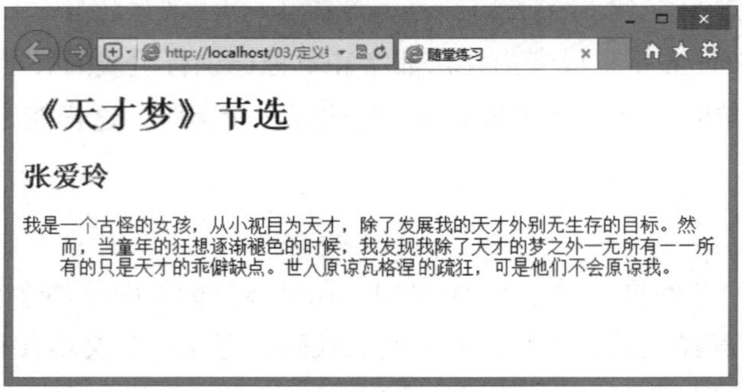

图3-27　悬垂缩进效果

3.3　综合实训

本章集训目标

- 深入理解并灵活使用CSS的字体和文本属性及其所能够实现的效果。
- 能够根据网页信息的风格设计比较贴切的正文版式。
- 综合利用字体和文本样式，以及网页配色技巧设计一个富有个性的网页样式，通过版式设计传达主观情感。

实训1：设计英文版式

实训说明

本案例以宁静、含蓄为主设计风格，结合英文版式设计习惯，整体设计以深黑色为底色，浅灰色为前景色，营造一种安静的，富有内涵的网页主观效果。

字体以无衬线字体为主，页面给人比较干净的感觉，避免字体的衬线使页面看起来拖

HTML

泥带水。文本行以疏朗的风格进行设计。整个网页设计效果如图3-28所示。

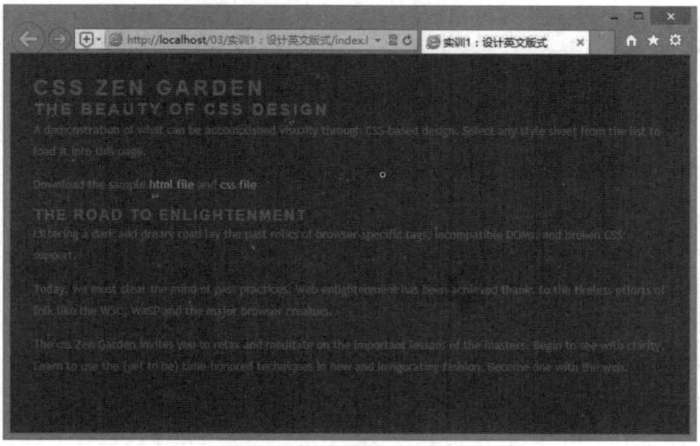

图3-28　宁静、含蓄的英文格式效果

主要训练技巧说明

- 通过网页配色来传递设计色彩和风格。
- 能够根据设计需要重新设置标签的默认样式。
- 灵活使用字体类型、大小、颜色，设计符合要求的CSS网页样式。
- 能够正常设计系列标题和文本样式。

设计步骤

步骤1 构建网页结构。这是一个简单的段落文本示例，为了方便读者学习，本例截取了“禅意花园”（http://www.csszengarden.com/）的HTML文档结构的第一部分，效果如图3-29所示。

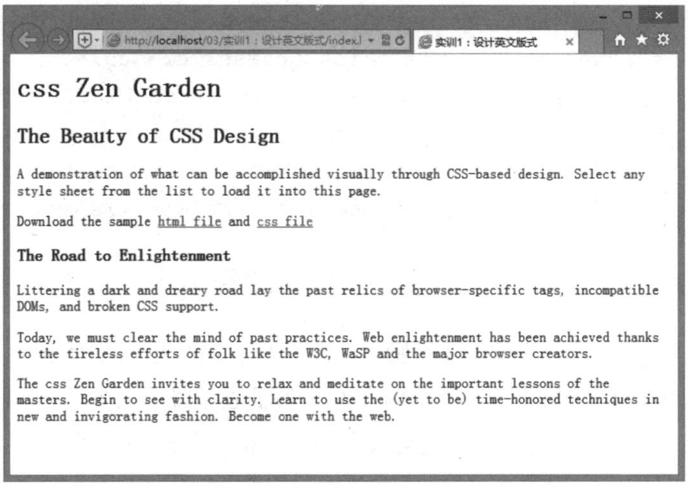

图3-29　“禅意花园”的HTML文档节选

“禅意花园”的文档结构比较经典，语义明确，信息传达具体，文档的结构层次清晰、明了，主次、轻重有序呈现，给人一种节奏的乐感。除去div架构外，整个页面合理使用了h1、h2、h3、p等语义化结构元素，使整个文档更符合HTML语义化设计要求，代码如下所示。

```
    <div id="intro">
        <div id="pageHeader">
            <h1><span>css Zen Garden</span></h1>
            <h2><span>The Beauty of <acronym title="Cascading Style
Sheets">CSS</acronym> Design</span></h2>
        </div>
        <div id="quickSummary">
            <p class="p1"><span>A demonstration of what can be
accomplished visually through <acronym title="Cascading Style
Sheets">CSS</acronym>-based design. Select any style sheet from the
list to load it into this page.</span></p>
            <p class="p2"><span>Download the sample <a href="zengarden-
sample.html" title="This page's source HTML code, not to be
modified.">html file</a> and <a href="zengarden-sample.css" title="This
page's sample CSS, the file you may modify.">css file</a></span></p>
        </div>
        <div id="preamble">
            <h3><span>The Road to Enlightenment</span></h3>
            <p class="p1"><span>Littering a dark and dreary road
lay the past relics of browser-specific tags, incompatible <acronym
title="Document Object Model">DOM</acronym>s, and broken <acronym
title="Cascading Style Sheets">CSS</acronym> support.</span></p>
            <p class="p2"><span>Today, we must clear the mind
of past practices. Web enlightenment has been achieved thanks
to the tireless efforts of folk like the <acronym title="World
Wide Web Consortium">W3C</acronym>, <acronym title="Web Standards
Project">WaSP</acronym> and the major browser creators.</span></p>
            <p class="p3"><span>The css Zen Garden invites you to relax
and meditate on the important lessons of the masters. Begin to see with
clarity. Learn to use the (yet to be) time-honored techniques in new
and invigorating fashion. Become one with the web.</span></p>
        </div>
    </div>
```

步骤❷ 规划整个页面的基本显示属性：背景色、前景色（字体颜色）、字体基本类型、网页字体大小。本页面仅是一个段落文本，为了避免段落文本与窗口边框太近，容易产生一种压抑感，故使用margin属性定义较大的页边距，代码如下所示。

```
    body {/* 页面基本属性 */
        background: #35393D;                    /* 定义网页背景色 */
        color: #787878;                         /* 定义字体前景色 */
        font-family: "Trebuchet MS", Arial, Helvetica, sans-serif;
/* 定义无衬线字体类型列表 */
```

```
    font-size: 13px;                        /* 统一网页字体大小 */
    margin:2em;                             /* 增大页边距 */
}
```

步骤3 统一标题文本的样式。虽然标题级别不同，但是在同一个页面中，它们可能会存在很多相似之处。例如，边界大小、大小写、字体类型和字体疏密等。当然，这些共性必须结合具体的页面来说。本示例中共性样式的代码如下所示。

```
h1, h2, h3 {/* 统一标题样式 */
    margin: 0;                                  /* 清除标题的边界 */
    text-transform: uppercase;                  /* 大写效果 */
    letter-spacing: .15em;                      /* 轻微调整字距 */
    font-family: Arial, Helvetica, sans-serif;  /* 无衬线字体 */
}
```

步骤4 为了区分不同级别标题的大小，这里以页面字体大小（13px）为参考进行统一规划。定义一级标题大小为1.8倍，二级标题大小为1.4倍，三级标题大小为1.2倍，代码如下所示。

```
h1 {font-size: 1.8em;}
h2 {font-size: 1.4em;}
h3 {font-size: 1.2em;}
```

步骤5 定义段落文本的行高为180%，这种疏朗的行距更有利于深色背景下用户的阅读体验，代码如下所示。

```
p {/* 段落格式 */
    margin-top: 0;                          /* 清除段落上边界 */
    line-height: 180%;                      /* 定义行高 */
}
```

实训2：设计中文版式

实训说明

中文阅读习惯与西文存在很多的不同。例如，中文段落文本缩进，而西文悬垂列表；中文段落一般没有段距，而西文习惯设置一行的段距。中文报刊文章习惯以块的适度变化来营造灵活的设计版式，当然这以不影响阅读习惯为前提。另外，中文版式中，标题习惯居中显示，正文之前喜欢设计一个题引，题引为左右缩进的段落文本显示效果，正文以首字下沉的效果显示。

本案例将展示一个简单层级式中文版式，把一级标题、二级标题、三级标题和段落文本以阶梯状缩进，从而使信息轻重分明，更有利于读者阅读，演示效果如图3-30所示。

【拓展知识】

在阅读信息时，段落文本的呈现效果多以块状存在。如果说单个字是点，一行文本为线，那么段落文本就成面了，面以方形呈现的效率最高，网站的视觉设计大部分都是在拼方块。在页面版式设计中，建议坚持如下设计原则。

- 方块感越强，越能给读者方向感。
- 方块越少，越容易阅读。
- 方块之间以空白的形式进行分隔，从而组合为一个更大的方块。

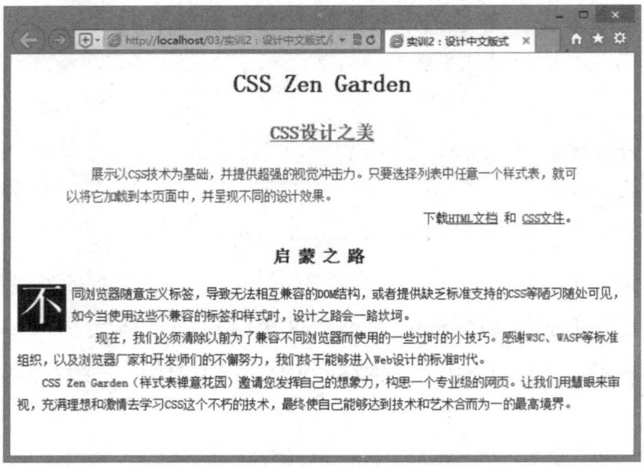

图3-30　报刊式中文格式效果

主要训练技巧说明

- 能够根据网页设计风格设置网页字体和文字默认样式。
- 灵活控制多级标题的样式，以实现更优雅的版式设计要求。
- 借助伪类设计首字下沉特效。
- 灵活应用缩进版式效果，并能够通过行距调整正文的阅读体验。

设计步骤

步骤1 设计网页结构。本示例的HTML文档结构依然采用禅意花园的结构，截取第一部分的结构和内容，并把英文全部意译为中文，代码如下所示。

```
    <div id="intro">
        <div id="pageHeader">
            <h1><span>CSS Zen Garden</span></h1>
            <h2><span><acronym title="cascading style sheets">CSS</
acronym> 设计之美 </span></h2>
        </div>
        <div id="quickSummary">
            <p class="p1"><span> 展示以 <acronym
    title="cascading style sheets">CSS</acronym> 技术为基础，并提供超强的视
觉冲击力。只要选择列表中任意一个样式表，就可以将它加载到本页面中，并呈现不同的设计效果。
</span></p>
            <p class="p2"><span> 下载 <a title=" 这个页面的 HTML 源代码不能够
被改动。"
    href="http://www.csszengarden.com/zengarden-sample.html">HTML 文档
```

```
</a> 和 <a
    title=" 这个页面的 CSS 样式表文件，你可以更改它。"
    href="http://www.csszengarden.com/zengarden-sample.css">CSS 文件 </
a>。</span></p>
        </div>
        <div id="preamble">
            <h3><span> 启蒙之路 </span></h3>
            <p class="p1"><span> 不同浏览器随意定义标签，导致无法相互兼容的
<acronym
    title="document object model">DOM</acronym> 结构，或者提供缺乏标准支持的
<acronym
    title="cascading style sheets">CSS</acronym> 等陋习随处可见，如今当使用
这些不兼容的标签和样式时，设计之路会很坎坷。</span></p>
            <p class="p2"><span> 现在，我们必须清除以前为了兼容不同浏览器而使用
的一些过时的小技巧。感谢 <acronym
    title="world wide web consortium">W3C</acronym>、<acronym
    title="web standards project">WASP</acronym> 等标准组织，以及浏览器厂家
和开发师们的不懈努力，我们终于能够进入 Web 设计的标准时代。</span></p>
            <p class="p3"><span>CSS Zen
                Garden（样式表禅意花园）邀请你发挥自己的想象力，构思一个专业级的
网页。让我们用慧眼来审视，充满理想和激情去学习 CSS 这个不朽的技术，最终使自己能够达到
技术和艺术合而为一的最高境界。</span></p>
        </div>
    </div>
```

步骤2 定义网页基本属性。定义背景色为白色，字体为黑色。也许大家认为浏览器默认网页就是这个样式，但是考虑到部分浏览器会以灰色背景显示，显式声明为了让这些基本属性更加安全，将字体大小设置为14px，字体设置为宋体，代码如下所示。

```
    body {/* 页面基本属性 */
        background:#fff;                        /* 背景色 */
        color:#000;                             /* 前景色 */
        font-size:0.875em;                      /* 网页字体大小 */
        font-family:" 新宋体 ", Arial, Helvetica, sans-serif;
                                                /* 网页字体默认类型 */
    }
```

步骤3 定义标题居中显示，适当调整标题底边距，统一为一个字距。间距设计的一般规律是字距小于行距，行距小于段距，段距小于块距。检查的方法可以尝试将网站的背景图案和线条全部去掉，看是否还能保持想要的区块感，代码如下所示。

```
    h1, h2, h3 {/* 标题样式 */
        text-align:center;                      /* 居中对齐 */
        margin-bottom:1em;                      /* 定义底边界 */
    }
```

步骤4 为二级标题定义一个下划线，并调暗字体颜色，目的是使一级标题、二级标题和三级标题在同一个中轴线显示时产生一个变化，避免单调。由于三级标题字数少（四个汉字），可以通过适当调节字距来设计一种平衡感，避免因为字数太少而使标题看起来很单调，代码如下所示。

```
h2 {/* 个性化二级标题样式 */
    color:#999;                                  /* 字体颜色 */
    text-decoration:underline;                   /* 下划线 */
}
h3 {/* 个性化三级标题样式 */
    letter-spacing:0.4em;                        /* 字距 */
    font-size:1.4em;                             /* 字体大小 */
}
```

步骤5 定义段落文本的样式。统一清除段落间距为0，定义行高为1.8倍字体大小，代码如下所示。

```
p {/* 统一段落文本样式 */
    margin:0;                                    /* 清除段距 */
    line-height:1.8em;                           /* 定义行高 */
}
```

步骤6 定义第一文本块中的第一段文本字体为深灰色，定义第一文本块中的第二段文本右对齐，定义第一文本块中的第一段和第二段文本首行缩进两个字距，同时定义第二文本块的第一段、第二段和第三段文本首行缩进两个字距，代码如下所示。

```
#quickSummary .p1 {/* 第一文本块的第一段样式 */
    color:#444;                                  /* 字体颜色 */
}
#quickSummary .p2 {/* 第一文本块的第二段样式 */
    text-align:right;                            /* 右对齐 */
}
#quickSummary .p1, .p2, .p3 {/* 除了首字下沉段以外的段样式 */
    text-indent:2em;                             /* 首行缩进 */
}
```

步骤7 为第一个文本块定义左右缩进样式，设计引题的效果，代码如下所示。

```
#quickSummary {/* 第一文本块样式 */
    margin-left:4em;                             /* 左缩进 */
    margin-right:4em;                            /* 右缩进 */
}
```

步骤8 定义首字下沉效果。CSS提供了一个首字下沉的属性first-letter，这是一个伪对象。什么是伪类和伪对象，这些将在超链接设计章节中进行详细讲解。first-letter属性所定义的首字下沉效果还存在很多问题，所以还需要进一步设计其他属性来配合。例如，设置段落首字浮动显示，同时将字体大小定义为很大，以实现下沉效果。为了使首字下沉效果更明显，这里将首字设计为加粗、反白，代码如下所示。

```
.first:first-letter {/* 首字下沉样式类 */
    font-size:50px;                             /* 字体大小 */
    float:left;                                 /* 向左浮动显示 */
    margin-right:6px;                           /* 增加右侧边距 */
    padding:2px;                                /* 增加首字四周的补白 */
    font-weight:bold;                           /* 加粗字体 */
    line-height:1em; /* 定义行距为一个字体大小，避免行高影响段落版式 */
    background:#000;                            /* 背景色 */
    color:#fff;                                 /* 前景色 */
}
```

注意，由于IE浏览器存在Bug，无法通过包含选择器来定义首字下沉效果，故这里重新定义了一个首字下沉的样式类（first），然后手动把这个样式类加入到HTML文档结构对应的段落中，代码如下所示。

```
    <p class="p1 first"><span>不同浏览器随意定义标签，导致无法相互兼容的<acronym
    title="document object model">DOM</acronym>结构，或者提供缺乏标准支持的
<acronym
    title="cascading style sheets">CSS</acronym>等陋习随处可见，如今当使用
这些不兼容的标签和样式时，设计之路会很坎坷。</span></p>
```

3.4 上机练习

1. 设计干练、洒脱的英文版式。请模仿综合训练1的设计方法和步骤，上机设计如图3-31所示的版式效果。

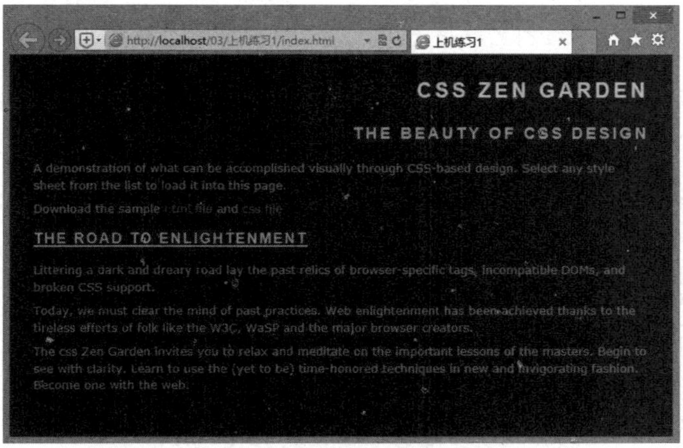

图3-31　干练、洒脱的英文格式效果

设计要求

- 文档结构借用综合训练1的文档结构，只需要重新设计样式表即可。

- 调整页面风格，通过增大前景色与背景色的对比度，调整标题行的对齐方式，适当收缩行距，使页面看起来有些炫目，行文也趋于紧凑，这样的页面风格就更洒脱、干练了。

操作提示

- 调整页面基本属性，加深背景色，增强前景色，其他基本属性可以保持一致。
- 定义标题下边界为一个字符大小，以小型大写样式显示，适当增加字距，定义字体为无衬线类型。
- 分别定义一级、二级和三级标题的样式，实现在统一标题样式基础上的差异化显示。在设计标题时，使一级、二级标题右对齐，三级标题左对齐，形成标题错落排列的版式效果。同时，为了避免左右标题轻重不一（右侧标题偏重），定义左侧的三级标题以下划线显示，以增加左右平衡。
- 收缩段落文本行的间距，压缩段落之间的间距，适当减弱段落文本的颜色。

2. 设计层级式中文版式。请读者模仿“综合训练2”的设计方法和步骤，上机设计的版式效果如图3-32所示。

设计要求

- 文档结构借用“综合训练2”的文档结构，只需要重设样式表即可。
- 在CSS样式表中设计一个简单的层级式中文版式，把一级标题、二级标题、三级标题和段落文本以阶梯状缩进，从而使信息的显示轻重分明，更有利于读者阅读。

操作提示

- 首先定义页面的基本属性。这里定义页面背景色为浅灰绿色，前景色为深黑色，字体大小为0.875em（约为14px）。
- 标题统一为下划线样式，且不加粗显示，限定上下边距为一个字距。在默认情况下，不同级别的标题上下边界是不同的，适当调整字距之间的疏密。
- 分别定义不同标题级别的缩进大小，设计阶梯状缩进效果。
- 定义段落文本左缩进，同时定义首行缩进效果。另外，清除段落默认的上下边界距离。

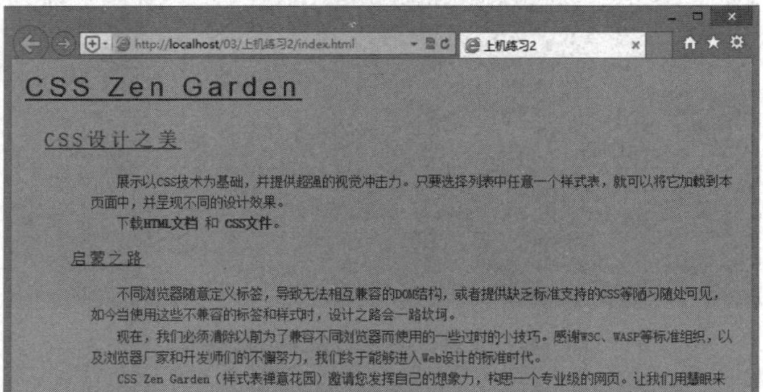

图3-32　缩进式中文格式效果

HTML

第4章 定义超链接

在网页中，超链接字体默认显示为蓝色，文字下面有一条下划线，当鼠标指针移到超链接上时，鼠标指针就会变成手形。如果超链接已被访问，那么这个超链接的文本颜色就会发生改变，默认显示为紫色，这就是经典的超链接默认样式。不过在互联网上，很少再保留超链接的默认样式，网页设计师一般都会根据网站或网页风格重新定义超链接的样式。

学习要点

- 了解<a>标签的特殊性，以及相关属性设置
- 了解超级链接的伪类状态

训练要点

- 能够设置超链接的基本样式
- 能够根据网页风格设计不同样式的超链接效果，提高用户操作体验

4.1 定义超链接

<a>标签能够实现从一个网页指向一个目标的链接关系，这个目标可以是另一个网页，也可以是相同网页上的不同位置，还可以是一个图片、一个电子邮件地址、一个文件，甚至是一个应用程序。在一个网页中定义超链接的对象，可以是一段文本或者是一个图片。

4.1.1 认识超链接和路径

在网页中超链接一般可以分为三种类型。

- 内部链接。
- 锚点链接。
- 外部链接。

内部链接是指所链接的目标位于站内；外部链接是指所链接的目标一般为站外；而锚点链接是一种特殊的链接，它是在内部链接或外部链接后增加锚标记后缀（#标记名）。例如，index.html#anchor就表示跳转到index.html页面中标记为anchor的锚点位置。

链接的路径可以使用相对路径，也可以使用绝对路径。所谓相对路径就是URL中没有指定超链接的协议和互联网位置，仅指定相对位置关系。例如，如果“a.html”和“b.html”位于同一目录下，则直接指定文件“b.html”即可，因为它们的相对位置关系是平等的。如果“b.html”位于本目录的下一级目录（sub）中，则可以使用“sub / b.html”相对路径即可。如果“b.html”位于上一级目录（father）中，则可以使用“../ b.html”相对路径即可。其中“..”符号表示父级目录，还可以使用“/”来定义站点根目录，如“/ b.html”就表示链接到站点根目录下的“b.html”文件。

绝对路径要指定链接所使用的协议和网站地址，例如http://www.css.cn/web2_nav/index.html，其中“http”是传输协议，“www.css.cn”表示网站地址，后面跟随的字符表示站内相对地址。外部链接一般都使用绝对路径进行定义，而内部链接可以使用相对路径，也可以使用绝对路径。

根据链接目标的不同，超链接又可以分为文本超链接、图像超链接、E-mail链接、锚点链接、多媒体文件链接和空链接等。

4.1.2 定义普通链接

在HTML中，<a>标签用于定义超链接，设计从一个页面链接到另一个页面。<a>标签最重要的属性是href 属性，它指示链接的目标，属性用法如下所示。

```
<a href="#"> 链接文本 </a>
```

【随堂练习1】

下面的代码定义了一个超链接文本，单击该文本将跳转到百度首页，示例代码如下所示。

```
<a href="https://www.baidu.com/">百度一下</a>
```

<a>标签包含众多属性，其中被HTML5支持的属性如表4-1所示。

表4-1　<a>标签属性

属性	取值	说明
download	filename	规定被下载的超链接目标
href	URL	规定链接指向页面的 URL
hreflang	language_code	规定被链接文档的语言
media	media_query	规定被链接文档是为何种媒介/设备优化的
rel	text	规定当前文档与被链接文档之间的关系
target	_blank、_parent、_self、_top、framename	规定在何处打开链接文档
type	MIME type	规定被链接文档的的MIME类型

提 示

如果不使用 href 属性，则不可以使用download、hreflang、media、rel、target 以及 type 属性。

在默认状态下，被链接页面会显示在当前浏览器窗口中，可以使用target 属性改变页面显示的窗口。

【随堂练习2】

下面代码定义了一个超链接文本，即当单击该文本时将在新的标签页中显示百度首页，代码如下所示。

```
<a href="https://www.baidu.com/" target="_blank">百度一下</a>
```

提 示

在HTML4中，<a>标签可以定义超链接，或者定义锚点，但是在HTML5中，<a>标签只能定义超链接，如果未设置href属性，则只是超链接的占位符，不再是一个锚点。

用来定义超链接的对象可以是一段文本，或者是一个图片，甚至是页面中的任何对象。当浏览者单击已经链接的文字或图片后，被链接的目标将显示在浏览器上，并且根据目标的类型来打开或运行。

【随堂练习3】

下面示例为图像绑定一个超链接，当用户单击图像时，会跳转到指定的网址，效果如图4-1所示。

```
<a href="https://www.baidu.com/" target="_blank">
    <img src="images/logo.png" width="300" />
</a>
```

图4-1　为图像定义超链接效果

4.1.3　定义锚点链接

锚点链接是指向同一页面或者其他页面中的特定位置的链接。例如，在一个很长的页面，在页面的底部设置一个锚点，单击后可以跳转到页面顶部，这样避免了上下滚动的麻烦。另外，在页面内容的标题上设置锚点，然后在页面顶部设置锚点的链接，这样就可以通过链接快速地浏览具体内容。

创建锚点链接的方法

步骤1 创建用于链接的锚点。任何被定义了ID值的元素都可以作为锚点标记，即可以定义指向该位置点的锚点链接。注意，给页面标签的ID锚点命名时不要含有空格，同时不要置于绝对定位元素内。

步骤2 在当前页面或者其他页面不同位置定义锚点链接，为<a>标签设置href属性，属性值为“#+锚点名称”，如可输入“#p4”。如果链接到不同的页面，可以使用绝对路径，也可以使用相对路径，如test.html，则输入“test.html#p4”。注意，锚点名称是区分大小写的。

【随堂练习】

下面示例定义一个锚点链接，链接到同一个页面的不同位置，当单击网页顶部的文本链接后，会跳转到页面底部“图片4”所在的位置，代码如下所示，效果如图4-2所示。

```
<!doctype html>
<html>
<head>
<meta charset="utf-8">
</head>
<body>
<p><a href="#p4">查看图片 4</a> </p>
<h2>图片 1</h2>
<p><img src="images/1.jpg" /></p>
<h2>图片 2</h2>
<p><img src="images/2.jpg" /></p>
<h2>图片 3</h2>
<p><img src="images/3.jpg" /></p>
<h2 id="p4">图片 4</h2>
```

```
    <p><img src="images/4.jpg" /></p>
    <h2> 图片 5</h2>
    <p><img src="images/5.jpg" /></p>
    <h2> 图片 6</h2>
    <p><img src="images/6.jpg" /></p>
    </body>
    </html>
```

（a）跳转前　　（b）跳转后

图4-2　定义锚点链接

4.1.4　定义不同目标的链接

超链接指向的目标对象可以是不同的网页，也可以是相同网页内的不同位置，还可以是一个图片、一个电子邮件地址、一个文件或FTP服务器，甚至是一个应用程序，也可以是一段JavaScript脚本。

【随堂练习1】

<a>标签的href属性指向链接的目标可以是各种类型的文件。如果是浏览器能够识别的类型，会直接在浏览器中显示；如果是浏览器不能识别的类型，会弹出“文件下载”对话框，允许用户下载到本地，代码如下所示，演示效果如图4-3所示。

```
<p><a href="images/1.jpg"> 链接到图片 </a> </p>
<p><a href="demo.html"> 链接到网页 </a> </p>
<p><a href="demo.docx"> 链接到 Word 文档 </a> </p>
```

图4-3　文件下载

定义超链接地址为邮箱地址，即为E-mail链接。通过E-mail链接可以为用户提供方便的反馈与交流机会。当浏览者单击邮件链接时，会自动打开客户端浏览器默认的电子邮件处理程序（如Outlook Express），收件人邮件地址被电子邮件链接中指定的地址自动更新，浏览者不用手工输入。

创建E-mail链接的方法

为<a>标签设置href属性，属性值为“mailto:+电子邮件地址+?+subject=+邮件主题”，其中subject表示邮件主题，为可选项目，例如，mailto:namee@mysite.cn?subject=意见和建议。

【随堂练习2】

下面示例使用<a>标签创建电子邮件链接，代码如下所示。

```
<a href="mailto:namee@mysite.cn">namee@mysite.cn</a>
```

如果href属性设置为“#”，则表示一个空链接，单击空链接，页面不会发生变化，代码如下所示。

```
<a href="#">空链接</a>
```

如果href属性设置为Javascript脚本，则表示一个脚本链接，单击脚本链接，将会执行脚本，示例代码如下所示。

```
<a href="javascript:alert(&quot;谢谢关注，投票已结束。&quot;);">我要投票</a>
```

4.1.5 定义下载链接

当被链接的文件不被浏览器解析时，便被浏览器直接下载到本地计算机中，这种链接形式就是下载链接，如二进制文件、压缩文件等。

对于能够被浏览器解析的目标对象，用户可以使用HTML5的新增属性download强制浏览器执行下载操作。

【随堂练习】

下面示例比较了超链接使用download和不使用download的区别，代码如下所示。

```
<p><a href="images/1.jpg" download >下载图片</a></p>
<p><a href="images/1.jpg" >浏览图片</a></p>
```

提 示

目前，只有Firefox和Chrome浏览器支持 download属性。

4.1.6 定义热点区域

热点区域就是为图像的局部区域定义超链接，当单击该热点区域时，会触发超链接，并跳转到其他网页或网页的某个位置。

热点区域是一种特殊的超链接形式，常用在图像中设置导航。在一幅图上定义多个热点区域，以实现单击不同的热点区域链接到不同页面。

定义热点区域，需要<map>和<area>标签配合使用。具体说明如下。

- <map>：定义热点区域。包含必须的id属性，定义热点区域的ID，或者定义可选的name属性，也可以作为一个句柄，与热点图像进行绑定。

<img>中的usemap属性可引用<map>中的 id或name属性（根据浏览器），所以应同时向<map>添加 id和name属性，且设置相同的值。

- <area>：定义图像映射中的区域，area元素必须嵌套在<map>标签中。该标签包含一个必须设置的属性alt，定义热点区域的替换文本。该标签还包含多个可选属性，具体说明如表4-2所示。

表4-2　<area>标签属性

属性	取值	说明
coords	坐标值	定义可点击区域（对鼠标敏感的区域）的坐标
href	URL	定义此区域的目标 URL
nohref	nohref	从图像映射排除某个区域
shape	default、rect（矩形）、circ（圆形）、poly（多边形）	定义区域的形状
target	_blank、_parent、_self、_top	规定在何处打开 href 属性指定的网页

【随堂练习】

下面示例具体演示了如何为一幅图片定义多个热点区域，代码如下所示，演示效果如图4-4所示。

```
    <img src="images/china.jpg" width="618" height="499" border="0"
usemap="#Map">
    <map name="Map">
        <area shape="circle" coords="221,261,40" href="show.php?name=
青海 ">
        <area shape="poly" coor ds="411,251,394,267,375,280,395,295,40
7,299,431,307,436,303,429,284, 431,271,426,255" href="show.php?name= 河
南 ">
        <area shape="poly" coor ds="385,336,371,346,370,375,376,385
,394,395,403,403,410,397,419,393, 426,385,425,359,418,343,399,337"
href="show.php?name= 湖南 ">
    </map>
```

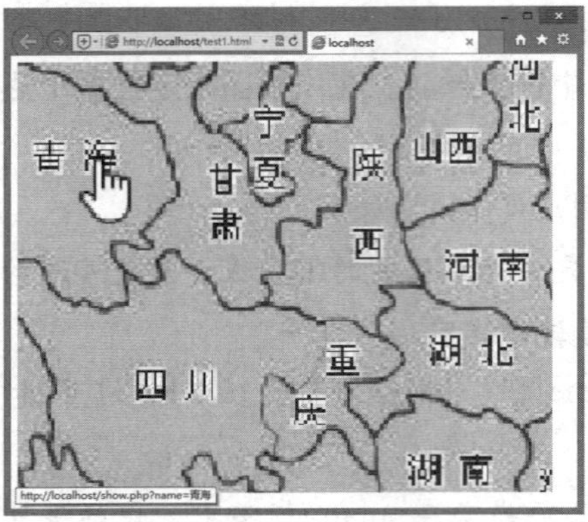

图4-4　定义热点区域

> **提 示**
>
> 定义热点区域时，建议用户借助Dreamweaver可视化设计视图快速实现，因为设置坐标是一件费力不讨好的烦琐工作，可视化操作如图4-5所示。
>
> 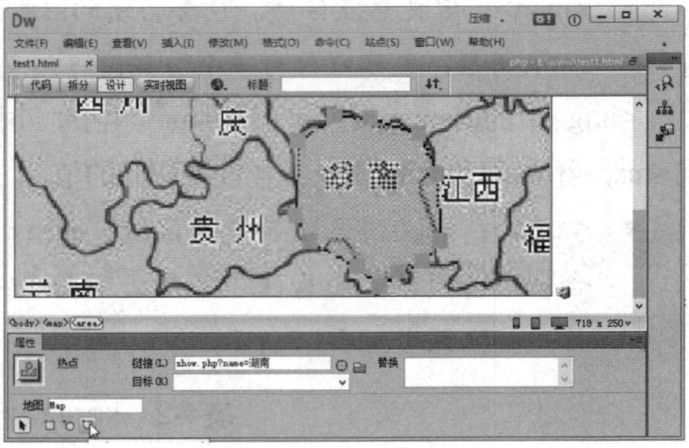
>
>
> 图4-5　借助Dreamweaver快速定义热点区域

4.1.7　定义框架链接

HTML5已经不支持frameset框架，但是它仍然支持iframe浮动框架的使用。浮动框架可以自由控制窗口大小，可以配合网页布局在任何位置插入窗口，实际上就是在窗口中再创建一个窗口。

使用iframe创建浮动框架的代码如下所示。

```
<iframe src="URL">
```

src表示浮动框架中显示网页的路径，可以是绝对路径，也可以是相对路径。

【随堂练习】

下面示例是在浮动框架中链接到百度首页，代码如下所示，显示效果如图4-6所示。

```
<iframe src="http://www.baidu.com"></iframe>
```

图4-6　使用浮动框架

从上图可以看到，浮动框架在页面中又创建了一个窗口。在默认情况下，浮动框架的宽度和高度为220×120。如果需要调整浮动框架的尺寸，应该使用CSS样式。

<iframe>标签包含多个属性，其中HTML5支持或新增的属性如表4-3所示。

表4-3 <iframe>标签属性

属性	取值	说明
frameborder	1、0	规定是否显示框架周围的边框
height	pixels、%	规定iframe的高度
longdesc	URL	规定一个包含了有关iframe的较长描述页面
marginheight	pixels	定义 iframe 的顶部和底部的边距
marginwidth	pixels	定义 iframe 的左侧和右侧的边距
name	frame_name	规定 iframe 的名称
sandbox	"" allow-forms allow-same-origin allow-scripts allow-top-navigation	启用一系列对<iframe>中内容的额外限制
scrolling	yes、no、auto	规定是否在iframe中显示滚动条
seamless	seamless	规定<iframe>看上去像是包含文档的一部分
src	URL	规定在 iframe 中显示的文档的 URL
srcdoc	HTML_code	规定在<iframe>中显示的页面的HTML内容
width	pixels、%	定义 iframe 的宽度

4.1.8 认识伪类和伪对象

伪类就是根据一定的特征对元素进行分类，而不是根据元素的名称、属性或内容。原则上特征是不能根据HTML文档的结构（DOM）推断得到的。直观分析，伪类可以是动态的，当用户与HTML文档进行交互时，一个元素可以获取或者失去某个伪类（特定的特征）。例如，鼠标指针经过就是一个动态特征，任意一个元素都可能被鼠标经过，当然鼠标指针也不可能永远停留在同一个元素上面，这种特征对于某个元素来说可能随时消失。

伪类是抽象的事务，但是伪对象在页面中有直观的具体内容或区域，只不过这个具体内容或区域所限定的内容是不固定的。例如，段落文本的第一行，对于某个具体段落文本来说可能是确定的，但是在另一段文本中可能所指的内容就不相同了。

在CSS中，伪类和伪对象是以冒号为前缀的特定名词，它们表示一类选择器，具体说明如表4-4和表4-5所示。

表4-4 CSS支持的基本伪类

伪类	支持版本	说明
:link	CSS1	设置超链接a在未被访问前的样式
:visited	CSS1	设置超链接a在其链接地址已被访问后的样式
:hover	CSS1/CSS2	设置元素在其鼠标悬停时的样式

续表

伪类	支持版本	说明
:active	CSS1/CSS2	设置元素在被用户激活时的样式（在鼠标点击与释放之间发生的事件）
:focus	CSS1/CSS2	设置元素在成为输入焦点时的样式（该元素的onfocus事件发生）
:lang()	CSS2	匹配使用特殊语言的元素E
:not()	CSS3	匹配不含有s选择符的元素E
:root	CSS3	匹配E元素在文档的根元素
:first-child	CSS2	匹配父元素的第一个子元素E
:last-child	CSS3	匹配父元素的最后一个子元素E
:only-child	CSS3	匹配父元素仅有的一个子元素E
:nth-child(n)	CSS3	匹配父元素的第n个子元素E
:nth-last-child(n)	CSS3	匹配父元素的倒数第n个子元素E
:first-of-type	CSS3	匹配同类型中的第一个同级兄弟元素E
:last-of-type	CSS3	匹配同类型中的最后一个同级兄弟元素E
:only-of-type	CSS3	匹配同类型中的唯一的一个同级兄弟元素E
:nth-of-type(n)	CSS3	匹配同类型中的第n个同级兄弟元素E
:nth-last-of-type(n)	CSS3	匹配同类型中的倒数第n个同级兄弟元素E
:empty	CSS3	匹配没有任何子元素（包括text节点）的元素E
:checked	CSS3	匹配用户界面上处于选中状态的元素E（用于input type为radio与checkbox时）
:enabled	CSS3	匹配用户界面上处于可用状态的元素E
:disabled	CSS3	匹配用户界面上处于禁用状态的元素E
:target	CSS3	匹配相关URL指向的E元素
@page:first	CSS2	设置页面容器第一页使用的样式。仅用于@page规则
@page:left	CSS2	设置页面容器位于装订线左边的所有页面使用的样式。仅用于@page规则
@page:right	CSS2	设置页面容器位于装订线右边的所有页面使用的样式。仅用于@page规则

表4-5　CSS支持的基本伪对象

伪对象	支持版本	说明
:first-letter	CSS1/CSS3	设置对象内的第一个字符的样式
:first-line	CSS1/CSS3	设置对象内的第一行的样式
:before	CSS2/CSS3	设置在对象前（依据对象树的逻辑结构）发生的内容，用来和content属性一起使用
:after	CSS2/CSS3	设置在对象后（依据对象树的逻辑结构）发生的内容，用来和content属性一起使用
:selection	CSS3	设置对象被选择时的颜色

比较实用的伪类包括“:link”“:hover”“:active”“:visited”和“:focus”，比较实用的伪对象包括“:first-letter”和“:first-line”。

4.1.9　设计超链接样式

在伪类和伪对象中，与超链接相关的四个伪类选择器应用比较广泛，而且不同的浏览器也都完全支持。这几个伪类定义了超链接的四种不同状态，简单说明如下。

- a:link：定义超链接的默认样式。
- a:visited：定义超链接被访问后的样式。
- a:hover：定义鼠标经过超链接时的样式。
- a:active：定义超链接被激活时的样式，如鼠标单击之后到鼠标被松开之间的这段时间的样式。

【随堂练习】

步骤1 启动Dreamweaver，新建一个网页，保存为test.html，在<body>标签内插入一个超链接，代码如下所示。

```
<a href="#">定义超链接样式</a>
```

步骤2 在<head>标签内添加<style type="text/css">标签，定义一个内部样式表，然后输入下面的代码，用来定义超链接的样式，样式代码如下所示。

```
a:link { /* 超链接默认样式 */
    color: #FF0000;                              /* 红色 */
}
a:visited { /* 超链接被访问后的样式 */
    color: #0000FF;                              /* 蓝色 */
}
a:hover { /* 鼠标经过超链接的样式 */
    color: #00FF00;                              /* 绿色 */
}
a:active { /* 超链接被激活时的样式 */
    color: #FFFF00;                              /* 黄色 */
}
```

在这个示例中定义页面所有超链接默认为红色下划线效果，当鼠标经过时显示为绿色下划线效果，而当单击超链接时则显示为黄色下划线效果，超链接被访问后显示为蓝色下划线效果。

提 示

超链接的四种状态样式的排列顺序是有要求的，一般不能随意调换。先后顺序应该是link、visited、hover和active。

例如，在下面这个超链接样式中，当鼠标经过超链接时，由于四种状态的排列顺序乱了，所以无法看到鼠标经过和被激活时的样式效果，代码如下所示。

```
a:hover {color: #00FF00;}
a:active {color: #FFFF00;}
a:link {color: #FF0000;}
a:visited {color: #0000FF; }
```

【拓展练习】

在一个网页中除了可以设计统一的超链接样式，还可以根据需要为不同区域或位置的超链接定义样式。

步骤1 新建一个网页，保存为test.html，在<body>标签内输入如下所示的代码。

```
<p class="p1">
    <a href="#" class="a1">段落一超链接 1</a>
    <a href="#" class="a2">段落一超链接 2</a>
    <a href="#" class="a3">段落一超链接 3</a>
</p>
<p class="p2">
    <a href="#" class="a1">段落二超链接 1</a>
    <a href="#" class="a2">段落二超链接 2</a>
    <a href="#" class="a3">段落二超链接 3</a>
</p>
```

步骤2 在<head>标签内添加<style type="text/css">标签，定义一个内部样式表，然后输入下面的代码，定义第一段中的超链接样式，代码如下所示。

```
.p1 a:link {color: #FF0000;}
.p1 a:visited {color: #0000FF;}
.p1 a:hover {color: #00FF00;}
.p1 a:active {color: #FFFF00;}
```

步骤3 为类a1的所有超链接定义另一种样式，代码如下所示。

```
.a1:link {color: #FF0000;}
.a1:visited {color: #0000FF; }
.a1:hover {color: #00FF00;}
.a1:active {color: #FFFF00;}
```

也可以使用指定类型选择器来定义超链接样式，代码如下所示。

```
a.a1:link {color: #FF0000;}
a.a1:visited {color: #0000FF; }
a.a1:hover {color: #00FF00;}
a.a1:active {color: #FFFF00;}
```

注意，超链接的四种状态并非都必须要定义，读者可以定义其中的两个或三个。当要把未访问的和已经访问的链接定义成相同的样式时，则可以定义link、hover和active三种状态，代码如下所示。

```
a.a1:link {color: #FF0000;}
a.a1:hover {color: #00FF00;}
a.a1:active {color: #FFFF00;}
```

如果仅希望超链接显示两种状态样式，可以使用<a>和<hover>来定义，其中<a>标签选择器定义a元素的默认显示样式，然后定义鼠标经过时的样式，代码如下所示。

```
a {color: #FF0000;}
a:hover {color: #00FF00;}
```

上面这种方法是定义超链接最简单、最快捷的方式，但是如果页面中还包括锚记，将会影响锚记的样式。如果定义如下的样式，则仅影响超链接未访问时的样式和鼠标经过时的样式，一旦超链接被访问之后，则会恢复到默认的紫色下划线效果，所以一般不要这样定义超链接的样式，代码如下所示。

```
a:link {color: #FF0000;}
a:hover {color: #00FF00;}
```

对于“:hover”伪类来说，不仅可以定义超链接元素，还可以为其他元素定义鼠标经过的样式，但是在IE 6及其以下版本的浏览器中并不支持该样式。

4.2 综合训练

本章集训目标

- 深入理解并灵活使用CSS的伪类和伪对象样式。
- 能够自定义超链接的动态效果。
- 能够根据页面风格设计不同效果的超链接样式。

实训1：设计下划线样式

实训说明

定义超链接的样式自然会先改变它的颜色，对于任何网站来说，一般都会将超链接的颜色重新设为网站专用色，以便与页面风格融合。下划线也是超链接的基本样式，但很多网站并不喜欢使用，设计师在建站之初，一般会彻底清除所有超链接的下划线，代码操作如下所示。

```
a {/* 完全清除超链接的下划线效果 */
    text-decoration:none;
}
```

不过，从用户体验的角度分析，取消下划线效果可能会影响部分用户对网页的访问。因为下划线效果能够很好地提示访问者，当前鼠标经过的文字是一个超链接，如图4-7所示。

下划线的效果当然不仅仅是一条实线，也可以根据需要进行订制。一方面可以借助超链接元素a的底部边框线来实现。另一方面可以利用背景图像来实现，而背景图像可以设计出更多精巧的下划线样式。

图4-7　设计下划线超链接样式

主要训练技巧说明

- 使用text-decoration属性定义下划线样式。
- 使用border-bottom属性定义下划线样式。
- 使用background属性定义下划线样式。

设计步骤

步骤1 构建网页结构。启动Dreamweaver，新建一个网页，保存为index.html，在<body>标签内插入多个超链接，并分别为它们指定应用的方位，并通过类进行区分。代码如下。

```
<h1> 设计下划线样式 </h1>
<ol>
    <li class="underline1">
        <p> 使用 text-decoration 属性定义下划线样式 </p>
        <ul>
            <li><a href="#"> 首页 </a></li>
            <li><a href="#"> 论坛 </a></li>
            <li><a href="#"> 博客 </a></li>
        </ul>
    </li>
    <li class="underline2">
        <p> 使用 text-decoration 属性定义下划线样式 </p>
        <ul>
            <li><a href="#"> 首页 </a></li>
            <li><a href="#"> 论坛 </a></li>
            <li><a href="#"> 博客 </a></li>
        </ul>
    </li>
    <li class="underline3">
        <p> 使用 text-decoration 属性定义下划线样式 </p>
        <ul>
            <li><a href="#"> 首页 </a></li>
            <li><a href="#"> 论坛 </a></li>
            <li><a href="#"> 博客 </a></li>
        </ul>
    </li>
</ol>
```

步骤2 在<head>标签内添加<style type="text/css">标签，定义一个内部样式表，然后准备在其中输入代码，用来定义超链接的样式。

步骤3 设计页面默认的超链接样式：清除下划线效果，定义字体颜色为灰色，鼠标经过时显示为红色、加粗，代码如下所示。

```
a {
    text-decoration:none;    /* 清除超链接下划线 */
    color:#666;
}
a:hover {
    color:#f00;
    font-weight:bold; /* 加粗字体显示 */
}
```

步骤4 使用text-decoration属性为第一组超链接样式定义下划线样式，代码如下所示。

```
.underline1 a {text-decoration:none;}
.underline1 a:hover {text-decoration:underline;}
```

步骤5 使用border-bottom属性为第二组超链接样式定义下划线样式，代码如下所示。

```
.underline2 a {
    border-bottom:dashed 1px red;          /* 红色虚下划线效果 */
    zoom:1;                                /* 解决 IE 浏览器无法显示的问题 */
}
.underline2 a:hover {
    border-bottom: solid 1px #000;         /* 改变虚下划线的样式和颜色 */
}
```

步骤6 由于浏览器在解析虚线时的效果不一致，且显示效果不是很精致，为此使用背景图像来定义虚线，效果会更好。使用图像编辑软件设计一个虚线段，图4-8是一个放大32倍的虚线段设计图效果，在设计时应该确保高度为1像素，宽度可以为4像素、6像素或8像素，主要根据虚线的疏密进行设置。选择一种颜色以跳格方式进行填充，最后文件保存为GIF格式即可，当然最佳视觉空隙是间隔两个像素空格。

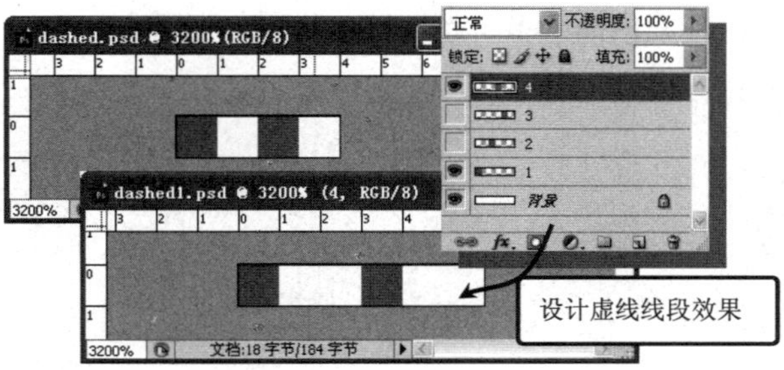

图4-8 设计虚线段

步骤7 使用background属性为第三组超链接样式定义下划线样式，代码如下所示。

```
.underline3 a:hover {
    /* 定义背景图像，定位到超链接元素的底部，并沿 x 轴水平平铺 */
    background:url(images/dashed1.gif) left bottom repeat-x;
}
```

有关下划线的效果还有很多，只要巧妙结合超链接的底部边框、下划线和背景图像，就可以设计出很多新颖的样式。例如，可以定义下划线的色彩、下划线距离、下划线长度、对齐方式和定制双下划线等。

实训2：设计立体样式

实训说明

设计立体样式的技巧就是借助边框样式的变化（主要是颜色的深浅变化）来模拟一种凸凹变化的过程，营造一种立体变化效果。

本案例中定义超链接在默认状态下显示灰色右边框线和灰色底边框线的效果。当鼠标经过时，清除右侧和底部边框线，并定义左侧和顶部边框效果，这样利用错觉就设计出了一个简陋的凸凹立体效果，如图4-9所示。

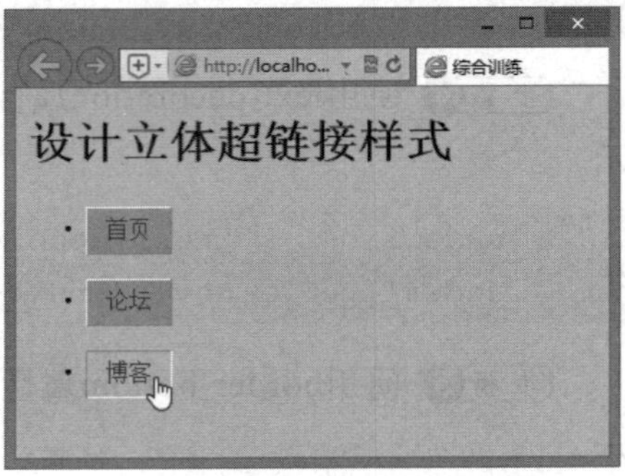

图4-9　设计立体超链接样式

主要训练技巧说明

- 利用边框线的颜色变化来制造视觉错觉。可以把右边框和底部边框结合，把顶部边框和左边框结合，利用明暗色彩的搭配来设计立体变化效果。
- 利用超链接背景色的变化来营造凸凹变化的效果。超链接的背景色可以设置相对深色的效果，以营造凸起感，当鼠标经过时，再定义浅色背景来营造凹下感。
- 利用环境色、字体颜色（前景色）来烘托这种立体变化过程。

设计步骤

步骤1 构建网页结构。启动Dreamweaver，新建一个网页，保存为index.html，在<body>标签内插入多个超链接，代码如下所示。

```
<h1> 设计立体超链接样式 </h1>
<ul>
    <li><a href="#"> 首页 </a></li>
    <li><a href="#"> 论坛 </a></li>
    <li><a href="#"> 博客 </a></li>
</ul>
```

步骤2 在<head>标签内添加<style type="text/css">标签，定义一个内部样式表，然后在其中输入代码，用来定义超链接的样式。

步骤3 设计网页背景色，营造页面设计环境，代码如下所示。

```
body {/* 网页背景颜色 */
    background:#fcc;  /* 浅色背景 */
}
li{ margin:2em auto;}
```

步骤4 定义<a>标签在默认状态下的显示效果，即鼠标未经过时的样式，代码如下所示。

```
a {/* 超链接的默认样式 */
    text-decoration:none;    /* 清除超链接下划线 */
    border:solid 1px;        /* 定义 1 像素实线边框 */
    padding: 0.4em 0.8em;    /* 增加超链接补白 */
    color: #444;      /* 定义灰色字体 */
    background: #f99;        /* 超链接背景色 */
    border-color: #fff #aaab9c #aaab9c #fff;    /* 分配边框颜色 */
    zoom:1;    /* 解决 IE 浏览器无法显示的问题 */
}
```

步骤5 定义鼠标经过时的超链接样式。

```
a:hover {/* 鼠标经过时样式 */
    color: #800000;                          /* 超链接字体颜色 */
    background: transparent;                 /* 清除超链接背景色 */
    border-color: #aaab9c #fff #fff #aaab9c;    /* 分配边框颜色 */
}
```

实训3：设计滑动样式

实训说明

使用背景图像设计超链接样式比较常用，且所设计的效果比较真实、自然，更容易设计出个性化的超链接样式，很多设计师就是利用背景图像的动态滑动技巧设计出很多精致的超链接样式，这种技巧也被称为滑动门技术。

在本案例中先定义超链接块状显示，以便更容易控制它的大小，然后根据背景图像大小定义a元素的宽和高，并分别在默认状态和鼠标经过状态下定义背景图像。对于背景图像来说，宽度可以与背景图像宽度相同，也可以根据需要小于背景图像的宽度，但是高度必须与背景图像的高度保持一致。在设计中可以结合背景图像的效果定义字体颜色，最后所得的超链接效果如图4-10所示。

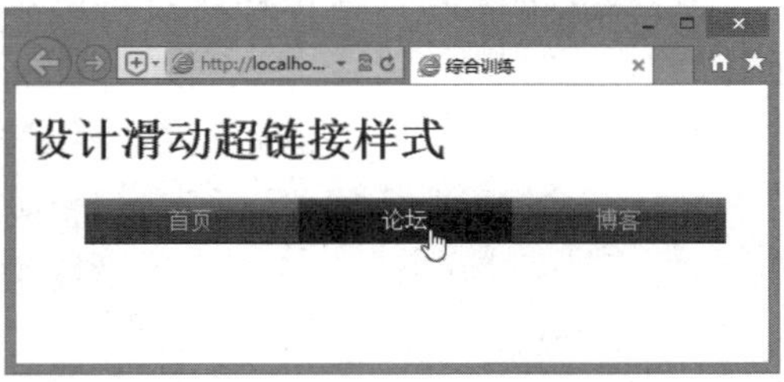

图4-10　设计滑动超链接样式

主要训练技巧说明

- 利用相同大小但不同效果的背景图像进行轮换。图像样式的关键是背景图像的设计，以及几种不同效果的背景图像是否能够过渡自然、切换吻合。

- 把所有背景图像组合在一张图中，然后利用CSS技术进行精确定位，以实现在不同状态下显示为不同的背景图像，这种技巧也被称为CSS Sprites。

设计步骤

步骤❶ 在Photoshop中设计大小相同，但是效果又略有不同的两张图像。图像的大小为200×32px，第一张图像设计风格为渐变灰色，并带有玻璃效果；第二张图像设计风格为深黑色渐变，如图4-11所示。

图4-11 设计背景图像

步骤❷ 把上面两张图像拼合到一张图像中，如图4-12所示。利用CSS Sprites技术来控制背景图像的显示，以提高网页的响应速度。

图4-12 拼合背景图像

CSS Sprites加速的关键不是降低重量，而是减少个数。浏览器每显示一张图片都会向服务器发送请求，所以图片越多请求次数越多，造成延迟的可能性也就越大。

CSS Sprites其实就是把网页中一些背景图片整合到一张图片文件中，再利用CSS的background-image、background- repeat、background-position的组合进行背景定位，background-position可以用数字精确地定位出背景图片的位置。

步骤❸ 启动Dreamweaver，新建一个网页，保存为index.html，在<body>标签内输入如下所示的代码。

```
<h1> 设计滑动超链接样式 </h1>
<ul>
    <li><a href="#"> 首页 </a></li>
    <li><a href="#"> 论坛 </a></li>
    <li><a href="#"> 博客 </a></li>
</ul>
```

步骤❹ 清除列表默认样式，避免显示项目符号和列表项缩进效果，代码如下所示。

```
li {
    float:left; /* 浮动显示，以便并列显示各选项 */
    list-style:none;  /* 清除项目符号 */
    margin:0;  /* 清除缩进 */
    padding:0;        /* 清除缩进 */
}
```

步骤❺ 定义超链接默认样式，为每个<a>标签定义背景图像，并定位背景图像靠顶部显示，代码如下所示。

```
a {/* 超链接的默认样式 */
    text-decoration:none;           /* 清除默认的下划线 */
    display:inline-block;           /* 行内块状显示 */
    width:150px;                    /* 固定宽度 */
    height:32px;                    /* 固定高度 */
    line-height:32px;               /* 行高等于高度，设计垂直居中 */
    text-align:center;              /* 文本水平居中 */
    background:url(images/bg3.gif) no-repeat center top;
                                    /* 定义背景图像 1，禁止平铺，居中 */
    color:#ccc;                     /* 浅灰色字体 */
}
```

步骤6 定义鼠标经过时的超链接样式，此时改变背景图像的定位位置，以实现动态滑动效果，代码如下所示。

```
a:hover {/* 鼠标经过时样式 */
    background-position:center bottom;      /* 定位背景图像，显示下半部分 */
    color:#fff;                             /* 白色字体 */
}
```

4.3 上机练习

1. 设计动态样式的技巧就是借助CSS大小、位置变化来产生一种动态感。由于a元素是行内元素，无法定义超链接的宽和高，因此需要定义a元素浮动显示、块状显示或绝对定位显示。如果希望多个超链接并列显示，则只能使用浮动显示或者绝对定位显示。当然，仅希望超链接字体大小发生变化，则保持默认的行内显示即可。

设计要求

动态样式更多用在页面导航中，借助导航按钮的变化来设计动态效果。读者可以简单模拟一个动态导航效果，当鼠标经过下拉菜单时，按钮自动向下伸展，并加粗、增亮字体效果，从而营造一种按钮下沉的效果，如图4-13所示。

(a) 默认状态

(b) 鼠标经过状态

图4-13 设计动态超链接样式

2. 自定义鼠标指针样式。在默认状态下，鼠标经过超链接时显示为手形，不过使用CSS的cursor属性可以改变鼠标样式，这样就不再局限于超链接的手形光标效果。cursor包含了众多光标样式，详细说明如表4-6所示。

表4-6　鼠标经过时的光标显示样式

伪对象	说 明
auto	基于上下文决定应该显示什么光标
crosshair	十字线光标（+）
default	基于平台的默认光标，通常渲染为一个箭头
pointer	指针光标，表示一个超链接
move	十字箭头光标，用于表示对象可被移动
e-resize ne-resize nw-resize n-resize se-resize sw-resize s-resize w-resize	表示正在移动某个边，如se-resize光标用来表示框的移动开始于东南角，其他以此类推
text	表示可以选择文本，通常渲染为I形光标
wait	表示程序正忙，需要用户等待，通常渲染为手表或沙漏
help	光标下的对象包含有帮助内容，通常渲染为一个问号或一个气球
<uri>URL	自定义光标类型的图标路径

设计要求

利用CSS的cursor属性自定义鼠标指针样式，改变鼠标指针的默认样式。

设计提示

上表是W3C推荐的标准光标类型，但是IE也自定义了不少专有属性值。例如，对于手形光标类型，IE提供了hand专有属性，而标准属性值为pointer。为了兼容早期IE浏览器版本，就应该定义如下样式，这样就能够保证在不同浏览器中都显示为手形光标，代码如下所示。

```
. pointer {/* 手形鼠标指针样式类 */
    cursor:pointer;                      /* 鼠标经过时手形样式 */
    cursor:hand;                         /* 兼容 IE 6以下版本浏览器 */
}
```

自定义鼠标光标样式。使用绝对或相对URL指定光标文件（后缀为.cur或者.ani）。cursor属性可以定义一个URL列表，当用户端无法处理一系列光标中的第一个，那么它应尝试处理第二个、第三个等，如果用户端无法处理任何定义的光标，它必须使用列表最后的通用光标。例如，下面样式中就定义了三个自定义动画光标文件，最后定义了一个通用光标类型，代码操作如下所示。

```
. pointer {
    cursor:url('images/1.ani'), url('images/2.ani'), url('images/3.
ani'), pointer;
}
```

HTML

第5章 定义网页图片

图片是网页构成的基本对象，通过<img>标签可以把外部的图片嵌入到网页中。图片的显示效果可以借助<img>标签的属性来设置，如图片的边框、大小以及图片的透明效果等，但是这种传统方法会给文档添加大量冗余代码，而使用CSS属性对页面上的图片样式进行控制会事半功倍。另外，使用CSS属性还可以把图片作为背景来装饰网页元素，即所谓的背景图像，CSS提供了很多背景图像控制属性，利用它们可以设计很多精美的网页效果。

学习要点

- 了解<img>标签的特殊性，以及相关属性设置
- 了解控制图片在网页中显示的一般方法
- 理解CSS各种背景图像属性，并能够正确使用

训练要点

- 定义网页图片的边框、大小、位置等显示属性
- 设计图文混排效果
- 使用CSS背景图像属性设计精美的栏目版块

5.1 了解网页中的图像

图像是以二进制数据流的形式存储在计算机内存中的，借助img元素，浏览器可以把这些数据流解析并描绘到网页中。因此从本质上来分析，img元素实际上就是一个被封装的复杂对象，它与p、h1～h6、div、span等标识元素存在本质的不同。W3C曾经倡议以object元素为标准来插入图像，因为它更符合HTML的语义特征。

【随堂练习】

启动Dreamweaver，新建一个网页，保存为test.html，在<body>内使用<object>标签插入一幅图片。在FF等浏览器中都能正确解析和显示，IE 8及以上版本也能够正确显示，代码如下所示。

```
<object data="images/004.jpg"></object>
```

【拓展练习】

<img>标签不使用url属性来设置图像的路径，而使用src属性，主要是因为它能更准确地表达意思。src是source的缩写，它表示源的意思，即二进制数据源。

为了增加对图像二进制数据流的感性认识，请读者在网页中输入下面的代码，在浏览器中预览，看看有什么效果。

```
<img src="data:image/png;base64,iVBORw0KGgoAAAANSUhEUgAAAEAAAABACA
IAAAFSDNYfAAAAaklEQVR42u3XQQrAIAwAQeP%2F%2F6wf8CJBJTK9lnQ7FpHGaOurtlI3
4nfH9pMMZAZ8BwMGEvvh%2BBsJCAgICLwIOA8EBAQEBAQEBAQEBK79H5RfIQAAAAAAAAAA
AAAAAAAAAAAAAAAAID%2FABMSqAfj%2FsLmvAAAAABJRU5ErkJggg%3D%3D" alt="二进
制流单色图片" title="以二进制流形式直接绘制单色图片">
```

在上面示例中，直接以二进制数据流（十六进制表示）传递给<img>标签的src属性，浏览器会自动绘制一个红色的正方形图形，如图5-1所示。

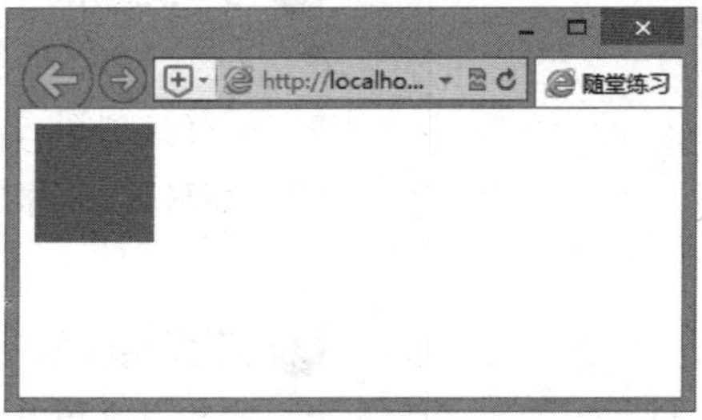

图5-1　以二进制数据流形式绘制图片

注意，IE 7及以下版本的浏览器不支持这种方法。

由于<img>标签已深入人心，W3C默认了<img>标签为事实的标准。如果读者接触过ASP或者PHP等后台技术，就应该知道表单验证码就是由后台脚本随机生成的数字图像，然后以二进制数据流的形式直接赋予<img>标签的src属性。

5.2 定义网页图片

人靠衣装，网页则需要靠图片来装饰，任何一个页面都少不了用漂亮的图片来装扮。如何合理地使用图片、优化图片将直接影响网页的性能问题。

5.2.1　定义图片大小

<img>标签包含width和height属性，使用它们可以控制图像的大小，在标准网页设计中这两个属性依然有效，且被严格型XHTML文档认可。与之相对应，在CSS中可以使用width和height属性定义图片的宽度和高度。

【随堂练习】

步骤 1 启动Dreamweaver，新建一个网页，保存为test.html，在<body>内使用<img>标签插入两幅相同的图片，并分别使用HTML的width属性限制宽度为200像素，代码如下所示。

```
<img class="w400px" src="images/1.jpg" width="200" />
<img src="images/1.jpg" width="200" />
```

步骤 2 在<head>标签内添加<style type="text/css">标签，定义一个内部样式表，然后输入下面的代码，用来定义一个类样式，以控制指定的图片宽度为600像素，代码如下所示。

```
.w400px { /* 定义图像宽度 */
    width:600px;
}
```

在浏览器中预览，可以看到CSS的width属性会优先于HTML的width属性，如图5-2所示。

图5-2　定义图片大小

在使用时，有几个问题需要读者注意。

- 用HTML的width和height属性来定义图片大小存在很多局限性。一方面是因为它不符合结构和表现的分离原则；另一方面是使用标签属性定义图像大小只能够使用像素单位（可以省略），而使用CSS属性可以自由选择任何相对单位和绝对单位。在设计图像大小随包含框宽度而变化时，使用百分比非常有效 。
- 当图像大小取值为百分比时，浏览器将根据图像包含框的宽和高进行计算。

- 若仅为图像定义宽度或高度，则浏览器能够自动调整纵横比，使宽和高能够协调缩放，避免图像变形。如果同时为图像定义宽和高，则浏览器能够根据显式定义的宽和高来解析图像。

5.2.2 定义图片边框

在默认状态下，网页中的图片是不显示边框的，但为图像定义超链接时会自动显示2～3像素宽的蓝色粗边框。例如，输入下面一行代码，然后在浏览器中预览效果。

```
<a href="#"><img src="images/login.gif" alt="登录" /></a>
```

HTML为<img>标签定义border属性，使用该属性可以设置图片边框的粗细，当设置为0时，则清除边框。例如，输入下面一行代码，然后在浏览器中预览效果。

```
<a href="#"><img src="images/login.gif" alt="登录" border="0" /></a>
```

HTML的border属性不是XHTML推荐的属性，不建议使用，使用CSS的border属性会更恰当。CSS的border属性不仅可以为图像定义边框，也可以为任意HTML元素定义边框，且提供丰富的边框样式，同时能够定义边框的粗细、颜色和样式，读者应养成使用CSS的border属性定义元素边框的习惯。下面分别讲解边框样式、颜色和粗细的设置方法。

1. 边框样式

CSS使用border-style属性来定义对象的边框样式，这种边框样式包括两种，虚线框和实线框。该属性的用法如下。

```
border-style : none | hidden | dotted | dashed | solid | double | groove | ridge | inset | outset
```

该属性取值众多，属性值说明如表5-1所示。

表5-1 边框样式类型

属性值	边框样式类型
none	默认值，无边框，不受任何指定的border-width值影响
dotted	点线
dashed	虚线
solid	实线
double	双实线
groove	3D凹槽
ridge	3D凸槽
inset	3D凹边
outset	3D凸边

常用边框样式包括solid（实线）、dotted（点）和dashed（虚线）。dotted（点）和dashed（虚线）这两种样式效果略有不同，而且在不同浏览器中的解析效果也略有差异。

【随堂练习】

步骤1 新建一个网页，保存为test.html，在<body>内使用<img>标签插入两幅相同的图片，代码如下所示。

```
<div><img class="dotted" src="images/2.jpg" alt="点线边框" />
    <h2>点线边框</h2>
</div>
<div><img class="dashed" src="images/2.jpg" alt="虚线边框" />
    <h2>虚线边框</h2>
</div>
```

步骤2 在<head>标签内添加<style type="text/css">标签，定义一个内部样式表，然后输入下面的代码，定义两个类样式，用来设计图片边框效果，代码如下所示。

```
div {
    float:left;
    text-align:center;
    margin:12px;
}
img {
    width:250px;                /* 固定图像显示大小 */
    border-width:10px;          /* 定义图片边框宽度 */
}
.dotted { /* 点线框样式类 */
    border-style:dotted;
}
.dashed { /* 虚线框样式类 */
    border-style:dashed;
}
```

在浏览器中预览，可以比较虚线和点线的效果，如图5-3所示。

当单独定义对象的某边边框样式时，可以使用单边边框属性：border-top-style（顶部边框样式）、border-right-style（右侧边框样式）、border-bottom-style（底部边框样式）和border-left-style（左侧边框样式）。

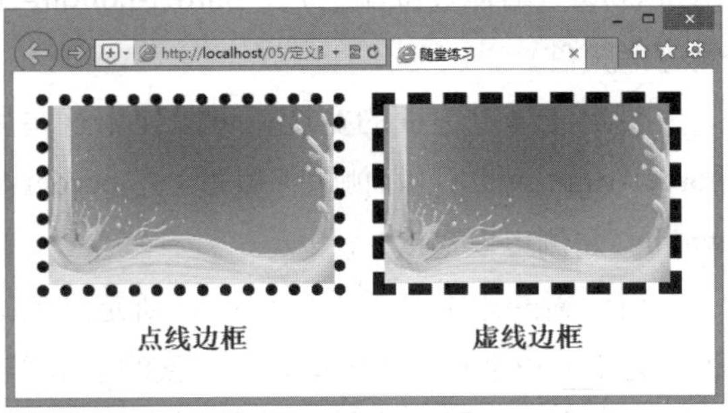

图5-3　比较边框样式效果

【拓展练习】

双线边框的宽度是两条单线与其间隔空隙的和，即border-width属性值，但是双线框的值分配会存在一些矛盾，无法做到平均分配。例如，如果边框宽度为3px，则两条单线与其间空隙分别为1px；如果边框宽度为4px，则外侧单线为2px，内侧和中间空隙分别为1px；如果边框宽度为5px，则两条单线宽度为2px，中间空隙为1px，其他取值依此类推。

步骤1 新建一个网页，保存为test.html，在<body>内使用<img>标签插入一幅图片，代码如下所示。

```
<img src="images/3.jpg" />
```

步骤2 在<head>标签内添加<style type="text/css">标签，定义一个内部样式表，然后输入下面的样式代码，分别定义每边边框的粗细，以便比较边框设置为双线边框后，随着边框宽度的变化，内外侧边线和中间空隙的比例关系也发生变化，代码如下所示。

```
img {
    width:400px;/* 固定图像显示大小 */
    border-style:double;
    border-top-width:30px;
    border-bottom-width:40px;
    border-right-width:50px;
    border-left-width:60px;
}
```

在浏览器中预览，可以看到双线边框粗细变化的效果，如图5-4所示。

图5-4　双线边框粗细变化

2. 边框颜色和宽度

CSS提供了border-color属性定义边框的颜色，颜色取值可以是任何有效的颜色表示法。同时CSS使用border-width属性定义边框的粗细，取值可以是任何长度单位，但是不能取负值。

要定义单边边框的颜色，可以使用这些属性：border-top-color（顶部边框颜色）、border-right-color（右侧边框颜色）、border-bottom-color（底部边框颜色）和border-left-color（左侧边框颜色）。

要定义单边边框的宽度，可以使用这些属性：border-top-width（顶部边框宽度）、border-right-width（右侧边框宽度）、border-bottom-width（底部边框宽度）和border-left-width（左侧边框宽度）。

当元素的边框样式为none时，所定义的边框颜色和边框宽度都会无效。在默认状态下，元素的边框样式为none，而元素的边框宽度默认为2～3像素。

CSS为方便用户控制元素的边框样式，提供了众多属性，这些属性从不同方位和不同类型定义元素的边框。例如，使用border-style属性快速定义各边样式，使用border-color属性快速定义各边颜色，使用border-width属性快速定义各边宽度。这些属性在取值时，各边值的顺序是顶部、右侧、底部和左侧，各边值之间以空格进行分隔。

【随堂练习】

步骤1 新建一个网页，保存为test.html，在<body>内使用<img>标签插入一幅图片，代码如下所示。

```
<img src="images/1.jpg" />
```

步骤2 在<head>标签内添加<style type="text/css">标签，定义一个内部样式表，然后输入下面的样式代码，分别定义每边边框的颜色，代码如下所示。

```
img {
    width:400px;                /* 宽度 */
    border:solid red 60px;      /* 统一定义各边样式：实线框、红色、60 像素宽
度 */
    border-color:red blue green yellow;    /* 顶边红色、右边蓝色、底边绿
色、左边黄色 */
}
```

在浏览器中预览显示效果，如图5-5所示。

图5-5　定义各边边框颜色的效果

【拓展练习】

步骤1 配合使用复合属性自由定义各边样式，以上面的练习为例分别使用border-style、border-color和border-width属性重新定义图片各边边框的样式，代码如下所示。其预览效果是完全相同的，如图5-5所示。

```
img {
    width:400px;                               /* 宽度 */
    border-style:solid;
    border-width:60px;
    border-color:red blue green yellow;    /* 顶边红色、右边蓝色、底边绿
色、左边黄色 */
}
```

步骤2 如果各边边框相同，使用border属性直接定义会更加便捷。例如，定义图片各边边框为红色实线框，宽度为20像素，代码如下所示。

```
div {
    width:400px;                    /* 宽度 */
    border:solid 20px red;          /* 边框样式 */
}
```

border属性中的三个值分别表示边框样式、边框宽度和边框颜色，值的位置没有先后顺序，可以自由排列。

5.2.3 定义图片透明度

CSS3以前的版本没有定义图像透明度的标准属性，不过各个主要浏览器都自定义了专有透明属性。下面简单地说明一下。

- IE浏览器

IE浏览器使用CSS滤镜来定义透明度，属性用法如下所示。

```
filter:alpha(opacity=0~100);
```

“alpha()”函数取值范围在0~100之间，数值越低透明度就越高，0为完全透明，100表示完全不透明。

- FF浏览器

FF浏览器定义了“-moz-opacity”私有属性，该属性可以设计透明效果，属性用法如下所示。

```
-moz-opacity:0~1;
```

该属性取值范围在0～1之间，数值越低透明度就越高，0为完全透明，1表示完全不透明。

- W3C标准属性

W3C在CSS 3版本中增加了定义透明度的opacity属性，属性用法如下所示。

```
opacity: 0~ 1;
```

该属性取值范围在0～1之间，数值越低透明度就越高，0为完全透明，1表示完全不透明。

由于早期的IE浏览器不支持标准属性，因此当需要定义图片透明度时，需要利用浏览器兼容性技术把这几个属性同时放在一个声明中，这样就可以实现在不同浏览器中都能够正确地显示效果。

【随堂练习】

步骤❶ 新建一个网页，保存为test.html，在<body>内使用<img>标签插入两幅图片，以便进行比较，代码如下所示。

```
<div><img src="images/1.jpg" alt="图像透明度" />
    <h2>原图</h2>
</div>
<div><img class="opacity" src="images/1.jpg" alt="图像透明度" />
    <h2>半透明效果</h2>
</div>
```

步骤❷ 在<head>标签内添加<style type="text/css">标签，定义一个内部样式表，然后输入下面的样式代码，设计网页中的一幅图片为半透明状态，代码如下所示。

```
div {
```

```
        float:left;
        text-align:center;
        margin:12px;
    }
    img { width:400px;}
    .opacity {/* 透明度样式类 */
        opacity: 0.5;                          /* 兼容标准浏览器 */
        filter:alpha(opacity=50);              /* 兼容 IE 浏览器 */
        -moz-opacity:0.5;                      /* 兼容 FF 浏览器 */
    }
```

在浏览器中预览显示效果，如图5-6所示。

图5-6　定义图片半透明效果

5.2.4　定义图片对齐方式

img是行内元素，它与文本一样都可以在行内流动显示，不过图像都有大小，可以临时撑起单行文本高度，而没有改变行高，如图5-7所示。

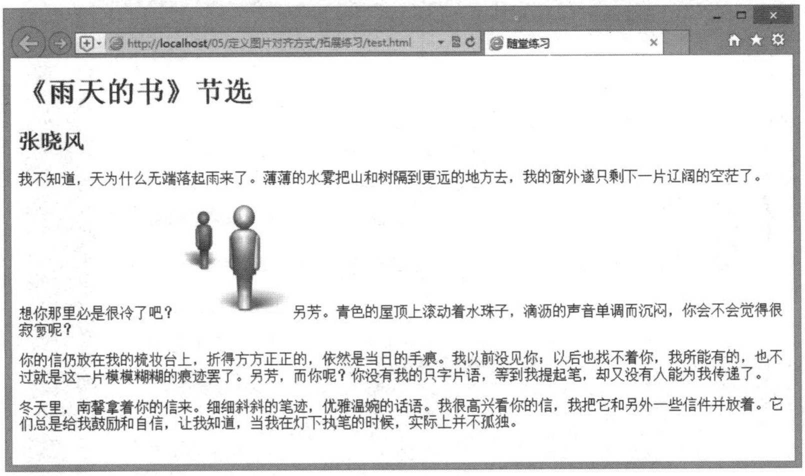

图5-7　文本行中的图像

图像能够设计水平对齐和垂直对齐样式，实现方法可以使用HTML属性，也可以使用CSS属性。CSS的text-align（水平对齐）和vertical-align（垂直对齐）属性在前面章节中已经介绍，这里就不再重复，下面重点介绍HTML的图片对齐属性。

<img>标签包含一个align属性，利用这个属性能够使图像真正脱离文本行，实现左右、上下方向的对齐显示。align属性包含众多取值，有baseline（基线）、top（顶端）、middle（居中）、bottom（底部）、texttop（文本上方）、absmiddle（绝对居中）、absbottom（绝对底部）、left（左对齐）和right（右对齐）。

【随堂练习】

步骤❶ 启动Dreamweaver，新建一个网页，保存为test.html，在<body>内使用<img>标签插入一幅图片，并把这幅图片混排在文本行中，代码如下所示。

```
<h1>《雨天的书》节选</h1>
<h2>张晓风</h2>
<p>我不知道，天为什么无端落起雨来了。薄薄的水雾把山和树隔到更远的地方去，我的窗外遂只剩下一片辽阔的空茫了。</p>
<p>想你那里必是很冷了吧？<img src="images/bg_png.png" />另芳。青色的屋顶上滚动着水珠子，滴沥的声音单调而沉闷，你会不会觉得很寂寥呢？</p>
<p>你的信仍放在我的梳妆台上，折得方方正正的，依然是当日的手痕。我以前没见你；以后也找不着你，我所能有的，也不过就是这一片模模糊糊的痕迹罢了。另芳，而你呢？你没有我的只字片语，等到我提起笔，却又没有人能为我传递了。</p>
<p>冬天里，南馨拿着你的信来。细细斜斜的笔迹，优雅温婉的话语。我很高兴看你的信，我把它和另外一些信件并放着。它们总是给我鼓励和自信，让我知道，当我在灯下执笔的时候，实际上并不孤独。</p>
```

步骤❷ 在“设计”视图中选中图片，然后在“属性”面板中设置“对齐（A）”选项值为“左对齐”，如图5-8所示。

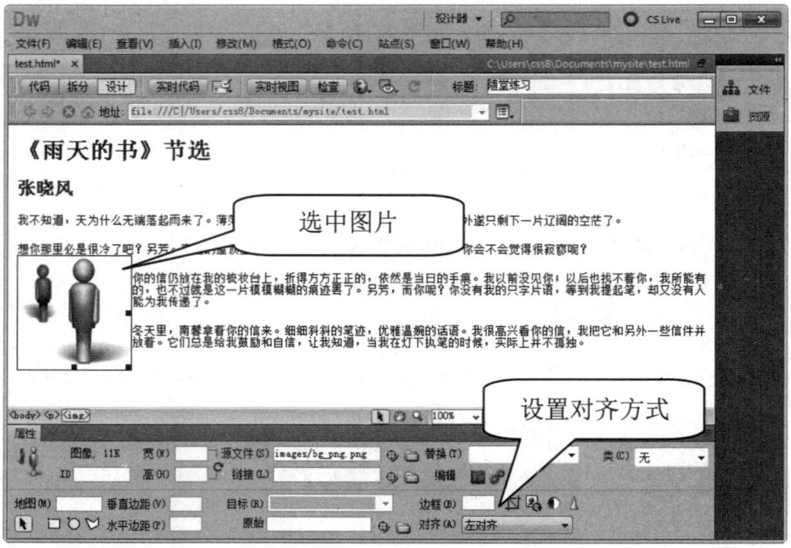

图5-8　设置图片的对齐方式

【拓展练习】

针对随堂练习示例效果，读者也可以使用CSS属性进行设计，这里主要使用CSS的float属性，该属性能够让元素左右浮动显示。

步骤❶ 在<head>标签内添加<style type="text/css">标签，定义一个内部样式表，然后设计一个向左浮动的类样式，代码如下所示。

```
.left { /* 定义向左浮动类样式 */
    float:left;
}
```

步骤❷ 在嵌入的图片标签中应用该类样式，代码如下所示。

```
<img src="images/bg_png.png" class="left" />
```

在浏览器中预览显示效果，如图5-9所示。

图5-9 定义图片浮动显示

5.3 控制背景图片

背景样式主要包括背景颜色和背景图像。在传统布局中，一般使用HTML的background属性为<body>、<table>和<td>等几个少数的标签定义背景图像，使用HTML的bgcolor属性为它们定义背景颜色。在标准设计中，CSS允许使用background属性为所有的元素定义背景颜色和背景图像。

5.3.1 定义背景颜色

CSS使用background-color定义元素的背景颜色，当然也可以使用background属性定义。background-color属性的用法如下。

```
background-color : transparent | color
```

其中，transparent属性值表示背景色透明，该属性值为默认值。color表示指定颜色，为任意合法的颜色值。例如，设计网页背景色为灰色，则可以设计如下样式，代码如下所示。

```
body{
    background-color:gray;
}
```

使用CSS的background属性修改上面的样式，代码如下所示。

```
body{
    background:gray;
}
```

5.3.2 定义背景图像

在CSS中可以使用background-image属性来定义背景图像，具体用法如下。

```
background-image : none | url ( url )
```

其中，none表示没有背景图像，该值为默认值，url (url)可以使用绝对或相对地址，url地址指定背景图像所在的路径。

URL所导入的图像可以是任意类型，但是符合网页显示的格式一般为GIF、JPG和PNG，这些类型的图像各有自己的优点和缺陷，可以酌情选用。例如，GIF格式图像具备设计动画、透明背景和图像小巧等优点； JPG格式图像具有更丰富的颜色数，图像品质相对要好；PNG类型综合了GIF和JPG两种图像的优点，缺点就是占用空间相对要大。

【随堂练习】

步骤❶ 新建一个网页，保存为test.html，在<body>内使用<p>标签插入一段文字，以便进行比较观察，代码如下所示。

```
<p> 段落行背景图像 </p>
```

步骤❷ 在<head>标签内添加<style type="text/css">标签，定义一个内部样式表，然后输入下面的样式代码，分别为网页和段落文本定义背景图像，代码如下所示。

```
body {background-image:url(images/bg.jpg);}  /* 网页背景图像 */
p {/* 段落样式 */
    background-image:url(images/png1.png);   /* 透明的 PNG 背景图像 */
    height:120px;              /* 高度 */
    width:384px;               /* 宽度 */
}
```

在浏览器中预览显示效果，如图5-10所示。

提 示

如果透明的GIF或PNG格式图像被设置为元素的背景图像时，这些透明区域依然被保留。对于IE 6及以下版本的浏览器来说，由于不支持PNG格式的透明效果，需要使用IE滤镜进行兼容性处理。

图5-10　定义背景图像

5.3.3　定义背景图像显示方式

CSS使用background-repeat属性专门控制背景图像的显示方式，具体用法如下。

```
background-repeat : repeat | no-repeat | repeat-x | repeat-y
```

其中repeat表示背景图像在纵向和横向上平铺，该值为默认值，no-repeat表示背景图像不平铺，repeat-x表示背景图像仅在横向上平铺，repeat-y表示背景图像仅在纵向上平铺。

【随堂练习】

步骤1 新建一个网页，保存为test.html，在<body>内使用<div>标签定义四个盒子，以便进行比较观察，代码如下所示。

```
<div id="box1">完全平铺</div>
<div id="box2">x轴平铺</div>
<div id="box3">y轴平铺</div>
<div id="box4">不平铺</div>
```

步骤2 在<head>标签内添加<style type="text/css">标签，定义一个内部样式表，然后输入下面的样式代码，分别为四个盒子定义不同的背景图像平铺显示，代码如下所示。

```
div {/* 定义盒子的公共样式 */
    background-image:url(images/png1.png);         /* 背景图像 */
    width:380px;                                   /* 宽度 */
    height:160px;                                  /* 高度 */
    border:solid 1px red;                          /* 定义边框 */
    margin:2px;                                    /* 定义边界 */
    float:left;                                    /* 向左浮动显示 */
}
#box1 {background-repeat:repeat;}                  /* 完全平铺 */
#box2 {background-repeat:repeat-x;}                /* x轴平铺 */
#box3 {background-repeat:repeat-y;}                /* y轴平铺 */
#box4 {background-repeat:no-repeat;}               /*不平铺 */
```

在浏览器中预览，显示效果如图5-11所示。

图5-11　控制背景图像显示方式的效果比较

> **提 示**
>
> 这些背景图像的显示方式对于设计网页栏目的装饰性效果具有非常重要的价值。很多栏目就是借助背景图像的单向平铺来设计栏目的艺术边框效果的。

5.3.4　定义背景图像显示位置

在默认情况下，背景图像显示在元素的左上角，并根据不同方式执行不同的显示效果。为了更好地控制背景图像的显示位置，CSS定义了background-position属性来精确定位背景图像，代码如下所示。

```
background-position : length || length
background-position : position || position
```

其中，length表示百分数，或者由浮点数字和单位标识符组成的长度值。top、center、bottom和left、center、 right表示背景图像的特殊对齐方式，分别表示在y轴方向上顶部对齐、中间对齐和底部对齐，以及在x轴方向上左侧对齐、居中对齐和右侧对齐。

【随堂练习】

步骤1 新建一个网页，保存为test.html，在<body>内使用<div>标签定义一个盒子，代码如下所示。

```
<div id="box"></div>
```

步骤2 在<head>标签内添加<style type="text/css">标签，定义一个内部样式表，然后输入下面的样式代码，在盒子的中央显示一幅背景图像，代码如下所示。

```
#box {/* 盒子的样式 */
    background-image:url(images/png1.png);          /* 定义背景图像 */
    background-repeat:no-repeat;                    /* 禁止平铺 */
    background-position:50% 50%;                    /* 定位背景图像 */
    width:510px;                                    /* 宽度 */
    height:260px;                                   /* 高度 */
```

```
    border:solid 1px red;                          /* 边框 */
}
```

在浏览器中预览显示效果，如图5-12所示。

注意，在使用background-position属性之前，应该使用background-image属性定义背景图像，否则background-position的属性值是无效的。在默认状态下，背景图像的定位值为（0% 0%），所以用户总会看见背景图像位于定位元素的左上角。

图5-12　定义背景图像居中显示

提 示

精确定位与百分比定位的定位点是不同的。对于精确定位来说，它的定位点始终是背景图像的左上顶点，其中em取值是根据包含框的字体大小来计算的，如果没有定义字体，则将根据继承来的字体大小进行计算。

【拓展练习1】

百分比是最灵活的定位方式，同时也是最难把握的定位单位。说其难主要在于定位距离是变化的，同时其定位点也是变化的。为了能更直观地说清楚这个问题，下面结合示例进行讲解。

步骤1 使用Photoshop设计一个100×100px的背景图像，如图5-13所示。

步骤2 新建一个网页，保存为test.html，在<body>内使用<div>标签定义一个盒子，代码如下所示。

图5-13　设计背景图像

```
<div id=" box" ></div>
```

步骤3 在<head>标签内添加<style type="text/css">标签，定义一个内部样式表，然后输入下面的样式代码。设计在一个400×400px的方形盒子中，定位一个100×100px的背景图像，初始显示效果如图5-14所示。在默认状态下，定位的位置为（0% 0%），通过观察示例效果图可以发现定位点是背景图像的左上顶点，定位距离是该点到包含框左上角顶点的距离，即两点重合，代码如下所示。

```
body {/* 清除页边距 */
    margin:0;                                    /* 边界为0 */
    padding:0;                                   /* 补白为0 */
}
```

```
div {/* 盒子的样式 */
    background-image:url(images/grid.gif);        /* 背景图像 */
    background-repeat:no-repeat;                  /* 禁止背景图像平铺 */
    width:400px;                                  /* 盒子宽度 */
    height:400px;                                 /* 盒子高度 */
    border:solid 1px red;                         /* 盒子边框 */
}
```

步骤4 修改背景图像的定位位置，定位背景图像为（100% 100%），则显示效果如图5-15所示。通过观察示例效果图可以发现定位点是背景图像的右下顶点，定位距离是该点到包含框左上角顶点的距离，这个距离等于包含框的宽度和高度。换句话说，当百分比值发生变化时，定位点也在以背景图像左上顶点为参考点不断变化，同时定位距离也根据百分比与包含框的宽和高进行计算得到一个动态值，代码如下所示。

```
#box {/* 定位背景图像的位置 */
    background-position:100% 100%;
}
```

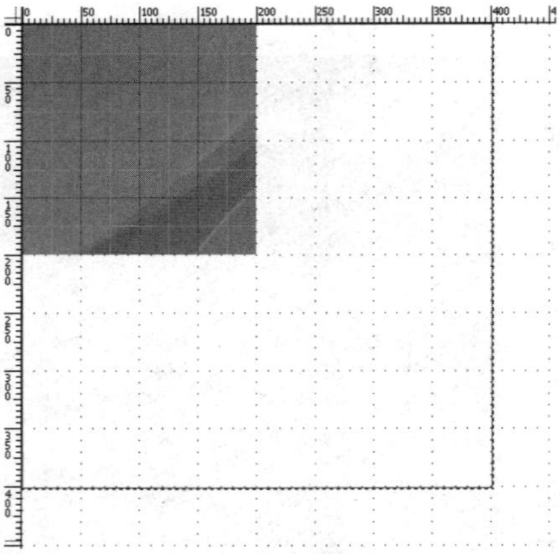

图5-14 (0% 0%)定位效果

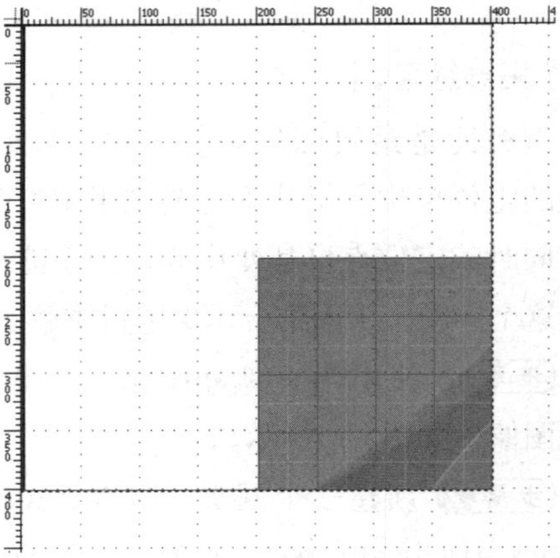

图5-15 (100% 100%)定位效果

步骤5 定位背景图像为（50% 50%），显示效果如图5-16所示。通过观察示例效果图可以发现定位点是背景图像的中点，定位距离是该点到包含框左上角顶点的距离，这个距离等于包含框的宽度和高度的一半，代码如下所示。

```
#box {/* 定位背景图像的位置 */
    background-position:50% 50%;
}
```

步骤6 定位背景图像为（75% 25%），显示效果如图5-17所示。通过观察示例效果图可以发现定位点是以背景图像的左上顶点为参考点（75% 25%）的位置，即图中的圆圈处。通过观察示例效果图还可以发现定位距离是该点到包含框左上角顶点的距离，这个距离等于包含框宽度的75%和高度的25%，代码如下所示。

```
#box {/* 定位背景图像的位置 */
    background-position:75% 25%;
}
```

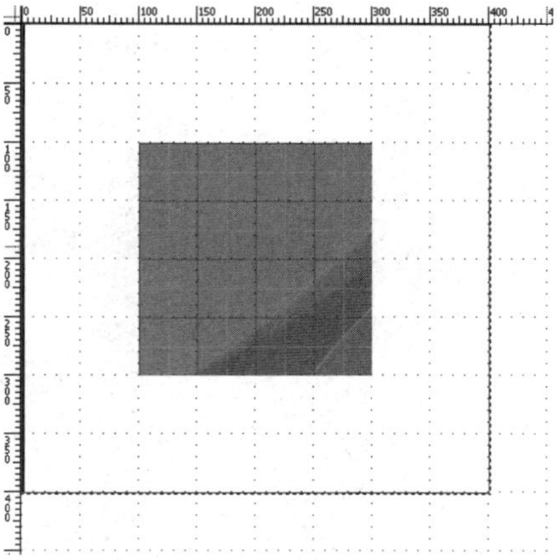

图5-16　(50% 50%)定位效果

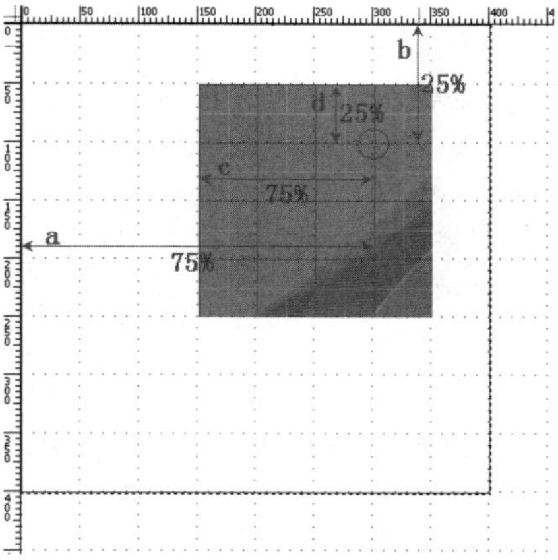

图5-17　(75% 25%)定位效果

步骤7 百分比也可以取负值，负值的定位点是包含框的左上顶点，而定位距离则以图像自身的宽和高度来决定。例如，如果定位背景图像为（-75% -25%），则显示效果如图5-18所示。其中，背景图像在宽度上向左边框隐藏了自身宽度的75%，在高度上向顶边框隐藏了自身高度的25%，代码如下所示。

```
#box {/* 定位背景图像的位置 */
    background-position:-75% -25%;
}
```

步骤8 同样的道理，如果定位背景图像为（-25% -25%），则显示效果如图5-19所示。其中，背景图像在宽度上向左边框隐藏了自身宽度的25%，在高度上向顶边框隐藏了自身高度的25%，代码如下所示。

```
#box {/* 定位背景图像的位置 */
    background-position:-25% -25%;
}
```

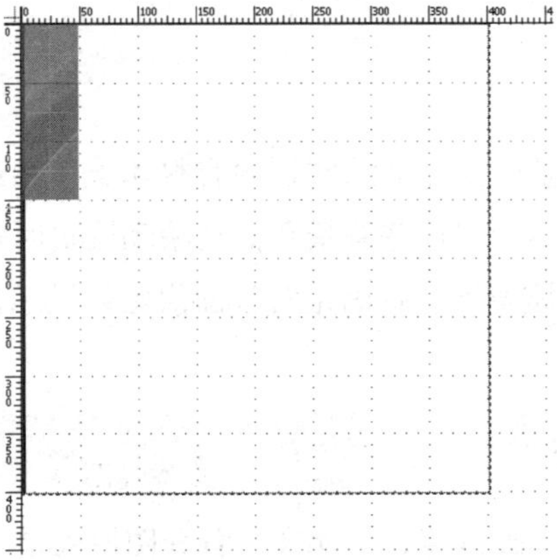

图5-18　(-75% -25%)定位效果

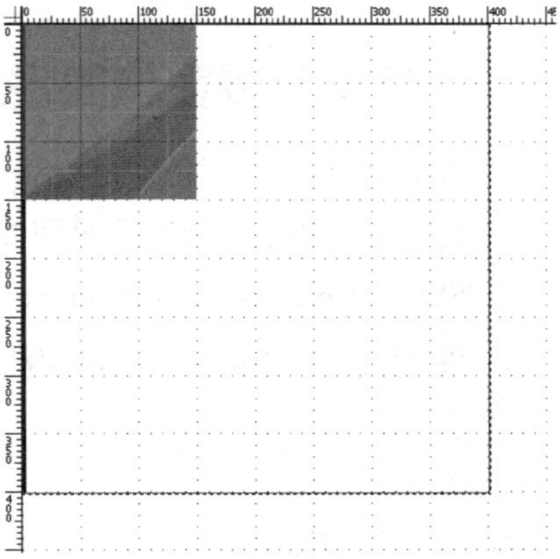

图5-19　(-25% -25%)定位效果

【拓展练习2】

background-position属性提供了五个关键字，left、right、center、top和bottom。这些关键字实际上就是百分比特殊值的一种固定用法，具体说明如下所示。

```
/* 普通用法 */
top left、left top                              = 0% 0%
right top、top right                            = 100% 0%
bottom left、left bottom                        = 0% 100%
bottom right、right bottom                      = 100% 100%
/* 居中用法 */
center、center center                           = 50% 50%
/* 特殊用法 */
top、top center、center top                     = 50% 0%
left、left center、center left                  = 0% 50%
right、right center、center right               = 100% 50%
bottom、bottom center、center bottom            = 50% 100%
```

通过上面的取值列表及其对应的百分比值可以看到，对于关键字来说是不分先后顺序的，浏览器能够根据关键字的语义判断出它将作用的方向。

例如，在上面示例的基础上，定义背景图像定位为（center left），代码如下所示。显示效果如图5-20所示，由此可见，即使调整关键字的顺序，显示效果依然是相同的。

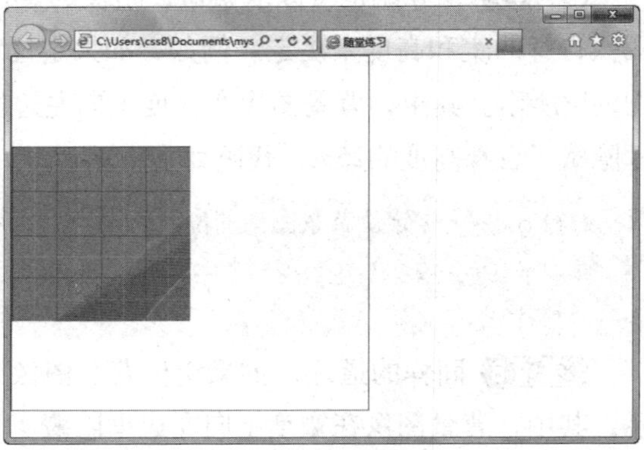

图5-20　(center left)定位效果

```
#box {
    background-position:center left;
}
```

5.3.5　定义背景图像固定显示

一般，当用户定位了背景图像之后，这些背景图像能够随网页内容整体上下滚动。如果定义水印或者窗口背景等特殊背景图像，自然不希望这些背景图像在滚动网页时轻易消失。为此CSS定义了background-attachment属性，该属性能够固定背景图像始终显示在浏览器窗口中的某个位置，该属性的具体用法如下。

```
background-attachment : scroll | fixed
```

scroll表示背景图像是随对象内容滚动，该值为默认值，fixed表示背景图像固定。

【随堂练习】

步骤1 新建一个网页，保存为test.html，在<body>内使用<div>标签定义一个盒子，代码如下所示。

```
<div id="box"></div>
```

步骤2 在<head>标签内添加<style type="text/css">标签，定义一个内部样式表，然后输入下面的样式代码。定义网页背景，并把它固定在浏览器的中央，然后把body元素的高度定义为大于屏幕的高度，强迫显示滚动条，代码如下所示。

```
body {/* 固定网页背景 */
    background-image:url(images/bg1.jpg);      /* 定义背景图像 */
    background-repeat:no-repeat;               /* 禁止平铺显示 */
    background-attachment:fixed;               /* 固定显示 */
    background-position:left center;           /* 定位背景图像的位置 */
    height:1000px;                             /* 定义网页内容高度 */
}
div {/* 盒子的样式 */
    background-image:url(images/grid.gif);     /* 背景图像 */
    background-repeat:no-repeat;               /* 禁止背景图像平铺 */
    background-position:center left;
    width:400px;                               /* 盒子宽度 */
    height:400px;                              /* 盒子高度 */
    border:solid 1px red;                      /* 盒子边框 */
}
```

在浏览器中预览显示效果，拖动滚动条可以看到网页背景图像始终显示在窗口的中央位置，如图5-21所示。

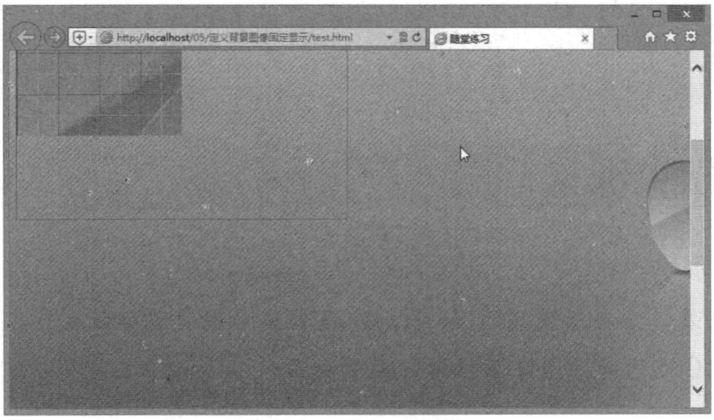

图5-21　定义背景图像显示

【拓展练习】

通过上面的示例可以看出，定义背景图像需要定义多个属性，这是一件很烦琐的操作，为此CSS提供了一个background属性，使用这个复合属性可以在一个属性中定义所有相关的值。例如，把上面示例中的四个与背景图像相关的声明合并为一个声明，代码如下所示。

```
body {/* 固定网页背景 */
    background:url(images/bg2.jpg) no-repeat fixed left center;
    height:1000px;
}
```

上面各个属性值不分先后顺序，且可以自由定义，不需要指定每一个属性值。另外，该复合属性还可以同时指定颜色值，这样当背景图像没有完全覆盖所有区域或者背景图像失效时（找不到路径），会自动显示指定颜色。

例如，定义如下背景图像和背景颜色，代码如下所示，显示效果如图5-22所示。

图5-22　同时定义背景图像和背景颜色

```
body {/* 同时定义背景图像和背景颜色 */
    background: #CCCC99 url(images/png-1.png);
}
```

但是，如果把背景图像和背景颜色分开声明，则无法同时在网页中显示。例如，在下面示例中，后面的声明值将覆盖前面的声明值，所以无法同时显示背景图像和背景颜色，代码如下所示。

```
body {/* 定义网页背景色和背景图像 */
    background:#CCCC99;
    background:url(images/png-1.png) no-repeat;
}
```

5.4 综合实训

本章集训目标

- 在理解的基础上灵活使用CSS、HTML属性设计图文混排版式。
- 综合使用CSS的背景图像属性设计网页效果。

实训1：设计项目图标

实训说明

CSS Sprites表示CSS图像拼合或者CSS贴图定位，它是将许多过小的图片组合在一起，使用CSS背景图像属性来控制图片的显示位置和方式。当页面加载时，不是加载每个单独的图片，而是一次加载整个组合图片。这大大减少了HTTP请求的次数，减轻了服务器的压力，同时缩短了悬停加载图片所需要的时间，使效果更流畅，不会卡顿。

CSS Sprites可以用在很多场合，大型网站可以将许多单独的图片以有机的方式组合起来，从而使其便于维护和更新。图片之间通常会留出较大的空白，使得图片不会影响网页的内容。CSS Sprite多使用于较固定的像素定位中，它的弹性较差，受到定位等因素的制约。

CSS Sprites常用来合并频繁使用的图形元素，如导航、LOGO、分割线、RSS图标、按钮等。通常涉及内容的图片并不是每个页面都一样，但从网络中读取了该背景图片之后，后期调用该图片将从浏览器的缓存中直接读取，避免了再次对服务器请求下载该背景图片。

在实际运用中并不是随意将图片合并，而是根据网页中所出现的页面效果、图片的文件格式、图片的大小等诸多因素而定。

本案例的设计效果如图5-23所示。

图5-23　设计项目图标

主要训练技巧说明

- 使用CSS固定容器的宽度和高度。
- 超出容器宽度和高度部分的背景图片需要隐藏。
- 背景图片在合并时，需要考虑每个图片的用途。例如，苹果网站的导航是将文字隐藏，因此可以使图片之间不存在任何间距，而Yahoo网站的ICON图标旁边是有文字存在的，因此要在其图标之间留有空白，使最终出现的文字不会覆盖背景图。

设计步骤

步骤1 在Photoshop中设计图标，然后把它们合并到一幅图片中，在合并图标时，图标排列不要太密，适当分散，腾出部分空间添加文字，如图5-24所示。

注意，当需要使用CSS Sprite时，所用的背景图片肯定是由多张图片合并而成的。可以想象一下，当一张图片是由多张小图片合并而成，其排列的规律以及每个小图片所在的位置都应该具备一定的规律性，而且都是有一个坐标值的。图5-25所使用的图标列表中的排列是十分有规律的，每个图标之间的高度都以40px为基准，宽度以400px为基准。

图5-24　设计背景图像

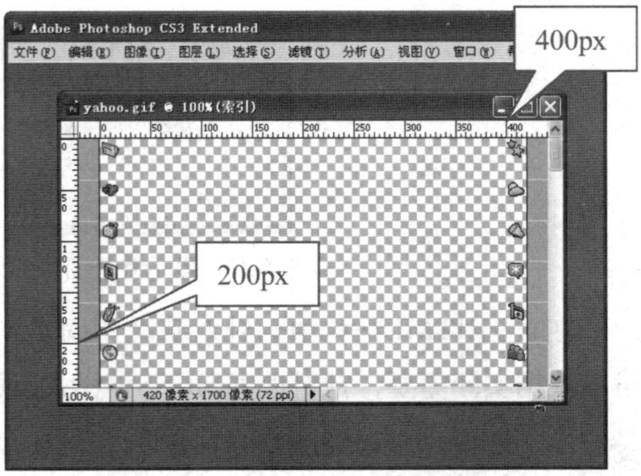

图5-25　组合图标时要注意规律

步骤2 构建网页结构。启动Dreamweaver，新建一个网页，保存为index.html，在<body>标签内输入如下结构代码。

```
<div class="ico_list">
    <h2>使用背景图像设计项目图标</h2>
    <div class="content">
        <ul>
            <li class="note">微博</li>
            <li class="earth">环球</li>
            <li class="group">群组</li>
        </ul>
    </div>
</div>
```

步骤3 在<head>标签内添加<style type="text/css">标签，定义一个内部样式表，然后输入下面的样式，代码如下所示。

```
.ico_list h2 {
    display:none;        /* 列表标题不需要在页面中显示，隐藏 */
}
.ico_list li {
    float:left;
    width:100px;
    height:20px;         /* 设置li的宽高值，并使其浮动 */
    overflow:hidden;     /* 设置超过li的宽高值时，隐藏内容以及背景图片 */
    list-style:none;     /* 消除li的默认样式 */
    text-indent:20px;            /* 设置li中内容缩进20px */
    background:url(images/yahoo.gif) no-repeat 0 0;
                                 /* 设置li的背景图片 */
}
```

步骤4 通过浏览器浏览页面效果，将发现图5-26所示的效果基本上满足了所有列表<li>标签中显示有背景图片的效果，但背景图片显示的都是相同的图标。

图5-26 显示背景图片的列表<li>标签的页面效果

在页面HTML结构中，针对每个不同类别的列表<li>标签设计不同的类样式，此时就可以根据实际需要，针对性书写CSS类样式以设计特定页面效果，代码如下所示。

```
.ico_list li.note {
    background-position:-400px -520px;
```

```
}
.ico_list li.earth {
    background-position:0 -200px;
}
.ico_list li.group {
    background-position:-400px -200px;
}
```

步骤5 添加部分CSS样式，利用背景定位（background-position）属性将背景图片的位置移位，最终页面效果如图5-23所示。

在CSS样式代码中设置的所有列表<li>标签都具有背景属性，此属性定位在左上角（0px 0px）。为了实现每个列表<li>标签对应的图标是不同的，针对每个不同的列表<li>标签写上不同的类名，并在CSS样式中修改其相对应的背景图片定位（background-position）属性，使之能与指定的图标相对应。

以类名为group的列表<li>标签中背景定位（background-position）的定位原则分析一下，可以看出，将其背景定位在(-400px -200px)时，显示的图标就是所需要的，代码如下所示。

```
.ico_list li.group {
    background-position:-400px -200px;
}
```

当需要使用CSS Sprite时，所用的背景图片肯定是由多张图片合并而成的。当一张图片由多张小图片合并而成，其排列的规律以及每个小图片所在的位置都应该具备一定的规律性，而且都是有一个坐标值的。

实训2：设计图文混排版式

实训说明

在网页中不仅只有用来修饰的背景图像，还有包含具体含义的。代表内容的图片，我们称之为内容图。内容图调用方式就不能够使用CSS的background-image属性，而应该使用HTML的<img>标签嵌入到文本段中。

图文混排一般多用于介绍性的正文内容部分或者新闻内容部分，处理的方式也很简单，文字是围绕在图片的一侧，或者一边，或者四周。本案例的设计效果如图5-27所示。

主要训练技巧说明

- 图文混排版式一般情况下不是在页面设计制作过程中实现的，而是在后期网站发布后通过网站的新闻发布系统进行自动发布，这样的内容发布模式对于图片的大小、段落文本排版都是属于不可控的范围，因此要考虑到图与文不规则的问题。
- 使用绝对定位方式后，图片将脱离文档流，成为页面中具有层叠效果的一个元素，将会覆盖文字，因此不建议使用绝对定位实现图文混排。

- 通过浮动设计图文混排是比较理想的方式，适当利用补白（padding）或者文字缩进（text-indent）的方式将图片与文字分开。

图5-27　设计图文混排版式

设计步骤

步骤❶ 启动Dreamweaver新建一个网页，保存为index.html，在<body>标签内输入如下结构代码。整个结构包含在<div class="pic_news">新闻框中，新闻框中包含三部分，第一部分是新闻标题，由<h1>、<h2>、<h3>标题标签控制；第二部分是新闻图片，由<div class="pic">图片框负责控制；第三部分是新闻正文部分，由<p>标签负责管理。

```
<div class="pic_news">
    <h1>英国百年前老报纸准确预测大事件 手机、高速火车赫然在列</h1>
    <h2>2017-08-05 08:34:49        来源：中国日报网</h2>
    <div class="pic"><img src="images/00000002.jpg" alt="" />
        <h3>金色的百年前老报纸</h3>
    </div>
    <p>家住英国普利茅斯的詹金斯夫妇近日在家中找到一个宝贝：一张发行于100多年前的《每日邮报》，它的价值不仅体现在年头久远，而且上面的内容竟然准确地预测出了100多年来发生的一些重大事件。 </p>
    <p>据英国《每日邮报》网站8月4日报道，这张使用金色油墨的报纸于1900年12月31日发行，是为庆祝20世纪降临而推出的纪念版。报纸上除了对此前一个世纪进行回顾外，还准确地预测了20世纪出现的航空、高速火车、移动电话以及英吉利海峡开通海底隧道等重大事件，而过去百年的变化可证明其预见性非比寻常。不过报纸上也存在略显牵强的内容，如英国港口城市加的夫的人口将超过伦敦、潜艇将成为度假出行的主要交通工具等。 </p>
    <p>谈及"淘宝"的过程，73岁的船厂退休工人詹金斯先生说："我在翻看橱柜里的材料时，在一些上世纪50年代的文献旁发现了这张报纸。"</p>
    <p>这张报纸是詹金斯夫人的祖父母在伦敦买的，然后留给了她的母亲阿梅莉亚，之后才传到第三代人的手中。詹金斯夫妇现正计划与历史学家分享他们的发现。■ </p>
</div>
```

步骤❷ 在<head>标签内添加<style type="text/css">标签，定义一个内部样式表，然后输入下面的样式代码，定义新闻框显示效果，代码如下所示。

```
.pic_news {
    width:900px; /* 控制内容区域的宽度，根据实际情况考虑，也可以不需要 */
}
```

步骤❸ 继续添加样式，设计新闻标题样式，其中包括三级标题，标题统一为居中显示对齐，一级标题字体大小为28像素，二级标题字体大小为14像素，三级标题大小为12像素，同时三级标题取消默认的上下边界样式，代码如下所示。

```
.pic_news h1 {
    text-align:center;
    font-size:28px;
}
.pic_news h2 {
    text-align:center;
    font-size:14px;
}
.pic_news h3 {
    text-align:center;
    font-size:12px;
    margin:0;
    padding:0;
}
```

步骤❹ 设计新闻图片框和图片样式，设计新闻图片框向左浮动，然后定义新闻图片大小固定，并适当拉开与环绕的文字之间的距离，代码如下所示。

```
.pic_news div {
    float:left;
    text-align:center;
}
.pic_news img {
    margin-right:1em;
    margin-bottom:1em;
    width:300px;
}
```

步骤❺ 设计段落文本样式，主要包括段落文本的首行缩进和行高效果，代码如下所示。

```
.pic_news p {
    line-height:1.8em;
    text-indent:2em;
}
```

简单的几句CSS样式代码就能实现图文混排的页面效果。其中重点内容就是将图片设置浮动，“float:left”就是将图片向左浮动。如果设置“float:right”后又将会是怎么样的一个效果呢，读者可以修改代码并在浏览器中查看页面效果。

实训3：设计博客主页

实训说明

本案例是一个博客主页，整体布局是一个三行两列式效果，如图5-28所示。三行区域包括头部标题和导航区域、主体区域和页脚版权信息区域。两列区域包括文章内容列和侧栏功能列。

在页面中主要用到五幅背景图像，这五幅背景图像分别用来设计网页背景、网页标题背景、导航栏背景、主体区域背景和版权信息栏背景。通过实例练习，读者能够真正体会到背景图像的设计技巧，以及背景图像各种显示方式的应用技巧。由于现在还没有学习到CSS的结构布局，所以对于页面的整体显示效果不做介绍。

图5-28　设计博客主页

主要训练技巧说明

- 使用CSS的background属性设计网页背景。
- 使用CSS的background属性设计栏目背景。
- 设计背景图像重叠显示。
- 使用CSS设计伪列布局效果。

设计步骤

步骤1 启动Dreamweaver，新建一个网页，保存为index.html，在<body>标签内输入如下结构代码。

```
<div class="top">
    <div class="header">
```

```
            <div id="logo">
                <h1><a href="#">博客标题</a></h1>
                <h2><a href="#" id="metamorph">副标题</a></h2>
            </div>
        </div>
    </div>
    <div class="container">
        <div class="navigation"> <a href="#">菜单1</a> <a href="#">菜单
2</a> <a href="#">菜单3</a>
            <div class="clear"></div>
        </div>
        <div class="main">
            <div class="content">
                <h1 class="title">文章标题</h1>
                <p class="descr"><small>发布时间</small></p>
                <p>文章内容</p>
                <h2>索引标题</h2>
                <p>索引说明</p>
                <ul>
                    <li><a href="#">列表1</a></li>
                    <li><a href="#">列表2</a></li>
                    <li><a href="#">列表3</a></li>
                </ul>
            </div>
            <div class="sidenav">
                <h2>侧栏标题</h2>
                <ul>
                    <li><a href="#">列表1</a></li>
                    <li><a href="#">列表2</a></li>
                    <li><a href="#">列表3</a></li>
                </ul>
            </div>
            <div class="clear"></div>
        </div>
        <div id="footer">
            <p>版权信息</p>
        </div>
    </div>
```

整个页面的HTML结构主要是由<div class="top">和<div class="container">两个并列的结构组成，其中<div class="top">块定义网页标题，而<div class="container">块是主体内容区域。同时在<div class="container">块中又由<div class="navigation">、<div class="main">和<div id="footer">三行并列的结构组成，其中<div class="navigation">子模块定义导航栏，<div class="main">子模块定义主体区域栏目，而<div id="footer">定义版权

信息栏。<div class="main">子模块中包含内容子栏目<div class="content">和侧栏导航<div class="sidenav">。

步骤❷ 在<head>标签内添加<style type="text/css">标签，定义一个内部样式表，然后输入样式代码，控制页面显示。网页布局部分就不再详细介绍，因为涉及到很多布局技巧，这些知识将在后面章节中介绍。下面重点介绍如何设计复杂的背景图像样式。

步骤❸ 定义网页背景图像。在该页面中，直接使用一个大图来定义网页背景。设置背景图像沿x轴方向平铺，同时使用关键字定位图像从浏览器窗口的左下角开始平铺。为了避免因为背景图像的丢失而影响页面显示效果，同时在background属性中定义一个接近蓝色的颜色（#069FFF）。这是一个大图，正好能够覆盖一个屏幕大小，所以不会出现多处平铺的现象，代码如下所示，显示效果如图5-29所示。

```
body {/* 定义网页背景图像 */
    background: #069FFF url(images/bg.jpg) repeat-x left bottom;
}
```

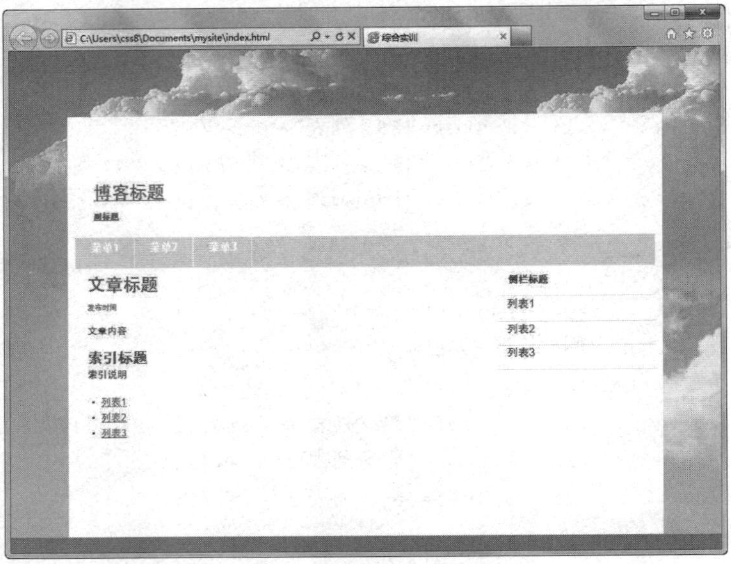

图5-29　铺设网页背景图像效果

步骤❹ 定义标题行的背景图像。首先，读者需要了解一个元素只能够定义一个背景图像，如果在一个区域内显示多重背景图像效果，则可以借助元素的结构嵌套，然后分别为不同元素定义背景图像，最后实现背景图像的重叠显示效果。很多设计师正是利用这个技巧设计了很多构思精巧的页面效果。

例如，栏目圆角显示正是借助四个嵌套的元素分别定义同一个区域的四个顶角的圆角背景图像来实现的。滑动门菜单正是利用两个嵌套元素分别定义菜单的左右两侧背景图像，从而实现犹如两扇推拉门的菜单效果。

在网页标题栏目中，为了避免网页背景与头部栏目背景重合，利用一个嵌套的元素为它们定义一个分隔区域。头部区域的背景图像是一个完整的背景图像，所以不要定义平铺显示，同时设置<div id="logo">标签大小与背景图像大小一致，这样能够恰当显示标题背景图像，代码如下所示，显示效果如图5-30所示。

```
    #logo {/* 标题栏目的背景图像 */
        width: 780px;                                    /* 固定宽度 */
        height: 150px;                                   /* 固定高度 */
        margin: 0 auto;                                  /* 居中显示 */
        background: url(images/header.jpg) no-repeat left top;    /* 背
景图像，禁止平铺 */
    }
```

图5-30　定义网页标题栏目的背景图像效果

步骤5 定义导航菜单的背景图像。由于导航栏目由多个菜单组成，故把背景图像定义到a元素上，并利用背景图像的水平平铺来设计整个栏目的效果，代码如下所示，显示效果如图5-31所示。

```
    .navigation {/* 定义导航栏目的背景图像 */
        background: #D9E1E5 url(images/menu.gif);    /* 背景图像，默认自动
平铺 */
        border: 1px solid #DFEEF7;       /* 定义边框线，为背景图像镶个框 */
        height: 41px;                    /* 固定高度，该高度等于背景图像的高度 */
    }
    .navigation a {/* 定义菜单的背景图像 */
        background: #D9E1E5 url(images/menu.gif);
                                              /* 背景图像，默认自动平铺 */
        border-right: 1px solid #ffffff;      /* 定义右边框线，为菜单之间
    定义分隔线 */
        display: block;                  /* 定义超链接块状显示 */
        float: left;                     /* 浮动块，以实现并列显示 */
        line-height: 41px;               /* 定义行高，间接实现垂直居中 */
        padding: 0 20px;
    }
```

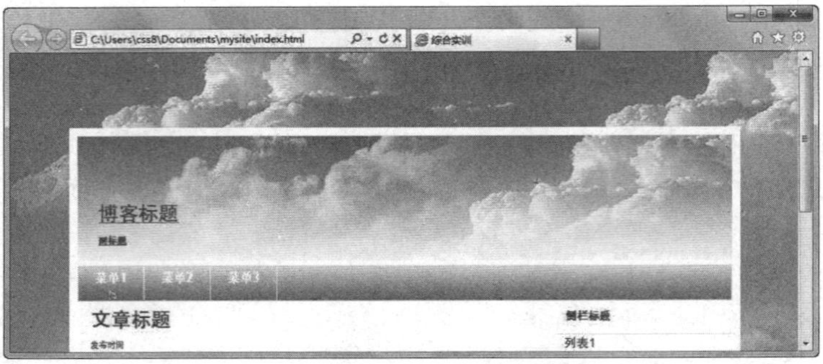

图5-31　定义导航栏栏目的背景图像效果

步骤6 主要内容区域由两列组成，而这里正是利用背景图像来实现分栏效果，这种方法也被称为伪列布局，意思就是两列之间实际上就是一列，通过背景图像的显示效果来区分不同的列，代码如下所示，显示效果如图5-32所示。

```
.main {/* 主体区域的伪列布局 */
    border-top: 4px solid #FFF;           /* 定义一个顶部边框 */
    background: url(images/bgmain.gif) repeat-y;
                                          /* 定义背景图像垂直平铺 */
}
```

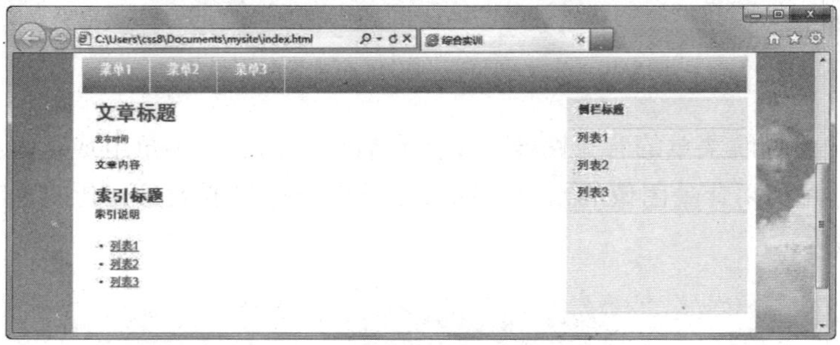

图5-32　定义主体区域的背景图像效果

定义伪列布局时应该注意三个问题。

- 伪列布局适合用在宽度固定的页面中，因为伪列布局的背景图像宽度是固定的。
- 伪列布局的背景图像应该拥有明显的栏目分隔标记，当背景图像垂直平铺时，才可以模拟出多个栏目的效果。
- 伪列布局的背景图像只能够定义在栏目的外包含框中，包含框内部可以包含多个子栏目，每个子栏目的宽度应该与对应背景的分列宽度相一致。

步骤7 定义页脚区域的版权信息栏目的背景图像。该栏目的背景图像以水平平铺显示，因此栏目的高度必须是固定的，代码如下所示。

```
#footer {{/* 页脚区域的背景图像 */
    background: url(images/bgfooter.gif) repeat-x;      /* 定义背景图
像水平平铺 */
    height: 60px;                         /* 固定高度 */
    padding-top: 30px;                    /* 顶部补白 */
}
```

实训4：设计电子相册主页

实训说明

网页图像从本质上可以划分为两类：一类是以传递信息为目的的图像，即图像本身包含语义性；另一类是以网页修饰为目的的图像，即图像本身不包含任何语义性。

通常情况下，为了设计网页而使用的图像一般多为修饰性的图像，对于修饰性的图像建议以背景图像的方式进行显示。在以新闻图片、网络相册、贴图等类型的网站或网页中，很多图像本身就是信息源，用来传递平面视觉信息，因此对于这些信息应该以插入图像的方式直接插入网页中，不应该以背景图像的方式插入。下面案例训练的重点是页面中三处前景图像的设计方法和圆角区域的设计技巧。

本案例的页面是一个电子相册的模板结构，页面继承上一案例的三行两列式布局。本小节训练的重心是前景图像的修饰，页面效果如图5-33所示。

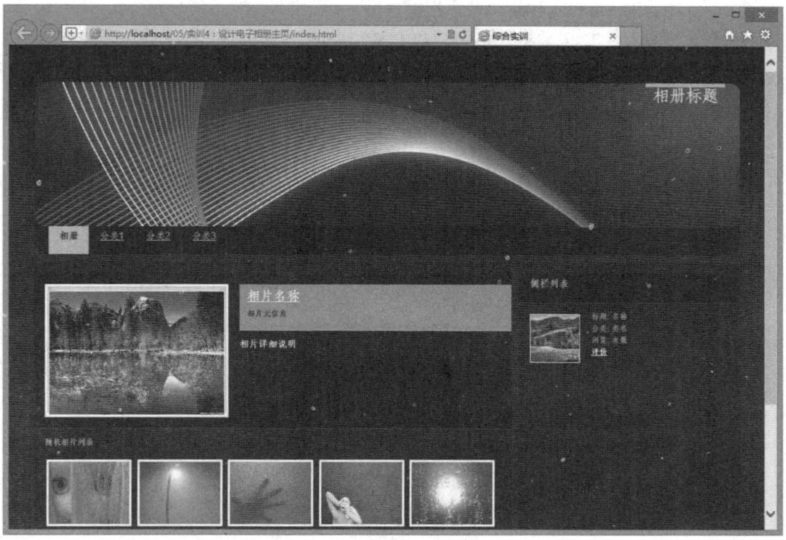

图5-33　设计电子相册主页

主要训练技巧说明

- 使用CSS修饰前景图像。
- 使用CSS设计圆角效果。
- 使用CSS设计点缀装饰性背景。

设计步骤

步骤❶ 启动Dreamweaver，新建一个网页，保存为index.html，在<body>标签内输入如下结构代码。

```
    <div id="main">
        <div id="header">
            <h1 id="logo"><a href="#" title="[Go to homepage]"> 相册名称
</a></h1>
        </div>
```

```
        <div id="nav" class="box">
            <h3 class="noscreen">Navigation</h3>
            <ul>
                <li id="nav-active"><a href="#">相册</a></li>
                <li><a href="#">分类1</a></li>
                <li><a href="#">分类2</a></li>
                <li><a href="#">分类3</a></li>
            </ul>
        </div>
        <div id="cols-top"></div>          <!-- 主体区域的顶部装饰标签 -->
        <div id="cols" class="box">
            <div id="content">
                <!-- 预览相片框架 -->
                <div id="topstory" class="box">
                    <div id="topstory-img"><img src="images/9.jpg"
alt="" /></div>
                    <div id="topstory-desc">
                        <div id="topstory-title">
                            <h2><a href="#">相片名称</a></h2>
                            <p class="info">元信息</p>
                        </div>
                        <div id="topstory-desc-in">
                            <p>相片详细说明</p>
                        </div>
                    </div>
                </div>
                <!-- 随机相片框架 -->
                <div class="content-padding">
                    <h3 class="hx-style01 nomt">随机相片</h3>
                    <ul id="photos" class="box">
                        <li><a href="#"><img src="images/005.jpg" alt="
相册" /></a></li>
                        <li><a href="#"><img src="images/002.jpg" alt="
相册" /></a></li>
                        <li><a href="#"><img src="images/003.jpg" alt="
相册" /></a></li>
                        <li><a href="#"><img src="images/004.jpg" alt="
相册" /></a></li>
                        <li><a href="#"><img src="images/005.jpg" alt="
相册" /></a></li>
                    </ul>
                    <div class="separator"></div>          <!-- 相册列表
装饰标签 -->
                </div>
```

```
            </div>
            <!-- 侧栏分类相片框架 -->
            <div id="aside">
                <h3 class="title">侧栏列表</h3>
                <div class="aside-padding smaller low box">
                  <p> <img src="images/014.jpg" alt="" width="66"
height="66" class="f-left" />
                        标题：<strong>名称</strong><br />
                        分类：<strong>类名</strong><br />
                        浏览：<strong>次数</strong><br />
                        <strong><a href="#" class="high">评价</a></
strong></p>
                </div>
            </div>
        </div>
        <div id="cols-bottom"></div>    <!-- 主体区域的底部装饰标签 -->
        <div id="footer-top"></div>     <!-- 页脚圆角区域的顶部装饰标签 -->
        <div id="footer">
            <p>版权信息</p>
        </div>
        <div id="footer-bottom"></div>         <!-- 页脚圆角区域的底部装饰
标签 -->
    </div>
```

步骤❷ 在Dreamweaver中新建main.css外部样式表文件，保存到images文件夹中，然后在index.html文档中使用<link>标签导入文档中，代码如下所示。

```
    <link rel="stylesheet" media="screen" type="text/css" href="images/
main.css" />
```

步骤❸ 新建scheme.css外部样式表文件，保存到images文件夹中，然后在index.html文档中使用<link>标签导入文档中，代码如下所示。

```
    <link rel="stylesheet" media="screen" type="text/css" href="images/
scheme.css" />
```

其中，main.css是保存基本样式的样式表文件，而在scheme.css样式表文件中保存的是设计网页的主题样式。

步骤❹ 设计顶部预览图像的装饰效果。在这个图片样式的设计中，可以在<div id="topstory-img">图片包含框中定义一个背景图像。通过这种方式定义背景图像和前景图像，可以用背景图像来装饰前景图像，同时还可以在加载图像失败时显示，代码如下所示，显示效果如图5-34所示。

```
<div id="topstory-img"><img src="images/9.jpg" alt="" /></div>
```

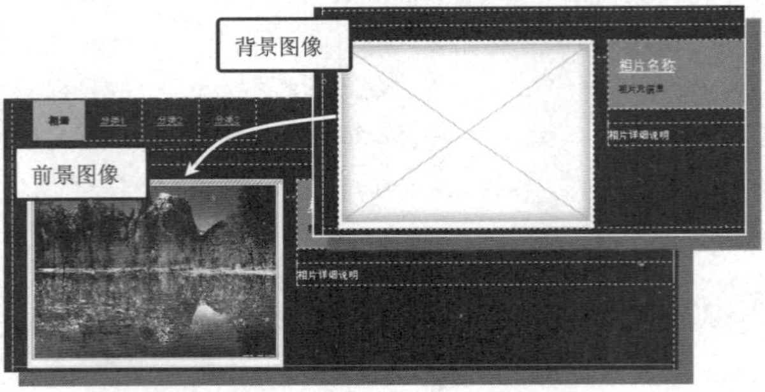

图5-34　顶部预览图像效果

步骤5 在main.css样式表文件中输入下面的样式代码。

```
#topstory #topstory-img {/* 图像包含框样式 */
    float:left; /* 浮动显示，方便布局和控制 */
    width:250px;                    /* 固定宽度，以便定义背景图像 */
    height:180px;                   /* 固定高度，以便定义背景图像 */
    background:url(image-02.gif);   /* 定义背景图像 */
    text-align:center;              /* 定义前景图像水平居中显示 */
    vertical-align:middle;          /* 定义前景图像垂直居中显示 */
    line-height:180px;              /* 定义满行高，实现垂直居中显示 */
    padding-top:4px;                /* 增加顶部空白区域 */
}
#topstory #topstory-img img {/* 前景图像样式 */
    width:238px;                    /* 固定图像的宽度 */
    height:170px;                   /* 固定图像的高度 */
    border:solid 1px #fff;          /* 定义一个白色边框 */
}
```

步骤6 设计随机相片列表。构建一个信息列表结构，代码如下所示。

```
<ul id="photos" class="box">
    <li><a href="#"><img src="images/006.jpg" alt=" 相册 " /></a></li>
    <li><a href="#"><img src="images/002.jpg" alt=" 相册 " /></a></li>
    <li><a href="#"><img src="images/003.jpg" alt=" 相册 " /></a></li>
    <li><a href="#"><img src="images/004.jpg" alt=" 相册 " /></a></li>
    <li> <a href="#"><img src="images/005.jpg" alt=" 相册 " /></a></li>
</ul>
```

步骤7 为这个信息列表框定义一个基本样式，清除列表的默认样式，清除其他相邻栏目相互覆盖，适当调节边界和补白空隙，代码如下所示。

```
#photos {/* 相片列表包含框 */
    margin:0;              /* 清除边界 */
    padding:0;             /* 清除补白 */
```

```
    list-style:none;           /* 清除项目列表符号 */
    margin-bottom:15px;        /* 增加底部边界 */
    clear:both;                /* 清除相邻模块相互覆盖 */
    padding-left:2px;          /* 定义左侧补白 */
}
```

步骤8 定义列表项目以行内元素显示，这样所有项目都能够在同一行内显示。定义补白的目的是露出背景图像中的边框，以设计镶边的效果。为了能够兼容IE浏览器，这里使用了IE专有属性zoom，该属性能够触发当列表项目显示为行内元素时以布局方式显示，避免它收缩为文本行效果。

```
#photos li {/* 单张相片包含框 */
    display:inline;     /* 行内显示 */
    padding:3px;        /* 为相片留白（定义补白）*/
    background:url(image-03.gif) no-repeat center;
                        /* 定义背景图像 */
    zoom:1;             /* 布局触发器（原意为元素缩放比例为 1）*/
    margin-right:4px;          /* 为相片之间增加空隙 */
}
/* 兼容非 IE 浏览器，即下面样式只在非 IE 浏览器中执行。由于非 IE 不支持 zoom 属性，
因此定义为行内块状显示 */
html>/**/body #photos li {
    display:inline-block;      /* 行内块状显示 */
}
#photos li img {/* 相片样式 */
    width:82px;         /* 固定宽度 */
    height:25px;        /* 固定高度 */
    border:none;        /* 清除边框 */
}
```

步骤9 关于在侧栏中插入图像，这里主要是为图像定义一个白色的修饰性边框，代码如下所示。

```
img.f-left {/* 相片样式 */
    float:left;                    /* 向左浮动 */
    margin-right:15px;             /* 增加右侧边界 */
    border:solid 1px #fff;         /* 镶嵌一个白色的边框 */
}
```

步骤10 设计圆角效果。所谓圆角效果就是利用某种方法将某个栏目的四个边角设计为圆形。设计圆角的方法有多种。

- 利用XHTML+CSS来设计。借助某个指定元素（如span、cite等），把它看作一个、几个或一行像素点，然后使用多个同样的标签，模拟圆角像素的堆叠结构来模仿一个圆角效果，其中CSS负责控制标签的显示大小和堆叠顺序。

例如，在下面这个结构中，利用八个元素，分别堆砌了四个圆角区域，代码如下所示，显示效果如图5-35所示。

```
    <div class="curved">
    <b class="b1"></b><b class="b2"></b><b class="b3"></b><b
class="b4"></b>
    <div class="boxcontent">
    <!-- 圆角内容区域 -->
    </div>
    <b class="b4"></b><b class="b3"></b><b class="b2"></b><b
class="b1"></b>
    </div>
```

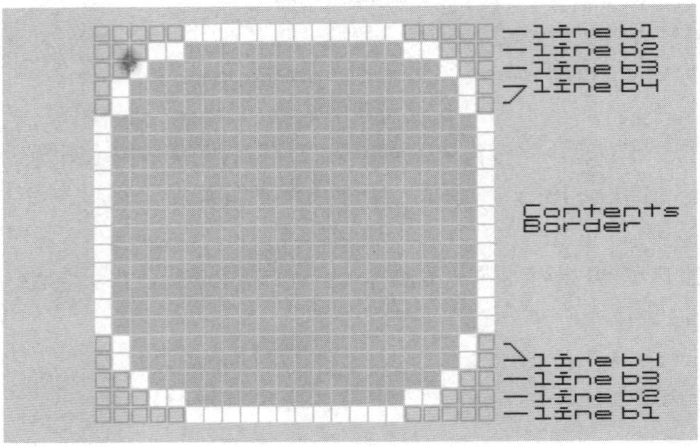

图5-35　堆砌圆角区域的示意图

- 利用JavaScript脚本来描绘圆角区域。

利用XHTML+CSS+背景图像的方式来设计圆角区域。这里又有三种不同的形式：如果圆角区域固定，则可以利用一张设计好的圆角背景图像来设计；如果圆角区域的高度或宽度固定，则可以使用两张半圆角的背景图像来设计，中间的区域以同色进行填充，如图5-36所示。如果圆角区域的宽和高都不固定，则需要四张圆角图像，然后通过结构嵌套，并利用CSS把这四个圆角图像分别固定在对应的顶角上即可。

还有一个特殊的设计方法，就是仅使用一种背景图像。首先设计一个圆形图像的四瓣背向组合图，如图5-37所示，然后利用CSS进行背景图像定位，这样可以更灵巧地设计圆角区域。

图5-36　一边固定的圆角区域构成示意图

图5-37　四瓣背向组合图

本例中所需要设计的圆角区域是一个宽度固定的版权区域，如图5-38所示，因此可以利用两张固定宽度的半圆图像来设计。其中上半圆背景图像定义到<div id="footer-top">标签中，而下半圆背景图像定义到<div id="footer-bottom">标签中，再为<div id="footer">定义同色背景图像即可，代码如下所示。详细的CSS样式码就不再列举了。

图5-38　圆角区域效果图

```
<div id="footer-top"></div>
<div id="footer">
    <p> 版权信息 </p>
</div>
<div id="footer-bottom"></div>
```

5.5 上机练习

1. 网页设计中经常需要设计细线表格，请利用表格的各种语义元素设计一个简单的表格结构，并把表格边框设置为1像素粗细的细线表格效果，设计效果如图5-39所示。

设计要求

- 针对IE浏览器，学习使用filter属性定义透明效果。
- 针对标准浏览器，学习使用opacity属性定义透明效果。
- 学习使用position属性定义能够拖动的栏目。

2. 请读者利用背景图像设计排版项目符号，设计效果如图5-40所示。

设计要求

- 清除列表项的默认项目符号，借助背景图像进行设计。
- 利用<span>标签设计列表项序号，并通过补白设计标签大小。
- 使用类样式设计列表项的背景图像显示效果。

图5-39　设计细线表格效果

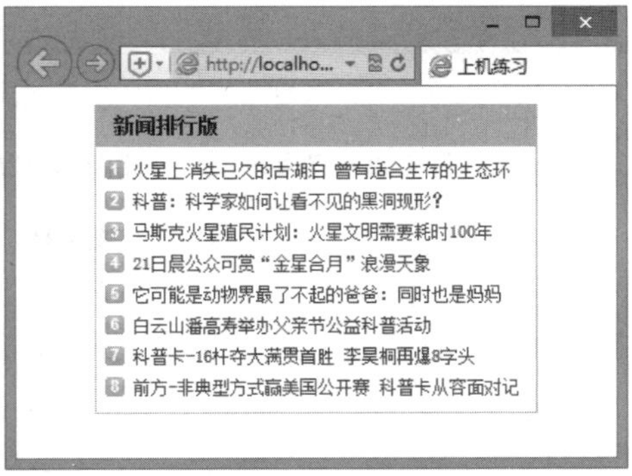

图5-40　设计排版效果

3. CSS圆角应用比较流行，由圆角引发CSS深层次的制作方法：纯CSS制作圆角、滑动门制作圆角、背景图片制作圆角以及如何通过多个有意义的标签设置圆角图片。请读者利用背景图像和CSS设计技巧设计版块圆角，显示效果如图5-41所示。

设计要求

- 无图定圆角，即CSS制作圆角不需要图片，通过多个毫无意义的标签设置其宽度、外边距、边框属性的设置，最终制作出圆角形状。
- 一图固定圆角，即设置一张背景图，背景图制作成圆角，宽度、高度固定。
- 两图定圆角，即通过背景图像可层叠，并允许它们在彼此之上进行滑动，以创造一些特殊的效果，即宽度长的压在宽度短的图片上，长图在短图上随内容的增加而向后滑动。
- 四图定圆角，显然就需要四张图片构造圆角，将四张图片应用到四个标签内，最终组成圆角。
- 使用CSS3的border-radius属性定义圆角。

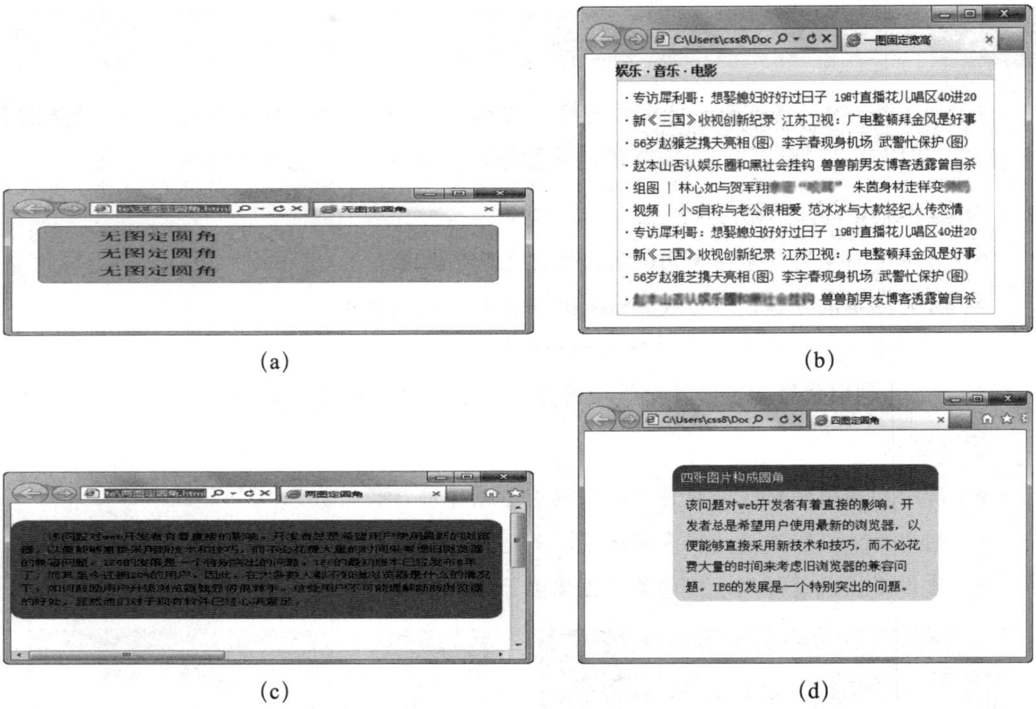

(a)　(b)　(c)　(d)

（a）无图定圆角；（b）一图固定圆角；（c）两图定圆角；（d）四图定圆角。

图5-41　设计圆角效果

HTML

第6章 使用列表

在网页中大部分信息都是通过列表形式显示的，如信息分类、新闻列表、菜单、排行榜等，除了网页正文的段落文本和标题文本外，其他信息都需要列表结构进行组织和管理。列表结构是标准结构中最核心的部件之一，不管从语义性角度分析，还是从表现层控制角度分析，使用列表结构来显示信息都是最佳选择，因此列表样式是网页设计中很重要的工作。

学习要点

- 了解列表结构和列表类型
- 了解CSS定义列表样式的属性
- 了解列表样式的不同浏览器解析差异

训练要点

- 能够使用列表结构设计各种语义明确、结构层次清晰的版块
- 能够使用CSS设计导航菜单样式
- 能够使用CSS设计列表版块样式

6.1 设计列表结构

HTML提供三种列表结构，无序列表（ul）、有序列表（ol）和自定义列表（dl）。无序列表和有序列表可以通用，而自定义列表还包含了一个项目标题选项。

6.1.1 无序列表

无序列表其实就是一个列表结构，使用<ul>标签定义，无序列表结构包含的选项排序位置是没有先后顺序之分的，如下面的代码所示。

```
<ul>
  <li> 无序列表选项 1</li>
  <li> 无序列表选项 2</li>
</ul>
```

HTML对标签有着相对严格的要求，每个标签都必须关闭，而且每个标签之间的嵌套要正确，尤其是列表的结构。以下列表结构都是错误的，不符合严谨型HTML文档要求。

- <ul>标签与<li>标签之间不能够插入其他标签，示例代码如下所示。

```
<ul>
  <li> 无序列表选项 1</li>
  <div> 无序列表选项 2</div>
</ul>
```

正确的用法应该是将<div>标签放到<ul>标签外或者<li>标签内。

- 错误的多层<ul>标签嵌套，示例代码如下所示。

```
<ul>
  <li> 无序列表选项 1</li>
  <ul>
          <div> 无序列表选项 2</div>
  </ul>
</ul>
```

正确的用法应该是将嵌套的<ul>标签放在外层<li>标签内部。

- <li>标签必须封闭，示例代码如下所示。

```
<ul>
  <li> 无序列表选项 1
  <li> 无序列表选项 2
</ul>
```

正确的用法应该是关闭<li>标签。

浏览器对无序列表的默认解析是有规律的。无序列表可以分为一级无序列表和多级无序列表。一级无序列表在浏览器中解析后，会在列表<li>标签前面添加一个小黑点的修饰符，而多级无序列表则会根据级数而改变列表前面的修饰符。

【随堂练习】

新建一个网页，保存为test.html，在<body>内使用<ul>标签构建一个三层嵌套的无序列表结构，代码如下所示。

```
<ul>
    <li>一级列表选项 1</li>
    <li>一级列表选项 2
        <ul>
            <li>二级列表选项 1</li>
            <li>二级列表选项 2
                <ul>
                    <li>三级列表选项 1</li>
                    <li>三级列表选项 2</li>
                </ul>
            </li>
        </ul>
    </li>
</ul>
```

在IE浏览器中预览演示效果，如图6-1所示。

通过效果图可以发现无序列表随着其所包含的列表级数的增加而逐渐缩进，并且随着列表级数的不同而改变其前面的修饰符。

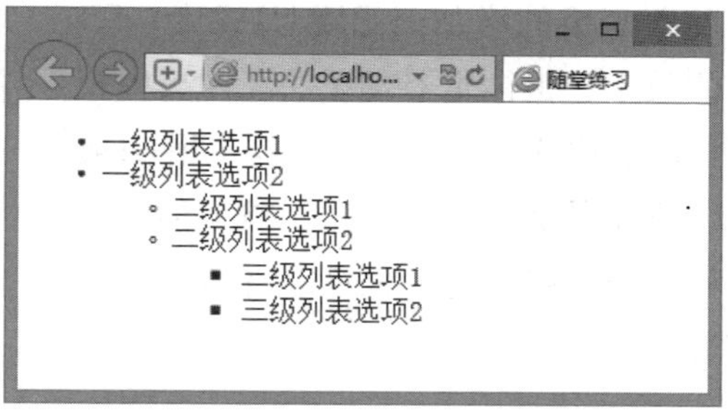

图6-1　无序列表嵌套效果

6.1.2　有序列表

相对于无序列表而言，有序列表最大的区别就是带有排名的性质，有序列表选项之间的位置是有序排列的，不可随意变换顺序。使用<ol>标签可以定义有序列表结构，示例代码如下所示。

```
<ol>
  <li>排名选项 1</li>
  <li>排名选项 2</li>
</ol>
```

有序列表也可分为一级有序列表和多级有序列表，浏览器默认解析时都是将有序列表以阿拉伯数字表示，并增加缩进。

【随堂练习】

新建一个网页，保存为test.html，在<body>内使用<ol>标签构建一个三层嵌套的有序列表结构，代码如下所示。

```
<ol>
    <li> 一级排序列表选项 1</li>
    <li> 一级排序列表选项 2
        <ol>
            <li> 二级排序列表选项 1</li>
            <li> 二级排序列表选项 2
                <ol>
                    <li> 三级排序列表选项 1</li>
                    <li> 三级排序列表选项 2</li>
                </ol>
            </li>
        </ol>
    </li>
</ol>
```

在IE浏览器中预览演示效果，如图6-2所示。

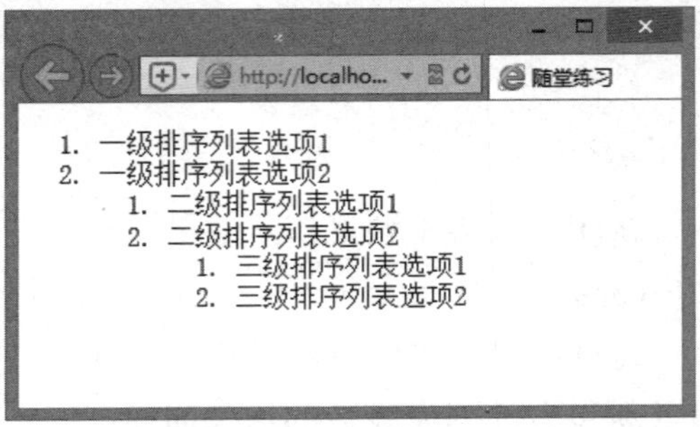

图6-2　有序列表嵌套效果

有序列表在多级的情况下，理论上应该是随着层级的增加而出现1.1或者1.1.1之类的数字，但浏览器却无法在网页中直接解析出这样的效果，如果需要使用1.1或者1.1.1之类的数字表示方式，就只能使用CSS和背景图像实现，也可以直接输入这些符号。

6.1.3　自定义列表

在HTML中自定义列表使用<dl>标签构建，<dl>标签包含了<dt>标签和<dd>标签，一个<dt>标签对应着多个或者一个<dd>标签。自定义列表结构如下所示。

```
<dl>
  <dt> 自定义标题 1</dt>
  <dd> 自定义选项 1</dd>
  <dt> 自定义标题 2</dt>
  <dd> 自定义选项 2</dd>
</dl>
```

或者如下所示。

```
<dl>
  <dt> 自定义标题 </dt>
  <dd> 自定义选项 1</dd>
  <dd> 自定义选项 2</dd>
</dl>
```

无论选用哪种自定义列表方式，读者都应该注意几个问题。

- <dl>标签必须与<dt>标签相邻，<dd>标签需要相对于一个<dt>标签。
- <dl>、<dt>、<dd>三个标签之间不允许出现其他标签。
- 标签必须是成对出现，嵌套要合理。

<dl>标签是自定义列表外框，<dt>是自定义列表标题，<dd>则是自定义列表的内容，因此自定义列表<dl>标签一般都是出现在名词性解释的网页版块中。

【随堂练习】

新建一个网页，保存为test.html，在<body>内使用<dl>、<dt>和<dd>三个标签构建一个名词解释的小栏目，代码如下所示。

```
<div class="w3c">
    <h1>W3C 推荐的标准 </h1>
    <dl>
        <dt>CSS</dt>
        <dd>CSS 是 Cascading Style Sheets 的缩写，中文翻译为层叠样式表。目前推荐遵循的是 W3C 于 1998 年 5 月制订的 CSS 2 版本，最新版本为 CSS 3.0。</dd>
        <dt>DOM</dt>
        <dd>DOM 是 Document Object Model 的缩写，中文翻译为文档对象模型。根据 W3C DOM 规范，DOM 是一种与浏览器、平台、语言的接口，使得用户可以访问页面其他的标准组件。</dd>
        <dt>HTML</dt>
        <dd>HTML 是 Hypertext Markup Language 的缩写，中文翻译为超文本标识语言，这种语言把网页结构和表现混在一起，用于控制网页文档的显示方式。用 HTML 标记进行格式编排的文档称为 HTML 文档，目前最新版本是 HTML 5.0，使用最广泛的是 HTML 4.1 版本。
        </dd>
    </dl>
</div>
```

在IE浏览器中预览演示效果，如图6-3所示。

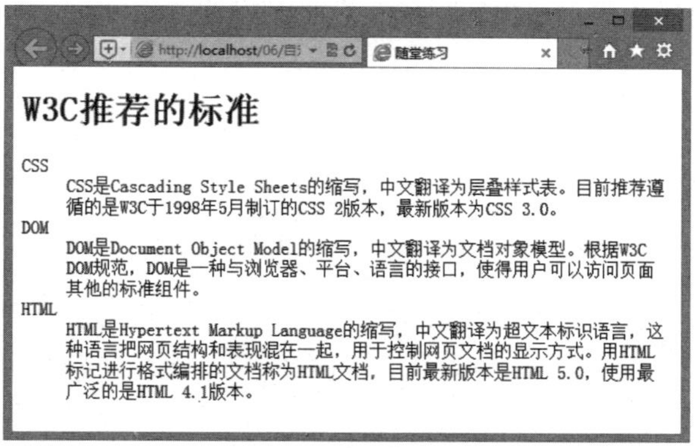

图6-3　名词解释栏目效果

自定义列表通过自定义列表的标题以及自定义列表的内容让阅读该列表的用户明白列表中存在的类别以及相关介绍。

6.2 定义列表样式

有序列表和无序列表在默认情况下会显示项目符号和缩进版式，自定义列表也呈现缩进显示效果。使用CSS可以重新设计这些效果。

6.2.1 设计项目符号类型

为了精确控制列表的项目符号，CSS定义了list-style-type属性来控制项目符号的类型，该属性的用法如下。

```
    list-style-type : disc | circle | square | decimal | lower-roman
| upper-roman | lower-alpha | upper-alpha | none | armenian | cjk-
ideographic | georgian | lower-greek | hebrew | hiragana | hiragana-
iroha | katakana | katakana-iroha | lower-latin | upper-latin
```

其中常用的取值说明如表6-1所示。

表6-1 list-style-type常用的取值说明

属性值	说 明	属性值	说 明
disc	实心圆，默认值	upper-roman	大写罗马数字
circle	空心圆	lower-alpha	小写英文字母
square	实心方块	upper-alpha	大写英文字母
decimal	阿拉伯数字	none	不使用项目符号
lower-roman	小写罗马数字		

6.2.2 设计项目符号显示位置

CSS定义了list-style-position属性来控制项目符号的显示位置，该属性的用法如下。

```
    list-style-position : outside | inside
```

其中outside表示把项目符号显示在列表项的文本行以外，列表符号默认显示为outside；inside表示把项目符号显示在列表项文本行以内。

【随堂练习】

步骤1 新建一个网页，保存为test.html，在<body>内使用<ul>标签构建一个无序列表结构，代码如下所示。

```
    <div class="w3c">
        <h1>W3C 推荐的标准 </h1>
        <ul>
            <li>CSS 是 Cascading Style Sheets 的缩写，中文翻译为层叠样式表。</li>
            <li>DOM 是 Document Object Model 的缩写，中文翻译为文档对象模型。</li>
            <li>HTML 是 Hypertext Markup Language 的缩写，中文翻译为超文本标
识语言。</li>
        </ul>
    </div>
```

步骤❷ 在<head>标签内添加<style type="text/css">标签，定义一个内部样式表，输入下面的样式代码。定义项目列表符号为黑色实心方块，并在内部显示，代码如下所示。

```
div.w3c {/* 给外包含框加个边框，并固定宽度 */
    width:500px;
    border:solid 2px red;
}
div.w3c ul {/* 列表基本样式 */
    list-style-type: square;                /* 黑色方块实心符号 */
    list-style-position:inside;             /* 显示在里面 */
    border:solid 1px blue;
}
```

在IE浏览器中预览演示效果，如图6-4所示。

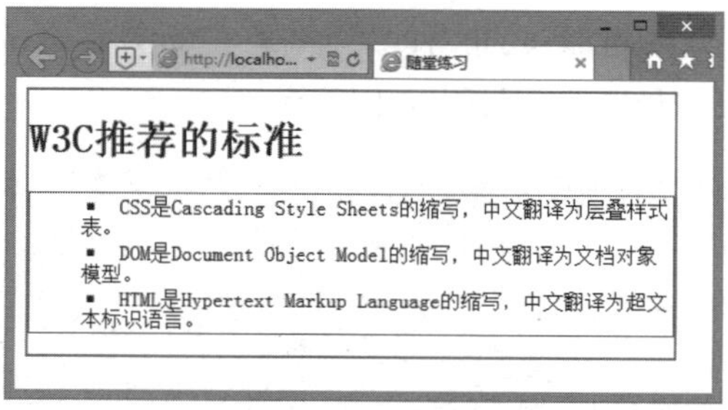

图6-4　列表项目符号显示在内部

提 示

不同浏览器对于项目符号的解析效果以及其显示位置略有不同。如果要兼容不同浏览器，使显示效果都一致，则建议使用背景图像来定义项目符号。另外，项目符号显示在里面和外面会影响项目符号与列表文本之间的距离，同时影响列表项的缩进效果，这种效果在不同浏览器中解析时也存在差异。

6.2.3 自定义项目符号

从设计的角度来看，列表结构所提供的这些默认符号是不能满足需求的，为此CSS提供了list-style-image属性来自定义项目符号，在该属性中允许用户指定一个外部图标文件的地址，以此扩展项目符号的个性化设计需求。该属性的用法如下。

```
list-style-image : none | url ( url )
```

其中，none表示不指定图像，该值为默认值；url (url)函数可以使用绝对或相对路径指定外部图像。

提 示

url字符串必须使用单引号或者双引号括起来。在IE 7浏览器及以下版本中可以允许用户忽略引号。

【随堂练习】

步骤❶ 新建一个网页，保存为test.html，在<body>内使用<ul>标签构建一个无序列表结构，代码如下所示。

```
    <div class="w3c">
        <h1>W3C 推荐的标准 </h1>
        <ul>
            <li>CSS 是 Cascading Style Sheets 的缩写，中文翻译为层叠样式表。</li>
            <li>DOM 是 Document Object Model 的缩写，中文翻译为文档对象模型。</li>
            <li>HTML 是 Hypertext Markup Language 的缩写，中文翻译为超文本标
识语言。</li>
        </ul>
    </div>
```

步骤❷ 在<head>标签内添加<style type="text/css">标签，定义一个内部样式表，输入下面的样式代码，自定义符号图像，代码如下所示。

```
    div.w3c {/* 给外包含框加个边框，并固定宽度 */
        width:500px;
        border:solid 2px red;
    }
    div.w3c ul {/* 列表基本样式 */
        list-style-image:url(“images/icon (12).gif");
                                        /* 自定义列表项目符号 */
        border:solid 1px #ddd;
    }
```

在IE浏览器中预览演示效果，如图6-5所示。

当同时定义项目符号类型和自定义项目符号时，自定义项目符号将覆盖默认的符号类型。如果list-style-type属性值为none或指定外部的图标文件路径不能被显示时，list-style-type属性仍有效。

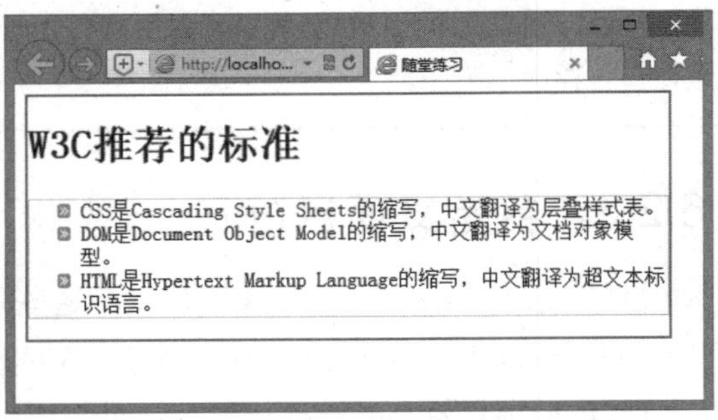

图6-5　自定义项目符号

6.2.4　使用背景图像定义项目符号

使用CSS的list-style-type和list-style-image属性来定义项目符号不免显得僵硬，如果利用背景图像来模拟列表结构的项目符号，则会极大地改善项目符号的灵活性。

使用背景图像定义项目符号的三个步骤。

首先，隐藏列表结构的默认项目符号。方法是设置list-style-type的属性值为none。

其次，为列表项（li元素）定义背景图像，用来指定要显示的项目符号，并利用前面章节中学习的方法精确控制背景图像的位置。

最后，定义列表项（li元素）左侧空白，否则背景图像会隐藏到列表文本下。

【随堂练习】

步骤1 新建一个网页，保存为test.html，在<body>内使用<ul>标签构建一个无序列表结构，代码如下所示。

```
<div class="w3c">
    <h1>W3C 推荐的标准 </h1>
    <ul>
        <li>CSS 是 Cascading Style Sheets 的缩写，中文翻译为层叠样式表。</li>
        <li>DOM 是 Document Object Model 的缩写，中文翻译为文档对象模型。</li>
        <li>HTML 是 Hypertext Markup Language 的缩写，中文翻译为超文本标识语言。</li>
    </ul>
</div>
```

步骤2 在<head>标签内添加<style type="text/css">标签，定义一个内部样式表，输入下面的样式代码，使用背景图像自定义符号图像。先清除列表的默认项目符号，再为项目列表定义背景图像，并定位到左侧垂直居中的位置。为了避免列表文本覆盖背景图像，故定义左侧补白为一个字符宽度，这样就可以把列表信息向右侧方向缩进显示，代码如下所示。

```
div.w3c {/* 给外包含框加个边框，并固定宽度 */
    width:500px;
    border:solid 2px red;
}
ul {/* 清除列表结构的项目符号 */
    list-style-type:none;
    margin:0;                    /* 清除列表缩进显示 */
    padding-left:1em;            /* 重新设置列表缩进距离 */
}

li {/* 定义列表项目的样式 */
    background-image:url(“images/icon (17).gif");
                                 /* 定义背景图像 */
    background-position:left center;
                                 /* 精确定位背景图像的位置 */
    background-repeat:no-repeat;              /* 禁止背景图像平铺显示 */
    padding-left:2em;                         /* 为背景图像挤出空白区域 */
}
```

在IE浏览器中预览演示效果，如图6-6所示。

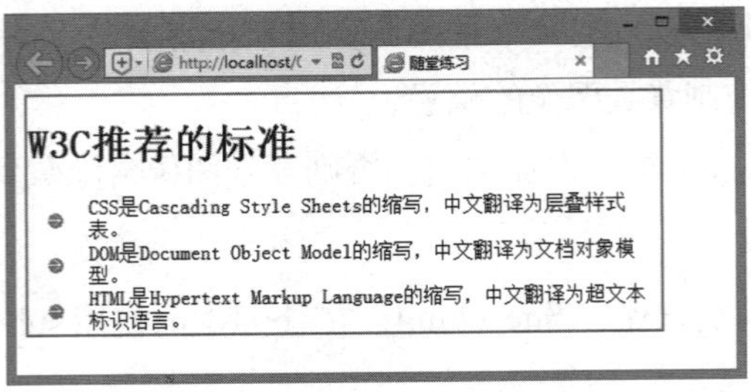

图6-6　使用背景图像自定义项目符号

使用背景图像能够设计出很多巧妙的项目符号效果，同时会使设计思路更为灵活，不再被局限在既定的设计框中，读者可以自由控制项目符号的显示位置。

6.3　综合实训

本章集训目标

- 能够正确使用HTML列表结构设计信息列表显示栏目。
- 能够使用CSS设计列表样式。
- 能够根据页面风格设计更具个性的列表样式。

实训1：设计垂直导航菜单

实训说明

每个网站都需要借助导航菜单来完成信息的浏览导航功能，可以说它就是一个网站地图，帮助访问者找到正确的访问路径。为了使这个导航菜单发挥更大的引导作用，如何把它设计得更易用、更吸引人就显得很重要了。列表结构有其本身特有的表现样式，因此如何实现更好的布局就非常关键了。一般在导航菜单设计中，总会隐藏列表结构的默认样式，如隐藏项目列表，取消列表项缩进等。

列表在默认状态下会以垂直布局形式显示，这是一种符合人眼视觉移动的布局效果。如果设计导航菜单以垂直列表形式显示时，需要CSS表现层的代码就会非常少了。

本案例演示了列表结构垂直布局的基本形式。首先清除列表结构的默认样式（列表符号、缩进显示）；然后固定列表项目的宽度和高度，同时定义其包含的a元素以块状显示，并定义对应的宽度和高度；最后借助背景色、字体颜色和边框颜色的变化来营造鼠标经过时的动态效果。案例演示如图6-7所示。

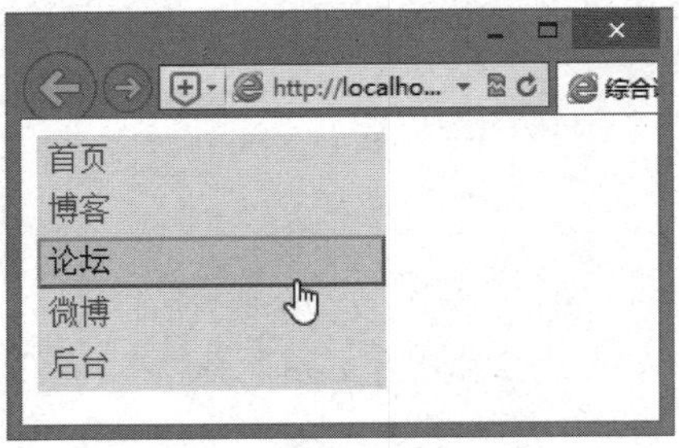

图6-7　垂直导航菜单效果

主要训练技巧说明如下

- 列表项目中的超链接（a元素）应定义为块状显示。a元素是一个行内元素，无法控制其宽度和高度。由于行内元素自身的显示特性，使外部列表项目的布局形同虚设，这不利于用户使用。所以，不管导航栏样式如何设计，都应该把超链接定义为块状显示。

- 块状元素默认显示为100%的宽度，但是一个导航栏的宽度不可能满行显示，所以一般都应该限制导航栏的宽度，这个宽度可以根据页面的具体布局来设置。
- 定义导航栏的宽度有多种方法。方法一是定义列表的宽度（ul或ol元素），这样其包含的列表项目和超链接都被限制在这个范围内；方法二是定义列表项目的宽度（li元素），这样外包含框（ul或ol元素）就能够腾出精力设计其他效果；方法三是定义超链接的宽度（a元素），在某些情况下为ul、ol或li元素定义宽度会带来布局上的问题，有时也可能带来兼容性的问题。
- 应该考虑浏览器的兼容性问题。不同浏览器对于列表样式在解析时存在一定的差异性，特别是IE 6及其以下版本的浏览器很容易让初学者生畏。

设计步骤

步骤❶ 启动Dreamweaver，新建一个网页，保存为index.html，在<body>标签内输入如下结构代码。

```
<ul id="menu">
    <li><a href="#" title=""> 首页 </a></li>
    <li><a href="#" title=""> 博客 </a></li>
    <li><a href="#" title=""> 论坛 </a></li>
    <li><a href="#" title=""> 微博 </a></li>
    <li><a href="#" title=""> 后台 </a></li>
</ul>
```

步骤❷ 在<head>标签内添加<style type="text/css">标签，定义一个内部样式表，设计垂直导航样式，代码如下所示。

```
#menu {/* 定义列表样式 */
    list-style-type: none;                  /* 清除项目符号 */
    margin: 0;                              /* 清除边界 */
    padding: 0;                             /* 清除补白 */
    width: 180px;                           /* 固定列表宽度 */
}
#menu li a {/* 定义超链接的默认样式 */
    display: block;                         /* 定义块状显示 */
    padding: 2px 4px;                       /* 增加补白 */
    text-decoration: none;                  /* 清除下划线 */
    background-color: #FFF2BF;              /* 浅黄色背景 */
    border: 2px solid #FFF2BF;              /* 定义边框线 */
}
#menu li a:hover {/* 定义鼠标经过时的样式 */
    color: black;                   /* 黑色字体 */
    background-color: #FFE271;      /* 加重背景色 */
    border-style: outset;           /* 定义立体边框样式（立体凸边） */
```

```
    }
    #menu li a:active {/* 定义超链接被激活时的样式 */
        border-style: inset;                /* 定义立体边框样式（立体凹边）*/
    }
</style>
```

步骤3 为了能够兼容早期IE版本浏览器（如IE 6），还需要追加如下样式之一，实现在不同浏览器中能显示相同的效果。上面样式在IE 6中显示的效果如图6-8所示。

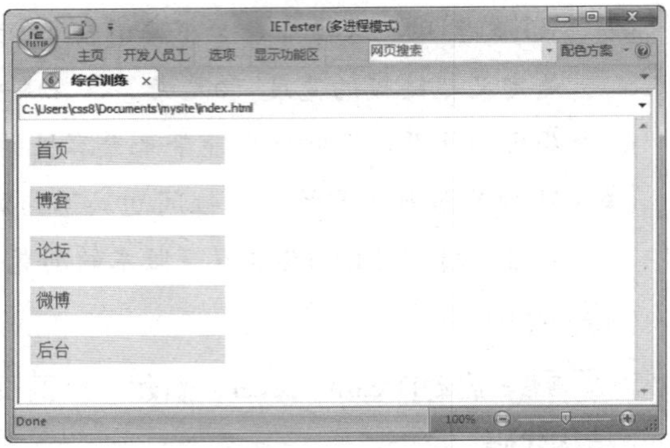

图6-8　IE6显示的双倍间距效果

通过上图可以看到，在IE 6中列表项目被双倍距离显示了，解决类似的问题有很多种方法。

方法一：为超链接定义一个宽度，这样就可以避免此类问题发生，代码如下所示。

```
#menu li a {/* 为超链接定义宽度 */
    width:100%;
}
```

方法二：如果觉得定义宽度存在一定的局限性，在特定布局中可能会破坏页面结构，也可以使用IE浏览器的专有属性来定义。zoom属性是IE浏览器的专有属性，表示缩放元素大小的意思，zoom设为1，即保留原来的大小。当然，该属性用在这里的目的不是缩放元素，而是激发a元素的布局功能，从而强迫IE浏览器能够正确解析超链接的显示效果，代码如下所示。

```
#menu li a {/* 兼容 IE 浏览器布局 */
    zoom:1;
}
```

方法三：定义列表项目为行内显示。这是一种很奇特的方法，具体原因目前还没有明晰的解释，但是这种方法不会破坏列表结构的整体布局，同时对于其他浏览器来说也没有坏处，所以一般作为一个补丁代码的技巧来使用，代码如下所示。

```
#menu li {/* 定义列表项目行内显示 */
    display:inline;
}
```

方法四：对于IE 6及其以下版本中还存在一个缺陷。当设置超链接为块状显示时，虽然在其他浏览器中能够使整个方块区域都处于单击状态，但是在IE 6及其以下版本中必须确保鼠标指针移动到链接的文本区域内才有效，因此必须为超链接定义一个高度。如果顾及高度值会对IE 7和非IE浏览器的影响，则不妨使用补丁代码的技巧，单独为在IE 6及其以下版本的浏览器定义高度，代码如下所示。

```
* html #menu li a {/* 兼容 IE 浏览器布局，激活鼠标单击区域 */
    height:1px;
}
```

最后再补充一点，当清除列表结构的默认样式时，可以定义在ul或ol元素上，也可以直接定义在li元素上，两者的效果是一致的。

实训2：设计水平导航菜单

实训说明

相对于垂直布局形式，网页中多喜欢选用水平导航菜单。首先，水平布局能够控制列表结构在有限的行内显示，从而节省大量的页面空间。其次，把大量的列表项目收缩到一行或更少的行内显示，这样可以方便浏览者在不需要频繁移动视线的情况下了解整个导航信息。当然水平布局的导航条也更容易设计出与页面相融合的版式。

水平布局的核心是如何把多行显示的列表项目控制在单行内显示。当然，把多行列表项目控制在一行内显示可以有多种方法。

本案例中使用浮动方式进行布局。为了解决因为浮动显示可能存在的兼容性问题，直接把列表（即ul元素）、列表项（即li元素）和超链接（即a元素）都定义为浮动显示，这样就可以把复杂问题简单化处理了。案例演示效果如图6-9所示。

图6-9　水平导航菜单效果

主要训练技巧说明

- 利用行内显示来设计水平布局：这种方法的设计核心是定义列表项目显示为行内元素。这样就能够达到所有列表项目在同一行内显示，再根据需要借助边框、背景色和字体颜色来设计超链接的动态效果。
- 利用浮动显示来设计水平布局：这种方法的设计核心是定义列表项目浮动显示。通过浮动显示可以设计多个列表项显示在一行内。

设计步骤

步骤❶ 在Photoshop中设计渐变的背景图像，高度为66像素，宽度为7像素，渐变色调分别以黑色和红色为主，如图6-10所示。

图6-10　设计背景图像

步骤❷ 启动Dreamweaver，新建一个网页，保存为index.html，在<body>标签内输入如下结构代码。

```
<ul id="menu">
    <li><a href="#" title=""> 首页 </a></li>
    <li><a href="#" title=""> 博客 </a></li>
```

```
        <li><a href="#" title="">论坛</a></li>
        <li><a href="#" title="">微博</a></li>
        <li><a href="#" title="">后台</a></li>
    </ul>
```

步骤3 在列表结构的底部添加一个任意元素，并设置它的样式为清除左右两侧浮动，代码如下所示。

```
    <ul id="menu">
        ……
        <br style="clear:both;" />
    </ul>
```

如果仅浮动显示列表项（即li元素），则列表结构的包含框（即ul或ol元素）将会无法包含所有列表项，自动收缩为一条线，但是在IE 6及其以下版本的浏览器中则会强迫包含框展开，以实现包含列表项。如果要解决这个问题，可以定义列表结构的包含框也浮动显示，或者通过其他方式强制包含框展开以包含列表项。如上所述，在列表项后面增加一个清除元素，这样就可以强制将列表结构包含框<ul id="menu">展开显示，如上面结构中的
标签。

步骤4 在<head>标签内添加<style type="text/css">标签，定义一个内部样式表，设计水平导航样式，代码如下所示。

```
    #menu {/* 定义列表结构的基本样式 */
        margin: 0;                          /* 清除边界 */
        padding: 0;                         /* 清除补白 */
        list-style-type:none;               /* 清除项目符号 */
        float: left;                        /* 定义列表向左浮动 */
        font: bold 13px Arial;              /* 字体加粗显示 */
        width: 100%;                        /* 定义宽度 */
        border: 1px solid #625e00;          /* 定义边框样式 */
        background: black url(images/menu1.gif) center center repeat-x;
        /* 定义列表背景图像 */
    }
    #menu li {/* 定义列表项目浮动显示 */
        float: left;                        /* 向左浮动 */
    }
    #menu li a {/* 定义超链接默认样式 */
        float: left;                        /* 向左浮动显示 */
        color: white;                       /* 白色字体 */
        padding: 9px 11px;                  /* 定义补白 */
        text-decoration: none;              /* 清除下划线 */
        border-right: 1px solid white;              /* 定义菜单白色分隔线 */
    }
    #menu li a:visited {/* 定义超链接访问后的样式 */
```

```
        color: white;                           /* 白色字体 */
    }
    #menu li a:hover, #menu li .current {/* 定义鼠标经过超链接时的样式 */
        color: white;                           /* 白色字体 */
        background: transparent url(images/menu2.gif) center center
repeat-x;/* 替换背景图像 */
    }
```

当列表项目浮动显示之后，将会出现很多布局问题，这些会影响到相邻模块的位置关系，以及内部包含的超链接显示关系。很多读者会注意到这样的设计规律，那就是每个导航菜单中都先把列表结构的默认样式清除掉，如列表项目符号和列表项缩进显示等。在清除缩进时，由于不同浏览器的默认样式不同，所以在兼容处理时，习惯上设置列表的补白和边界都为0。因为，IE浏览器默认通过边界来定义列表的缩进样式，而非IE浏览器默认通过补白来定义列表的缩进样式。

实训3：设计滑动门菜单

实训说明

滑动门导航菜单就是利用背景图像的滑动从而产生特殊的动态效果。设计滑动门样式，需要读者弄清楚几个概念。

设计好“门”。这个门实际上就是背景图像，滑动门一般至少需要两张背景图像，以实现闭合成门的设计效果，当然完全采用一张背景图像一样能够设计出滑动门效果，这就要求背景图像设计得完全能够融合，如图6-11所示。考虑到门能够适应不同尺寸的菜单，所以背景图像的宽度和高度应该尽量大，这样就可以保证比较大的灵活性。

图6-11　设计滑动门背景图像

设计好门轴至少需要两个元素配合使用才能够使门自由推拉。背景图像需要安装在对应的门轴之上才能够自由推拉，从而产生滑动效果。一般在列表结构中，可以利用li和a元素配合使用。

例如，对于下面这个列表结构来说，由于每个菜单项的字数不尽相同，使用滑动门来设计效果会更好。代码如下所示。

```
    <ul id="menu">
        <li><a href="#" title=""><span>首页</span></a></li>
        <li><a href="#" title=""><span>微博客</span></a></li>
        <li><a href="#" title=""><span>我的博客</span></a></li>
        <li><a href="#" title=""><span>新民主论坛</span></a></li>
        <li><a href="#" title=""><span>后台管理登陆</span></a></li>
    </ul>
```

然后借助背景图来设计滑动门菜单样式。

把li和a元素当作两个重叠的元素，这有点类似于Photoshop中两个重叠的图层，然后在下面叠放的元素中定义背景图像，并定位左对齐，使其左侧与li元素左侧对齐，如图6-11所示。同理，设置a元素的背景图像，使其右侧与a元素的右侧对齐，这样两个背景图像就可以叠放且重合了。如此设计的目的就是希望不管菜单项中包含多少字数（在有限的范围内），菜单项左右两侧都能够以圆角效果显示。

为了避免上下元素的背景图像相互挤压两头圆角区域的背景图像，可以通过为li元素的左侧和a元素的右侧定义补白来限制两个元素不能够完全覆盖左右两侧的圆角头区域。

本案例将上面两种不同滑动门菜单的方法融合在一起，实现滑动门菜单既能够自由适应高度和宽度，又能够实现真正意义的上下滑动，从而设计逼真的动态效果。本案例演示效果如图6-12所示。

图6-12　完全自由伸缩的滑动门导航菜单

主要训练技巧说明

- 滑动门有水平和垂直滑动两种效果，根据需要分别进行设计。水平滑动需要考虑背景图像的宽度足够宽，避免菜单项文本撑开了背景图像；垂直滑动需要被不同效果的背景图像垂直合并在一起，然后通过背景定位技术实现动态滑动。
- 滑动门样式比较动感、时尚，但是要考虑可能会出现的意外，避免菜单项宽度或者高度发生变化时，出现背景图像无法适应的尴尬情况。

设计步骤

步骤1 在Photoshop中设计渐变的背景图像，设计另一种效果的背景图像，如图6-13所示，它是图6-11所示的加亮图像。

图6-13　滑动门背景图像

步骤2 利用Photoshop把这两个背景图像拼合在一起，形成滑动的门，如图6-14所示。

图6-14　拼合滑动门背景图像

步骤3 启动Dreamweaver，新建一个网页，保存为index.html，在<body>标签内输入如下结构代码。

```
<ul id="menu">
    <li><a href="#" title=""><span> 首页 </span></a></li>
    <li><a href="#" title=""><span> 微博客 </span></a></li>
    <li><a href="#" title=""><span> 我的博客 </span></a></li>
    <li><a href="#" title=""><span> 新民主论坛 </span></a></li>
    <li><a href="#" title=""><span> 后台管理登录 </span></a></li>
</ul>
```

要在水平方向和垂直方向上同时保证滑动，需要适当完善一下HTML结构，在超链接内部再包裹一层结构（span元素），因为仅上面的列表结构是无法实现这种双向滑动效果的。

步骤4 在<head>标签内添加<style type="text/css">标签，定义一个内部样式表，设计滑动门导航样式，代码如下所示。

```
#menu {/* 定义列表样式 */
    background: url(images/bg1.gif) #fff;
                                        /* 定义导航菜单的背景图像 */
    padding-left: 32px;                 /* 定义左侧的补白 */
    margin: 0px;                        /* 清除边界 */
    list-style-type: none;              /* 清除项目符号 */
    height:35px;                        /* 固定高度，否则会自动收缩为 0 */
}
#menu li {/* 定义列表项样式 */
    float: left;                        /* 向左浮动 */
    margin:0 4px;                       /* 增加菜单项之间的距离 */
}
#menu span {/* 定义超链接内包含元素 span 的样式 */
    float:left;                         /* 向左浮动 */
    padding-left:18px;                  /* 定义左侧补白，避免左侧圆角被覆盖 */
    background:url(images/menu4.gif) left center repeat-x;
                                        /* 定义背景图像，并左中对齐 */
}
#menu li a {/* 定义超链接默认样式 */
    padding-right: 18px;     /* 定义右侧补白，与左侧形成对称空白区域 */
    float: left;                        /* 向左浮动 */
    height: 35px;                       /* 固定高度 */
    color: #bbb;                        /* 定义颜色 */
    line-height: 35px;                  /* 定义行高，间接实现垂直对齐 */
    text-align: center;                 /* 定义文本水平居中 */
    text-decoration: none;              /* 清除下划线效果 */
    background:url(images/menu4.gif) right center repeat-x; /* 定义
背景图像 */
```

```
}
```

步骤5 设计当鼠标经过时的滑动效果，代码如下所示。

```
#menu li a:hover {/* 定义鼠标经过超链接的样式 */
    text-decoration:underline;                    /* 定义下划线 */
    color: #fff                                   /* 白色字体 */
}
```

步骤6 把鼠标经过的样式进行修改，代码如下所示。

```
#menu a:hover {/* 定义鼠标经过超链接的样式 */
    color: #fff;                        /* 白色字体 */
    background:url(images/menu5.gif) right center repeat-x;
                                        /* 定义滑动后的背景图像 */
}
#menu a:hover span {/* 定义鼠标经过超链接的样式 */
    background:url(images/menu5.gif) left center repeat-x;
                                        /* 定义滑动后的背景图像 */
    cursor:pointer;                     /* 定义鼠标经过时显示手形指针 */
    cursor:hand;                        /* 早期 IE 版本下显示为手形指针 */
}
```

实训4：设计Tab分类展示面板

实训说明

Tab面板在综合性页面中比较常见，在一个Tab面板中可以浓缩多个同等面积的栏目内容。由于Tab面板能够在有限的空间内包含更多的内容，它能够对信息进行分类浏览，特别受到大型商业网站的青睐。所以，如果访问大型的、以新闻内容为主的网站，基本上都可以看到Tab面板的身影。

Tab面板的设计核心是利用CSS根据浏览者的选择来决定隐藏或显示的菜单内容，实际上Tab面板所包含的全部内容都已经下载到客户端浏览器中，只不过利用CSS隐藏了部分内容的显示。一般Tab面板仅显示一个Tab面板项，只有当用户单击选择之后才会显示其他Tab面板所指定的内容。通俗地说，Tab面板就是一个被捆绑在一起的分类内容框的普通导航菜单，由导航菜单项来决定内容包含框中包含内容的显示和隐藏。

主要训练技巧说明

- 合理构建Tab面板的导航菜单列表结构，并确保列表结构的选项与Tab面板中各个子面板一一对应。
- 利用CSS的display属性定义隐/显两个样式类，控制列表项和Tab子面板的隐藏和显示。
- 适当借助Javascript脚本动态控制Tab菜单和面板的交换显示和隐藏。

设计步骤

步骤1 在Photoshop中设计渐变的背景图像，第一幅背景图像高度为28像素，宽度为460像素，渐变色调以浅绿色为主；第二幅背景图像高度为29像素，宽度为116像素，渐变色调以浅绿色为主，但渐变方向与上一幅背景图像上下相反，如图6-15所示。

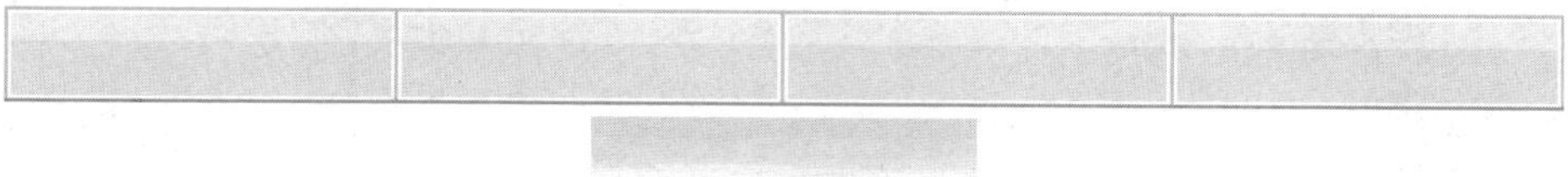

图6-15　设计背景图像

步骤2 启动Dreamweaver，新建一个网页，保存为index.html，在<body>标签内输入如下代码。设计Tab面板的样式首先应该设计好对应的HTML菜单结构，设计Tab面板包含框、Tab菜单列表和子面板框，其中Tab面板中<div class="Menubox">包含框包含的内容是菜单项，而<div class="Contentbox">包含框中包含的是具体被控制的内容，代码如下所示。

```
<div id="tab">
    <div class="Menubox">
        <ul>
            <li id="tab_1" class="hover" onclick="setTab(1,4)">主页</li>
            <li id="tab_2" onclick="setTab(2,4)">团购</li>
            <li id="tab_3" onclick="setTab(3,4)">博客</li>
            <li id="tab_4" onclick="setTab(4,4)">微博</li>
        </ul>
    </div>
    <div class="Contentbox">
        <div id="con_1" class="hover" ><img src="images/1.JPG" /></div>
        <div id="con_2" class="hide"><img src="images/2.JPG" /></div>
        <div id="con_3" class="hide"><img src="images/3.JPG" /></div>
        <div id="con_4" class="hide"><img src="images/4.JPG" /></div>
    </div>
</div>
```

步骤3 在<head>标签内添加<style type="text/css">标签，定义一个内部样式表，Tab面板的CSS样式。这里包含三部分CSS代码：第一部分定义了列表结构、列表项和超链接元素的默认样式；第二部分定义了选项卡包含框的基本结构；第三部分定义了与Tab面板相关的几个类样式。代码如下所示。

```
<style type="text/css">
/* 页面元素的默认样式 -*/
a {/* 超链接的默认样式 */
    color:#00F;                          /* 定义超链接的默认颜色 */
    text-decoration:none;                /* 清除超链接的下划线样式 */
```

```
}
a:hover {/* 鼠标经过超链接的默认样式 */
    color: #c00;                          /* 定义鼠标经过超链接的默认颜色 */
}
ul {/* 定义列表结构基本样式 */
    list-style:none;                      /* 清除默认的项目符号 */
    padding:0;                            /* 清除补白 */
    margin:0px;                           /* 清除边界 */
    text-align:center;                    /* 定义包含文本居中显示 */
}
/* 选项卡结构 */
#tab {/* 定义选项卡的包含框样式 */
    width:460px;                          /* 定义 Tab 面板的宽度 */
    margin:0 auto;                        /* 定义 Tab 面板居中显示 */
    font-size:12px;                       /* 定义 Tab 面板的字体大小 */
}
/* 菜单样式类 */
    .Menubox {/* Tab 面板栏的类样式 */
    width:100%;                           /* 定义宽度，100% 宽度显示 */
    background:url(images/tab1.gif);          /* 定义 Tab 面板栏的背景图像 */
    height:28px;                          /* 固定高度 */
    line-height:28px;                     /* 定义行高，间接实现垂直文本居中显示 */
}
.Menubox ul {/* Tab 面板栏包含的列表结构基本样式 */
    margin:0px;                           /* 清除边界 */
    padding:0px;                          /* 清除补白 */
}
.Menubox li {/* Tab 面板栏包含的列表项基本样式 */
    float:left;                           /* 向左浮动，实现并列显示 */
    display:block;                        /* 块状显示 */
    cursor:pointer;                       /* 定义手形指针样式 */
    width:114px;                          /* 固定宽度 */
    text-align:center;                    /* 定义文本居中显示 */
    color:#949694;                        /* 字体颜色 */
    font-weight:bold;                     /* 加粗字体 */
}
.Menubox li.hover {/* 鼠标经过列表项的样式类 */
    padding:0px;                          /* 清除补白 */
    background:#fff;                      /* 加亮背景色 */
    width:116px;                          /* 固定宽度显示 */
    border:1px solid #A8C29F;             /* 定义边框线 */
    border-bottom:none;                   /* 清除底边框线样式 */
    background:url(images/tab2.gif);          /* 定义背景图像 */
    color:#739242;                        /* 定义字体颜色 */
```

```
    height:27px;                              /* 固定高度 */
    line-height:27px;                         /* 定义行高，实现文本垂直居中 */
}
.Contentbox {                                 /* 定义 Tab 面板中内容包含框基本样式类 */
    clear:both;                               /* 清除左右浮动元素 */
    margin-top:0px;                           /* 清除顶边界 */
    border:1px solid #A8C29F;                 /* 定义边框线样式 */
    border-top:none;                  /* 清除顶部边框线样式 */
    height:181px;                     /* 固定包含框高度 */
    padding-top:8px;                  /* 定义顶部补白，增加与 Tab 面板距离 */
}
.hide {/* 隐藏样式类 */
    display:none;                     /* 隐藏元素显示 */
}
</style>
```

步骤4 为了能够实现Tab面板的交互效果，这里还需要一个简单的JavaScript函数来实现动态交互效果。在下面这个JavaScript函数中，定义了两个参数，第一个参数定义要隐藏或显示面板，第二个参数定义了当前Tab面板包含了几个Tab选项卡。前面步骤2中定义当前选项卡包含的列表项的类样式为hover，并为每个Tab面板中的li元素调用该函数，从而实现单击对应的菜单项即可自动激活该脚本函数，同时显示该菜单对应的面板内容而隐藏其他面板内容。Javascript函数代码如下所示，该示例的演示效果如图6-16所示。

图6-16　Tab分类展示面板效果

```
<script>
function setTab(cursel,n){
    for(i=1;i<=n;i++){
        var menu=document.getElementById(“tab_"+i);
        var con=document.getElementById(“con_"+i);
        menu.className=i==cursel?"hover":"";
        con.style.display=i==cursel?"block":"none";
    }
}
</script>
```

6.4 上机练习

1. 尝试在上一节实训1案例的基础上，思考如何把垂直布局形式转换为水平布局形式。演示效果如图6-17所示。

设计要求

首先，把列表项目定义为行内显示，这一步是核心；然后，利用补白来定义菜单的宽度和高度，因为行内元素是不能够直接定义大小的；最后，利用背景色、边框样式和字体颜色的变化来设计超链接的动态效果。

2. 设计导航下拉面板样式。这种导航样式比较特殊，当鼠标移到菜单项目上时将自动弹出一个下拉的大型面板，在该面板中显示各种分类，如图6-18所示，这种样式在网上书店类型的网站中使用比较多，当鼠标移过或单击某个菜单时，就自动显示一个下拉面板。实际上导航下拉面板是一种特殊的下拉菜单样式，在下拉菜单中经过简单的修改就可以设计出这种很实用的样式类型来。

图6-17　水平布局形式

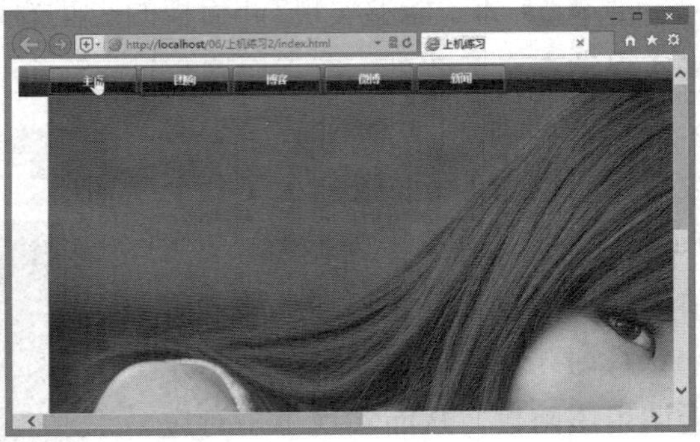

图6-18　导航下拉面板样式

设计要求

设计下拉导航面板的核心就是如何设计兼容不同浏览器的HTML文档结构。设计思路就是在超链接（a元素）内部包含一个面板结构，当鼠标经过超链接时，自动显示这个面板，而在默认状态下隐藏其显示。由于不同浏览器对于超链接a元素包含其他结构的解析存在很大不同，甚至是矛盾的，为此，在设计结构时，必须考虑各种主要浏览器（如IE 6、IE 7和FF）。在超链接中包含一个面板结构，要使超链接能够正常有效地被执行，需要使用IE条件语句，代码如下所示。

```
<ul id="lists">
    <li><a href="#" class="tl">主页
        <!--[if IE 7]><!--></a><!--<![endif]-->
        <!--[if lte IE 6]><table><tr><td><![endif]-->
        <div class="pos1"><img src="images/1.JPG" /></div>
        <!--[if lte IE 6]></td></tr></table></a><![endif]-->
    </li>
</ul>
```

在上面这个结构中，其难点就是IE条件语句。IE条件语句实际上就是一个条件结构，用来判断当前IE浏览器的版本号，以便执行不同的CSS样式或解析不同的HTML结构。

3. 设计音乐排行版栏目的版块样式。这种栏目版式比较特殊，主要涉及如何设计项目符号的样式，如图6-19所示。数字序号已经不再是普通的常见文字了，而是经过特殊处理的文字效果，使用背景图像才可以达到预期想要的效果。

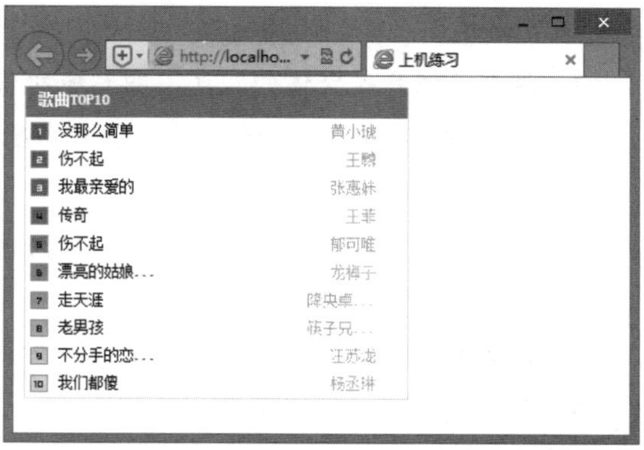

图6-19　音乐排行版栏目的版块样式

- 十个数字也就是十张图片，可不可以将这十张图片合并成一张图片？
- 将十张图片合并成一张图片，但HTML结构中又没有针对每个列表<li>标签添加class类名，怎么将图片指定到相对应的排名中？

设计要求

将有序列表<ol>标签的高度属性值设定一个固定值，这个固定值为列表<li>标签的十倍，并将列表所有的默认样式修饰符取消。利用有序列表<ol>标签中增加左补白空间显示合并后的数字背景图。

用简单的方法代替了给不同的列表<li>标签添加不同背景图片的麻烦步骤。这种处理方式的缺陷是必须调整好背景图片中十个数字图片之间的间距，如果增加了每个列表<li>标签的高度，就需要重新修改背景图片中十个数字图片之间的间距。

排行榜中第一名的歌曲携带有专辑图片，列表<li>标签的高度会相对比较高，解决方法是可以针对第一个列表<li>标签添加一个class类名。

4. 设计二级菜单导航。利用CSS样式可以实现二级菜单导航，也可以使用JavaScript等脚本语言实现。常规做法是利用CSS样式美化，配合JavaScript脚本实现显示或者隐藏二级菜单导航，演示效果如图6-20所示。二级导航常由两个无序列表嵌套构成，代码如下所示。

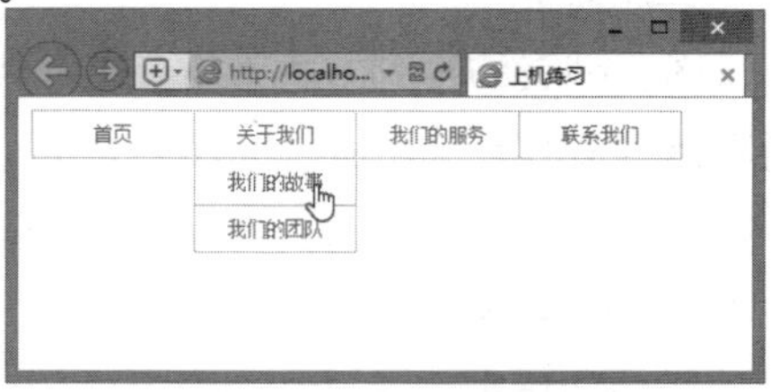

图6-20　二级菜单导航效果

```
<ul id="nav">
    <li><a href="#">首页</a></li>
    <li><a href="#">关于我们</a>
        <ul>
            <li><a href="#">我们的故事</a></li>
            <li><a href="#">我们的团队</a></li>
        </ul>
    </li>
</ul>
```

设计要求

- 调整一级导航整体的宽度，即无序列表<ul>标签“#nav”的宽度。
- 在一级导航中列表<li>标签中设置宽度以及高度属性值，并且浮动使其并排显示。
- 改变二级导航定位后的位置。
- 一级导航（无序列表<ul>标签）因为其子元素列表<li>标签的浮动，需要清除其自身的浮动才具有高度属性值。
- 改变各个元素相对应的边框显示。
- 每个元素之间的间距等细节调整。

5. 设计图文列表信息栏目样式。在前面章节中曾经介绍过图文混合排版样式，对于图文列表信息的处理其实大同小异，不同的是图文列表信息的表现方式是将列表内容以图片的形式在页面中体现，简单理解就是图片列表信息附带简短的文字说明。本案例的演示效果如图6-21所示。在图中展示的内容主要有列表标题、图片和与图片相关的说明文字。

图6-21　图文列表信息栏目样式

设计要求

图文列表的排列方式最讲究的一点就是宽度属性值的计算。横向排列的列表，当整体的列表（有序列表ol或者无序列表ul）横向空间不足以将所有列表横向显示时，浏览器会将列表换行显示。因此只有在宽度计算正确时，才足够将所有列表横向排列显示并且不会产生空间的浪费。

准确计算列表内容区域所需要的空间是有必要的。例子中每张图片的宽度属性值为134px，左右内补白分别为3px，左右边框分别为1px宽度的线条，图片列表与图片列表之间的间距为15px，即右外补白为15px。根据盒模型的计算方式，最终列表<li>标签的盒模型宽度值为1px+3px+134px+3px+1px+15px=157px，因此图文列表区域总宽度值为157px × 6=942px。

计算宽度之后，设计主要的内容，用CSS样式对图文列表的整体进行修饰，如图文列表的背景和边框以及图文列表标题的高度、文字样式和背景等。

最后调整内容，这是对图文列表信息细节以及用户体验的细化处理，如图片的边框、背景和文字的颜色等。为了用户在鼠标经过图片时能有更好的视觉体现效果，可以添加鼠标经过图片列表信息时图片以及文字的样式变化。

HTML

第7章 使用表格

在生活中表格随处可见，如账表、明细表、成绩表、数据表等，在网页中也是一样。制作网页的时候，<table>表格标签是最常用的，也是最必不可少的工具。表格拥有特殊的结构和布局模型，能够比较醒目地描述数据间的关系，如果借助CSS设计表格样式，可以帮助用户在阅读数据时更便捷、更轻松。

学习要点

- 了解与表格相关的标签，以及这些标签的使用
- 了解CSS定义表格样式的常用属性
- 理解CSS表格的布局模型

训练要点

- 能够使用HTML标签快速制作表格结构
- 能够使用CSS设计表格样式
- 能够根据表格布局模型解决表格布局中遇到的各种疑难问题

7.1 设计表格结构

表格是HTML中最常用的对象，在网页设计中使用表格显示或统计数据屡见不鲜。最简单的表格结构由<table>、<tr>以及<td>三个标签组成，在HTML中每个标签都有自己的语义功能，用户应该根据需要恰当使用这些标签。使用表格比较安全，它在CSS布局中很少出现问题。

7.1.1 搭建表格基本结构

表格通过使用<table>、<tr>和<td>（或<th>）三个标签构成网页中的数据表示方式。

- <table>标签，定义表格外框。
- <tr>标签，定义表格行。
- <th>标签，定义表格标题头。
- <td>标签，定义表格单元格，即表格的具体数据存储单元。

<td>标签表示数据信息包含框的最小数据单元，数据单元格可以包含文本、图片、列表、段落、表单、水平线、表格等。多个数据单元（<td>标签）可通过<tr> 标签包裹起来组成一行数据。多行数据（<tr>标签）可通过<table>标签包裹起来组成一个表格。

以Excel数据表格为例，读者可以很清晰地了解表格的组成部分，如图7-1所示。

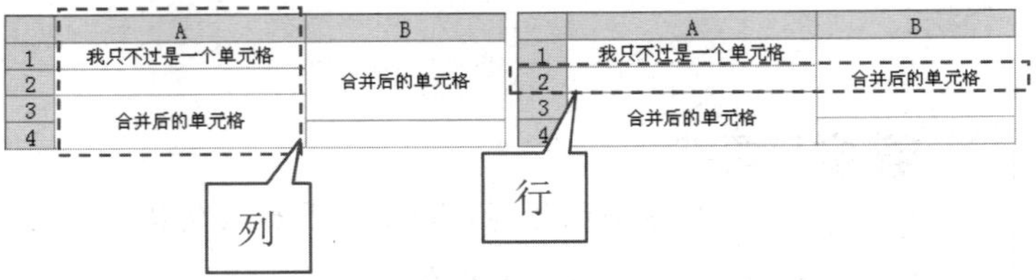

图7-1　表格结构分析

在上面表格中，行、列、单元格都已经出现了，而且是必须出现的。表格中任意一个格子就是一个单元格，横向排列组成的单元格称之为行，竖向排列组成的单元格称之为列。

【随堂练习】

启动Dreamweaver，新建一个网页，保存为test.html，在<body>内使用<table>、<tr>、<th>和<td>标签设计一个简单的表格。其中表格包含11行3列，第一行为标题行，代码如下所示。

```
<h1> 华语九天榜 </h1>
<table>
    <tr><th> 排名 </th> <th> 歌曲名 </th><th> 歌手名 </th></tr>
    <tr><td>1</td><td> 我，一个人 </td><td> 付辛博 </td> </tr>
    <tr><td>2</td><td> 他们 </td><td> 张惠妹 </td></tr>
    <tr><td>3</td><td> 伤不起 </td><td> 郁可唯 </td></tr>
    <tr><td>4</td><td> 如果有如果 </td><td> 邓福如 </td></tr>
    <tr><td>5</td><td> 狂想曲 </td><td> 萧敬腾 </td></tr>
    <tr><td>6</td><td> 越来越想爱上你 </td><td>SD5 行堂 </td></tr>
```

```
        <tr><td>7</td><td> 妈妈咪呀 !</td><td> 张靓颖 </td></tr>
        <tr><td>8</td><td> 除下 ***</td><td> 薛凯琪 </td></tr>
        <tr><td>9</td><td> 如梦令（电影《大武生》主题曲）</td><td> 韩庚 </td>
</tr>
        <tr><td>10</td><td> 因为爱情 </td><td> 陈奕迅 </td></tr>
    </table>
```

在IE浏览器中预览演示效果，如图7-2所示。

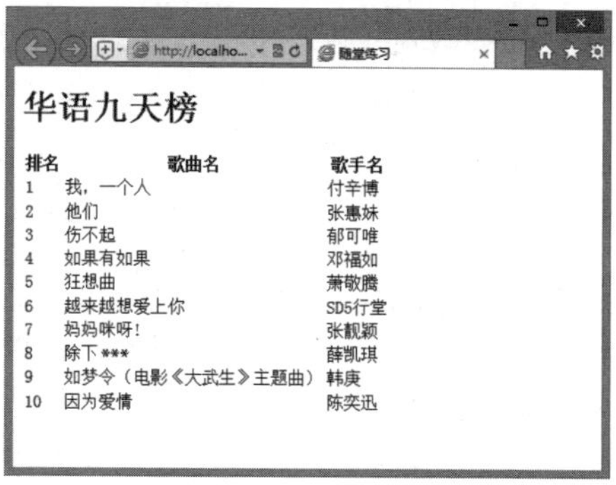

图7-2　表格的基本结构

【拓展学习】

在上面的示例中，演示了表格的基本组成，当然这个表格的结构简单，也缺乏美观。表格中的数据信息占用的空间大小是参照该列最长数据信息来定的。通过表格自身的一些基本属性可对其进行简单美化，如表格的宽度、高度及表格的边框控制等属性，详细说明如表7-1所示。在标准设计中，这些属性已不建议使用，而是可以通过CSS相关属性进行替代设计。

表7-1　<table>标签属性说明

属性	说明
width	定义宽度。功能与CSS的width属性一致
height	定义高度。功能与CSS的height属性一致
border	定义边框，属性值为0时，边框线隐藏，属性值越大边框线越粗。功能与CSS的border属性相似，但没有CSS边框属性强大
frame	取值：void、box、border、above、below、lhs、rhs、hsides、vsides 当frame =void时，表示不显示表格最外围的边框，这是默认设置 当frame =box时，显示四条边框线 当frame =border时，同时显示四条边框 当frame =above时，显示顶部边框，其余隐藏 当frame =below时，只显示底部边框，其余隐藏 当frame =lhs时，只显示左侧边框，其余隐藏 当frame =rhs时，只显示右侧边框，其余隐藏 当frame =hsides时，只显示水平方向的两条边框，其余隐藏 当frame =vsides时，只显示垂直方向的两条边框，其余隐藏
rules	取值：all、none、cols、rows、none 当rules=all时，纵向分隔线和横向分隔线将全部显示，这是默认设置 当rules=none时，纵向分隔线和横向分隔线将全部隐藏，仅显示表格的外框 当rules=cols时，表格会隐藏横向分隔线，仅显示表格的列 当rules=rows时，表格会隐藏纵向分隔线，仅显示表格的行 当rules=groups时，为行组或列组设置边框，需用<tbody>标签等分组元素查看效果
cellpadding	定义单元格的补白。功能与CSS的padding属性一致
cellspacing	定义单元格的边界。功能与CSS的margin属性一致

【拓展练习1】

在上面随堂练习的基础上，设计表格宽度满屏显示，定义高度为300像素，显示边框，并定义边框线粗为2像素，通过frame和rules属性组合使用，让表格仅显示上下外表格边框，左右表格外边框不显示，同时不显示表格内部边框线。设计此表格的HTML代码如下。

```
<h1> 华语九天榜 </h1>
<table width="100%" height="300" border="2" frame="hsides" rules="groups">
    <tr><th> 排名 </th> <th> 歌曲名 </th><th> 歌手名 </th></tr>
    <tr><td>1</td><td> 我，一个人 </td><td> 付辛博 </td> </tr>
    <tr><td>2</td><td> 他们 </td><td> 张惠妹 </td></tr>
    <tr><td>3</td><td> 伤不起 </td><td> 郁可唯 </td></tr>
    <tr><td>4</td><td> 如果有如果 </td><td> 邓福如 </td></tr>
    <tr><td>5</td><td> 狂想曲 </td><td> 萧敬腾 </td></tr>
    <tr><td>6</td><td> 越来越想爱上你 </td><td>SD5 行堂 </td></tr>
    <tr><td>7</td><td> 妈妈咪呀 !</td><td> 张靓颖 </td></tr>
    <tr><td>8</td><td> 除下 ***</td><td> 薛凯琪 </td></tr>
    <tr><td>9</td><td> 如梦令（电影《大武生》主题曲）</td><td> 韩庚 </td></tr>
    <tr><td>10</td><td> 因为爱情 </td><td> 陈奕迅 </td></tr>
</table>
```

在IE浏览器中预览演示效果，如图7-3所示。

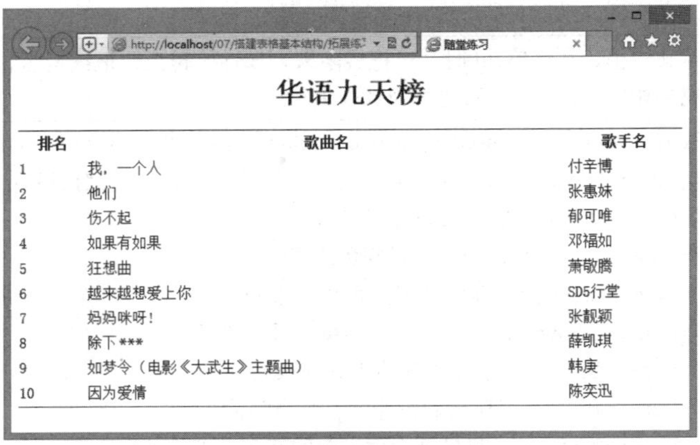

图7-3　美化的表格结构

7.1.2　设计表格附加结构

如果表格中某项数据是相同的，可通过跨越多行或者多列实现数据合并。使用HTML的rowspan属性和colspan属性可以实现多行和多列合并的效果。HTML的colspan、rowspan属性通常用在<td>和<th>标签中，具体用法如下。

- colspan属性，合并多列单元格，为该属性指定一个值（数值大于等于0，且为整数），表示要合并的单元格数目。

- rowspan属性，合并多行单元格，为该属性指定一个值（数值大于等于0，且为整数），表示要合并的单元格数目。

【随堂练习】

新建一个网页，保存为test.html，在<body>内使用<table>、<tr>、<th>和<td>标签设计一个简单的表格，然后使用HTML的colspan、rowspan属性合并相邻单元格中的相同项目，代码如下所示。

```
<h1> 个人热曲榜 </h1>
<table width="100%" height="300" border="1">
    <tr>
        <th> 排名 </th>
        <th> 歌曲名 </th>
        <th> 歌手 </th>
    </tr>
    <tr>
        <td>1</td>
        <td> 天音 </td>
        <td rowspan="2"> 黄圣依 </td>
    </tr>
    <tr>
        <td>2</td>
        <td> 今年我最红 </td>
    </tr>
    <tr>
        <td>3</td>
        <td colspan="2"> 空缺 </td>
    </tr>
</table>
```

在IE浏览器中预览演示效果，如图7-4所示。

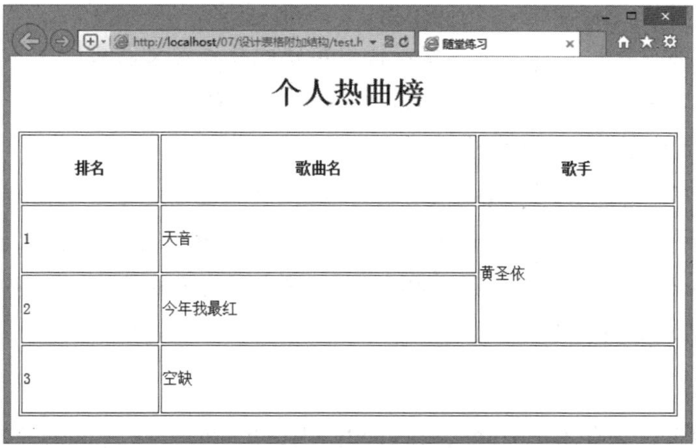

图7-4　合并相邻单元格

【拓展学习】

为方便搜索引擎的阅读，在标准设计中应该对数据表格的结构进行优化，以便提升表格的语义化。在网站优化的操作中，alt属性用于图片无法正常显示时以alt属性中的文字替代显示，以便访问者理解网页中此处的内容。图片需alt属性，表格则需要summary属性或/和<caption>标签。

- <caption>标签包含更完整地描述表格的标记文本。它包含行内元素，如<em>、<a>等标签，但不可包含块元素，如<div>、<p>等标签。
- summary属性包含描述表格的纯文本，它为网络爬虫和屏幕阅读器提供了帮助。对网络爬虫来说，这意味着不必查看表格，只需查看表格的描述就可知道表格的内容。从SEO角度考虑，这段描述可以在合适的情况下加入关键字，但不可乱用关键字，否则会降低网站的分数值。

summary 属性表示HTML表格摘要，并且不在网页中显示，而在<caption>标签内可以看见。summary属性与<caption>标签的不同之处是，所有人都可以看到<caption>标签包含的描述文本，而通常只有屏幕阅读器才能注意summary属性包含的信息，所以一般做法是在最佳位置写上足够详细的描述。<caption>标签一般用来表示短小精干的描述，不需要阅读表格就可以知道表格的主要内容。

> **提 示**
>
> 在XHTML严格型DTD中不需要<caption>标签，也不需要summary属性。

7.1.3 表格结构分组

表格内容可以被分组管理，这样方便网页设计师进行区域化控制，以方便数据显示、样式控制，也更有利于搜索引擎的检索。如果页面设置表头和表尾为静止，表格主体滚动，这样Web设计师就可以将很长的表格数据放在有限的空间里进行显示。

使用<thead>、<tbody>和<tfooter>标签可以对表格行进行分组，这些标签的作用说明如下。

- <thead>标签表示表格表头，可以使用单独的样式定义表头，并且在打印时可以在分页的上部打印表头。注意，<thead>标签表示的是对数据列的分类，而<caption>标签表示的是一个表格的总标题。
- <tbody>标签表示表格主体，当浏览器在显示表格时，通常是完全下载表格后，再全部显示，所以当表格很长时，可以使用<tbody>标签实现分段显示。
- <tfooter>标签表示表格表尾，<tfooter>标签中的内容如同Word文档中的页脚属性，打印时在页面底部显示。

【随堂练习】

新建一个网页，保存为test.html，在<body>内使用<thead>、<tbody>和<tfooter>标签对表格行进行分组。

```
    <h1>华语九天榜</h1>
    <table width="100%" height="300" border="1" frame="hsides"
rules="groups">
        <thead>
            <tr><th>排名</th> <th>歌曲名</th><th>歌手名</th></tr>
        </thead>
        <tbody>
            <tr><td>1</td><td>我，一个人</td><td>付辛博</td> </tr>
            <tr><td>2</td><td>他们</td><td>张惠妹</td></tr>
            <tr><td>3</td><td>伤不起</td><td>郁可唯</td></tr>
            <tr><td>4</td><td>如果有如果</td><td>邓福如</td></tr>
            <tr><td>5</td><td>狂想曲</td><td>萧敬腾</td></tr>
            <tr><td>6</td><td>越来越想爱上你</td><td>SD5行堂</td></tr>
            <tr><td>7</td><td>妈妈咪呀！</td><td>张靓颖</td></tr>
            <tr><td>8</td><td>除下***</td><td>薛凯琪</td></tr>
            <tr><td>9</td><td>如梦令（电影《大武生》主题曲）</td><td>韩庚
</td></tr>
            <tr><td>10</td><td>因为爱情</td><td>陈奕迅</td></tr>
        </tbody>
        <tfoot>
            <tr><td>更多>> </td><td></td><td> </td></tr>
        </tfoot>
    </table>
```

在IE浏览器中预览演示效果，如图7-5所示。

在上面示例中，<thead>标签中存放了表格信息的分类标题，<tbody>标签中存放了对应分类标题的具体数据信息，<tfooter>标签中暂时没有存放任何数据，可存放导航链接、当前页数等辅助信息。通过对表格数据进行行组的划分，可以减少class的使用，通过其标签设置CSS的相应属性，为修改数据信息提供了方便。

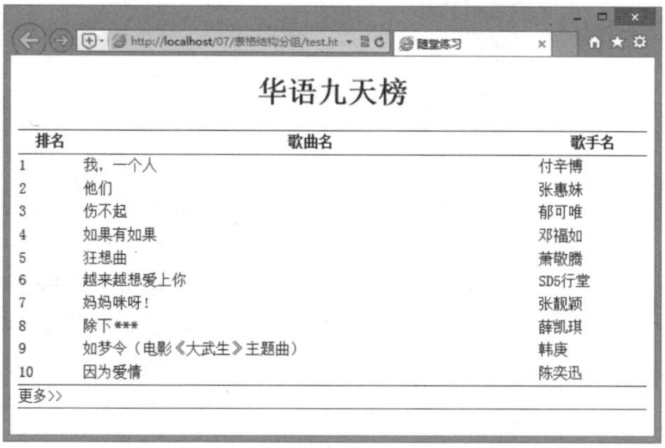

图7-5　对表格行进行分组

提 示

<thead>标签位置可放在任何位置，最好放在<table>或<caption>标签之后，但<tfooter>标签必须位于<tbody>标签之后，这样可以让浏览器解析出表格中间部分数据时提前处理顶部和底部。通过对表格划分区域，为以后CSS控制每块区域并设置不同的样式规则提供了方便。

【拓展学习】

要实现数据表格列分组，可以使用<colgroup>和<col>标签来实现，它们可以定义表格列和表格列组，二者是可选的。

- <colgroup>标签定义表格列的分组。利用该标签可以对列进行组合，以便进行格式化。该标签只有在<table>标签内部使用才是合法的。
- <col>标签为表格中一个或多个列定义属性值。如需对全部列应用样式，<col>标签很有用，这样就不须对各个单元和各行重复应用样式了。该标签可在<colgroup>标签中使用，也可以独立使用。

【拓展练习1】

步骤1 在上面随堂练习的基础上，在<table>标签中添加<colgroup>和<col>标签，对数据表格列进行分组。其中第一列和第二列为一组，第三列为一组，共分为两组，代码如下所示。

```
    <h1> 华语九天榜 </h1>
    <table width="100%" height="300" border="1" frame="hsides"
rules="groups">
        <colgroup>
            <col span="2" class="col1" />
            <col class="col2" />
        </colgroup>
        <thead>
            <tr><th> 排名 </th> <th> 歌曲名 </th><th> 歌手名 </th></tr>
        </thead>
        <tbody>
            <tr><td>1</td><td> 我，一个人 </td><td> 付辛博 </td> </tr>
            <tr><td>2</td><td> 他们 </td><td> 张惠妹 </td></tr>
            <tr><td>3</td><td> 伤不起 </td><td> 郁可唯 </td></tr>
            <tr><td>4</td><td> 如果有如果 </td><td> 邓福如 </td></tr>
            <tr><td>5</td><td> 狂想曲 </td><td> 萧敬腾 </td></tr>
            <tr><td>6</td><td> 越来越想爱上你 </td><td>SD5 行堂 </td></tr>
            <tr><td>7</td><td> 妈妈咪呀 !</td><td> 张靓颖 </td></tr>
            <tr><td>8</td><td> 除下 ***</td><td> 薛凯琪 </td></tr>
            <tr><td>9</td><td> 如梦令（电影《大武生》主题曲）</td><td> 韩庚
</td></tr>
            <tr><td>10</td><td> 因为爱情 </td><td> 陈奕迅 </td></tr>
        </tbody>
        <tfoot>
            <tr><td> 更多 >> </td><td></td><td> </td></tr>
        </tfoot>
    </table>
```

步骤2 在<head>标签内添加<style type="text/css">标签，定义一个内部样式表，然后输入下面的样式代码，分别为列组1和列组2定义两个类样式，为前两列和最后一列设计不同的背景色，代码如下所示。

```
h1{text-align:center;}
.col1 { background:#FCF;}
.col2 { background:#CFF;}
```

在IE浏览器中预览演示效果，如图7-6所示。

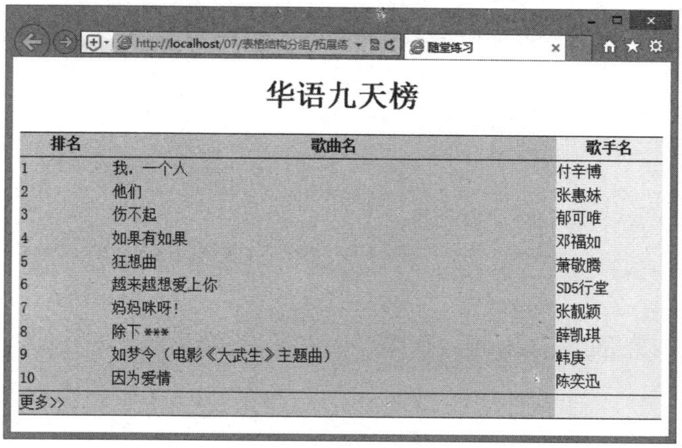

图7-6　对表格列进行分组

【拓展学习】

为了方便用户仔细阅读表格数据，应该使用<th>标签而不是<td>标签标记每个表头。<th>标签可以用在行表头或者列表头中，为指明其用途，每个<th>标签都有scope属性。可以将scope设置为"row"或"col"值，指明表头属于哪个表格组。

- col：定义列组（columngroup）的表头信息。
- row：定义行组（rowgroup）的表头信息。

【拓展练习2】

在上面“拓展练习1”的基础上，在表格中将第一列数据转换为标题，即把第一列的<td>标签替换为<th scope="col">，并通过scope属性定义列组，声明他们是右边数据单元格的表头，代码如下所示。

```
<h1> 华语九天榜 </h1>
<table width="100%" height="300" border="1" frame="hsides"
rules="groups">
    <colgroup>
        <col span="2" class="col1" />
        <col class="col2" />
    </colgroup>
    <thead>
        <tr><th> 排名 </th> <th> 歌曲名 </th><th> 歌手名 </th></tr>
    </thead>
```

```
    <tbcdy>
        <tr><th scope="row">1</th><td> 我，一个人 </td><td> 付辛博 </td></tr>
        <tr><th scope="row">2</th><td> 他们 </td><td> 张惠妹 </td></tr>
        <tr><th scope="row">3</th><td> 伤不起 </td><td> 郁可唯 </td></tr>
        <tr><th scope="row">4</th><td> 如果有如果 </td><td> 邓福如 </td></tr>
        <tr><th scope="row">5</th><td> 狂想曲 </td><td> 萧敬腾 </td></tr>
        <tr><th scope="row">6</th><td> 越来越想爱上你 </td><td>SD5 行堂 </td></tr>
        <tr><th scope="row">7</th><td> 妈妈咪呀 !</td><td> 张靓颖 </td></tr>
        <tr><th scope="row">8</th><td> 除下 ***</td><td> 薛凯琪 </td></tr>
        <tr><th scope="row">9</th><td> 如梦令（电影《大武生》主题曲）</td><td> 韩庚 </td></tr>
        <tr><th scope="row">10</th><td> 因为爱情 </td><td> 陈奕迅 </td></tr>
    </tbody>
    <tfoot>
        <tr><th scope="row"> 更多 >> </th><td></td><td> </td></tr>
    </tfoot>
</table>
```

在IE浏览器中预览演示效果，如图7-7所示。

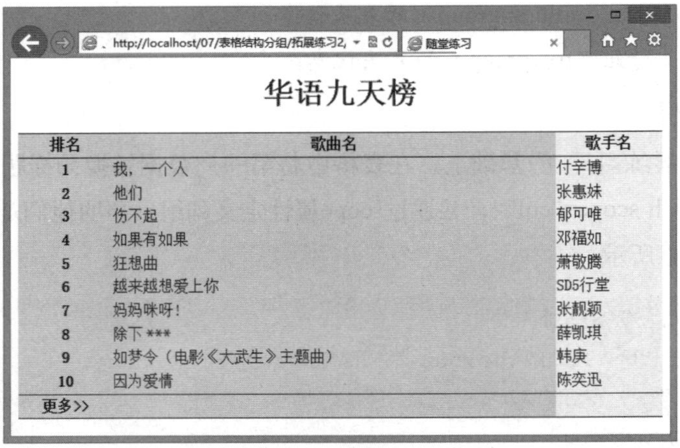

图7-7　定义表格列标题

提 示

可视化浏览器不太用到scope属性（IE、FF等常用浏览器），但屏幕阅读器却对它非常依赖。屏幕阅读器是一种软件，用来将文字、图形以及电脑接口的其他部分转换成语音或文字。

7.2 定义表格样式

除了HTML表格标签的属性外，网页设计师应该使用CSS属性来定义表格样式，CSS定义了几个表格专用属性，使用它们可以设计漂亮的表格样式。

在无特殊要求下，读者完全可以借助表格的HTML属性，但是考虑到标准化的设计要求，应该避免使用HTML属性，积极使用CSS属性定义表格样式。由于表格是由多个HTML标签组成，对于不同标签使用什么方法来设计样式是比较讲究的，例如给<table>标签定义padding属性就没有实际意义。

7.2.1 定义表格边框样式

传统布局中主要使用HTML的border属性来定义数据表格的边框，但是这种方法存在很多弊端，无法灵活定制表格样式，虽然结合HTML的frame和rules属性也可以设计更多的表格边框样式，但是这些样式都显得很单调。

如果使用CSS的border属性，则可以为table和td元素定义任意边上的边框样式，这在以前是不敢想象的。传统布局中要定制个性边框，只能借助多层表格嵌套，并结合背景图像来实现，所要付出的代价就是以牺牲HTML结构的语义性和易用性为前提。

【随堂练习】

在上一节拓展练习的基础上，清除<table>标签中定义的border、frame和rules属性，并删除使用<colgroup>和<col>标签定义的列分组。

在<head>标签内添加<style type="text/css">标签，定义一个内部样式表，然后输入下面的样式代码，定义表格边框样式，代码如下所示。

```
th, td {
    border:solid 1px #000;
}
```

在IE浏览器中预览演示效果，如图7-8所示。

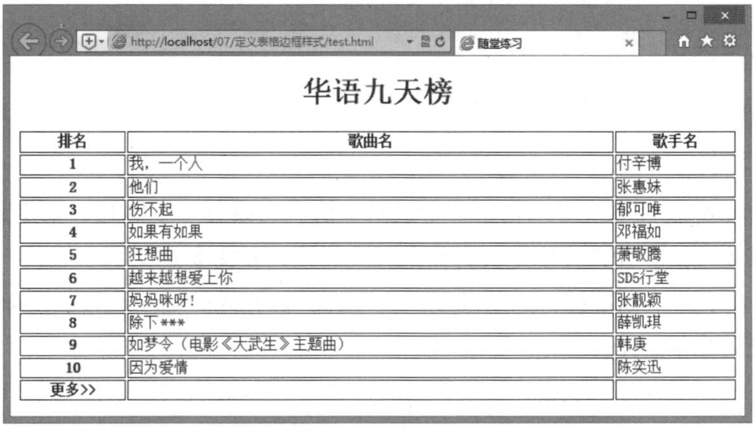

排名	歌曲名	歌手名
1	我，一个人	付辛博
2	他们	张惠妹
3	伤不起	郁可唯
4	如果有如果	邓福如
5	狂想曲	萧敬腾
6	越来越想爱上你	SD5行堂
7	妈妈咪呀！	张靓颖
8	除下***	薛凯琪
9	如梦令（电影《大武生》主题曲）	韩庚
10	因为爱情	陈奕迅
更多>>		

图7-8　使用CSS定义表格边框

【拓展练习】

从效果图可以看到，使用CSS定义的单行线不是连贯的线条，这是为什么呢？

原来是因为数据表中每个单元格都是一个独立的空间，为它们定义边框线时，相互之间不是紧密连接在一起的，所以会看到这样的效果。为了解决这个问题，CSS提供了border-collapse属性，使用该属性可以把相邻单元格的边框合并为一个，相当于把相邻单元格连接为一个整体，如果出现重复的边框定义，将被合并为单一边框线。border-collapse属性取值包括separate（单元格边框相互独立）和collapse（单元格边框相互合并）。

例如，针对上面示例出现的问题，为table元素定义如下样式，则浏览器在解析数据表格时会自动合并单元格边框，显示效果如图7-9所示。

```
table {/* 合并单元格边框 */
    border-collapse:collapse;
}
```

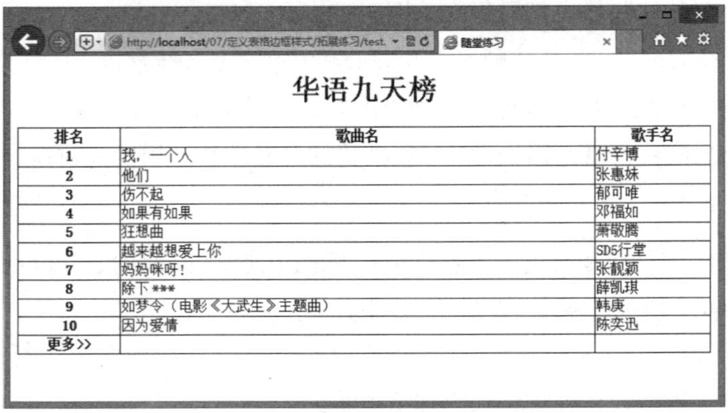

排名	歌曲名	歌手名
1	我，一个人	付辛博
2	他们	张惠妹
3	伤不起	郁可唯
4	如果有如果	邓福如
5	狂想曲	萧敬腾
6	越来越想爱上你	SD5行堂
7	妈妈咪呀！	张靓颖
8	除下 ***	薛凯琪
9	如梦令（电影《大武生》主题曲）	韩庚
10	因为爱情	陈奕迅
更多>>		

图7-9　使用CSS合并单元格边框

7.2.2　定义单元格间距样式

为了兼容HTML的cellspacing属性，CSS定义了border-spacing属性，该属性能够分离单元格之间的间距，属性用法如下所示。

```
border-spacing : length
```

length表示由浮点数字和单位标识符组成的长度值，不可为负值。

【随堂练习】

border-spacing属性取值可以包含一个或两个值。当设置一个值时，则定义单元格行间距和列间距都为该值，如果分别定义行间距和列间距，就需要定义两个值。

步骤❶ 在上一节拓展练习的基础上，在<head>标签内的<style type="text/css">标签中添加样式，代码如下所示。

```
table {/* 分隔单元格边框 */
    border-spacing:10px 20px;
}
```

步骤2 其中第一个值表示单元格之间的行间距，第二个值表示单元格之间的列间距，当使用border-spacing属性定义单元格之间的距离之后，该空间由表格元素的背景填充，同时删除上一节示例中的样式，被删除的样式代码如下所示。

```
table {/* 合并单元格边框 */
    border-collapse:collapse;
}
```

在IE浏览器中预览演示效果，如图7-10所示。

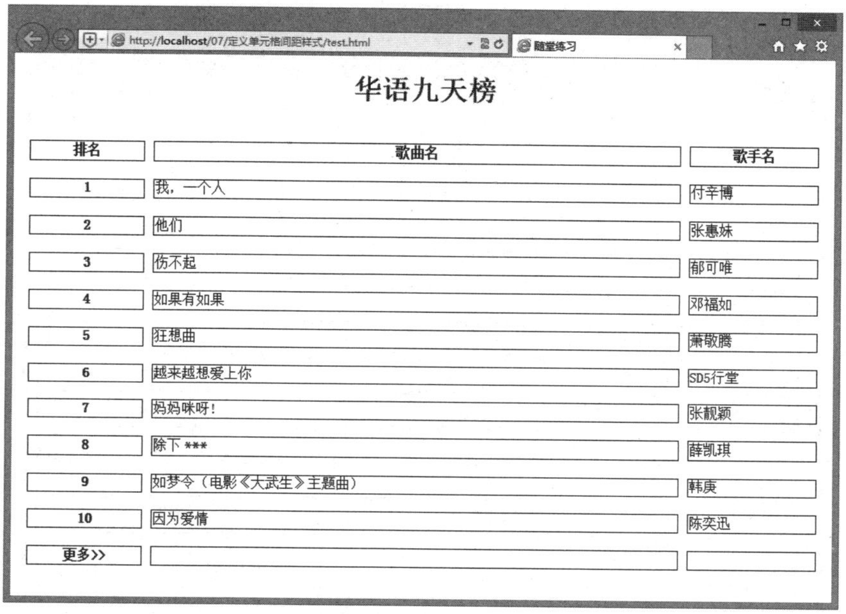

图7-10　定义单元格分离显示

【拓展学习】

使用border-spacing属性分离单元格时，应该注意三个问题。

第一，早期版本的IE浏览器不支持该属性，要定义相同效果的样式，就需要同时结合HTML的cell-spacing属性来设置。

第二，当使用border-spacing属性时，应确保数据单元格之间的相互独立性，不能再使用border-collapse来定义合并单元格边框。

第三，border-spacing属性不能使用CSS的margin属性来代替。对于td元素来说，不支持margin属性，但是可以为单元格定义补白，此时padding属性与单元格的cellpadding属性功能是相同的。

【拓展练习】

利用CSS的padding属性可以更灵活地定制单元格补白区域的大小，也可以根据需要定义不同边上的补白。使用padding属性还可以为表格定义补白，此时可以增加表格外框与单元格的距离。以上面的示例为基础，重新定义内部样式表，在<head>标签内的<style type="text/css">标签中清除其他表格样式，添加如下样式。

```
table {/* 为数据表格定义补白 */
    border:dashed 3px red;
    padding:10px;
}
th, td {/* 为单元格定义补白 */
    border:solid 1px #000;
    padding:10px;
}
```

在IE浏览器中预览演示效果，如图7-11所示。

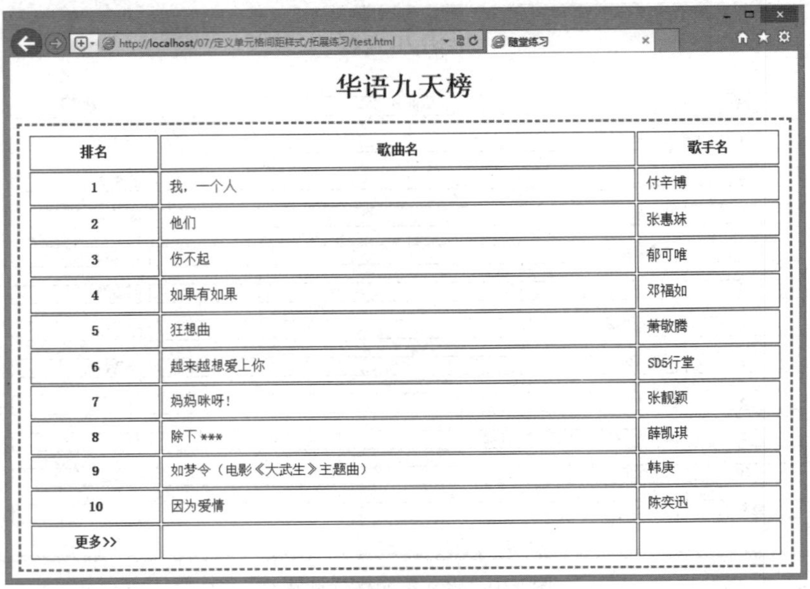

排名	歌曲名	歌手名
1	我，一个人	付辛博
2	他们	张惠妹
3	伤不起	郁可唯
4	如果有如果	邓福如
5	狂想曲	萧敬腾
6	越来越想爱上你	SD5行堂
7	妈妈咪呀！	张靓颖
8	除下 ***	薛凯琪
9	如梦令（电影《大武生》主题曲）	韩庚
10	因为爱情	陈奕迅
更多>>		

图7-11　定义单元格添加补白效果

7.2.3　定义空单元格样式

如果表格单元格的边框处于分离状态（即单元格边框处于非合并状态下），可以使用CSS的empty-cells属性来控制空单元格是否显示。该属性用法如下。

```
empty-cells : show | hide
```

其中，show表示显示边框，该值为默认值；hide表示隐藏边框。

【随堂练习】

步骤❶ 启动Dreamweaver，新建一个网页，保存为test.html，在<body>内使用<table>、<tr>、<th>和<td>标签设计一个简单的表格。其中表格包含2行2列，在前三个单元格中插入一个图标。

```
<table>
    <tr>
        <td><img src="images/1.jpg" width="200" /></td>
```

```
            <td><img src="images/2.jpg" width="200" /></td>
        </tr>
        <tr>
            <td><img src="images/3.jpg" width="200" /></td>
            <td></td>
        </tr>
</table>
```

步骤❷ 在<head>标签内添加<style type="text/css">标签，定义一个内部样式表，然后输入下面的样式代码，定义表格样式并隐藏空单元格边框，代码如下所示。

```
table {/* 表格样式 */
    border:solid 2px red;      /* 定义实线表格边框 */
    empty-cells:hide;          /* 隐藏空单元格 */
    border-spacing:10px;       /* 定义单元格间距 */
}
th, td {/* 单元格样式 */
    border:solid 1px blue;     /* 定义实线单元格边框 */
    padding:10px;              /* 定义单元格内的补白区域 */
}
```

在IE浏览器中预览演示效果，如图7-12所示。

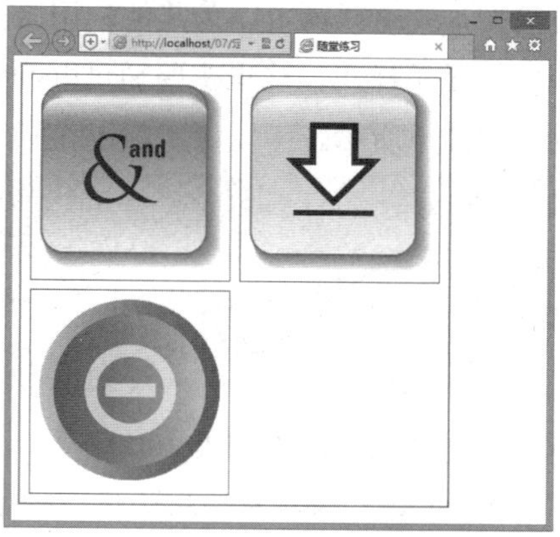

图7-12　定义空单元格显示样式

【拓展学习】

使用empty-cells属性时，应注意三个问题。

第一，empty-cells属性控制没有可视内容的单元格周围边框的显示。所谓没有可视内容就是单元格内包含的内容不可见，或者单元格内不包含任何内容，或者单元格的visibility属性定义为hidden，都被认为是没有可视内容。可视内容包括“ ”以及其他空白，但是不包括ASCII字符中的回车符（“\0D”）、换行符（“\0A”）、Tab键（“\09”）和空格键（“\20”）。

第二，如果表格数据行中所有单元格的empty-cells属性取值都为hide，而且都没有任何可视内容，那么整行就等于设置了“display: none”。

第三，标准浏览器默认显示空单元格的边框。早期IE浏览器不支持该属性，且始终不会显示空单元格的边框。

7.3 设计复杂表格样式

表格是存储数据的最佳模型，这种模型被称为关系模型，类似的还有网状模型和文件模型等。表格结构都是由一个可选的标题头开始，后面跟随一行或许多行数据，每一行数据由一个或多个单元格组成，并可以区分为表头和数据单元格。单元格可以被合并、跨列或跨行，同时可以带有可被表现为语音或盲文的属性，以及能够将表格数据导出到数据库中的属性。单元格的行或列可以组织成行组和列组，并通过行组和列组来控制数据的分组并设置样式。在数据单元格中可以包含任何内容，如标题、列表、段落、表单、图像、预定义文本和表格（即嵌套表格）。

表格能够描述数据之间的关系，它也能够实现网页布局。在传统网页布局中，表格主要被用作布局工具，如今在标准网页布局中，表格主要负责组织和显示，不再提倡使用表格进行布局了。通过在HTML文档中使用表格指定数据之间的关系，并使用CSS定义表格的呈现效果，已经成为网页设计的一种普遍用法。

7.3.1　使用CSS定义表格结构

表格布局模型是建立在数据表格的结构模型基础之上的呈现模型。一个完整的表格结构包含一个可选的标题以及任意行的单元格。当多行单元格被构建，则根据表格结构模型会自动派生出列，每行中第一个单元格属于第一列，第二个单元格属于第二列，依此类推。行和列可以在结构上被分组，并利用这个分组使用CSS控制多行或多列的显示样式。简单地说，表格结构模型包含了表格、标题、行、行组、列、列组和单元格。

为了更方便地控制这些结构，CSS使用display属性定义了各种对应的显示模型（即显示类型），这样就可以为其他标识语言（如XML语言）和不同元素定义表格结构，并控制它们的显示样式。这里主要通过display属性进行定义，并映射到对应的表格结构中。该属性用法如下所示。

```
    display : block | none | inline | compact | marker | inline-table |
list-item | run-in | table | table-caption | table-cell | table-column
| table-column-group | table-footer-group | table-header-group | table-
row | table-row-group
```

这些属性值的说明如下。

- block：块对象的默认值。将对象强制作为块对象呈递，为对象之后添加新行。
- none：隐藏对象。与visibility属性的hidden值不同，其不为被隐藏的对象保留其物理空间。
- inline：内联对象的默认值。将对象强制作为内联对象呈递，从对象中删除行。
- inline-block：将对象呈现为内联对象，但是对象的内容作为块对象呈现。旁边的内联对象会被呈现在同一行内。
- compact：分配对象为块对象或基于内容之上的内联对象。
- marker：指定内容在容器对象之前或之后。要使用此参数，对象必须和“:after”及“:before”伪元素一起使用。
- inline-table：将表格显示为无前后换行的内联对象或内联容器。
- list-item：将块对象指定为列表项目，并可以添加可选项目标志。
- run-in：分配对象为块对象或基于内容之上的内联对象。

- table：将对象作为块元素级的表格显示。
- table-caption：将对象作为表格标题显示。
- table-cell：将对象作为表格单元格显示。
- table-column：将对象作为表格列显示。
- table-column-group：将对象作为表格列组显示。
- table-header-group：将对象作为表格标题组显示。
- table-footer-group：将对象作为表格脚注组显示。
- table-row：将对象作为表格行显示。
- table-row-group：将对象作为表格行组显示。

根据表格布局模型，HTML 4.0版本开始默认规定了每一种表格元素的对应显示模型，这些默认样式展示了这些表格模型是如何被映射到HTML 4.0中，样式代码如下所示。

```
TABLE           { display: table }
TR              { display: table-row }
THEAD           { display: table-header-group }
TBODY           { display: table-row-group }
TFOOT           { display: table-footer-group }
COL             { display: table-column }
COLGROUP        { display: table-column-group }
TD, TH          { display: table-cell }
CAPTION         { display: table-caption }
```

【随堂练习】

步骤1 启动Dreamweaver，新建一个网页，保存为test.html，在<body>内使用<div>标签来模拟一个表格结构。分别使用类名来设置<div class="table">标签模拟<table>标签，使用<div class="tr">标签模拟<tr>标签，使用<div class="td">标签模拟<td>标签，代码如下所示。

```
<div class="table">
    <div class="tr">
        <div class="td"><img src="images/01.gif" /></div>
        <div class="td"><img src="images/02.gif" /></div>
    </div>
    <div class="tr">
        <div class="td"><img src="images/03.gif" /></div>
        <div class="td"><img src="images/04.gif" /></div>
    </div>
</div>
```

步骤2 在<head>标签内添加<style type="text/css">标签，定义一个内部样式表，然后输入下面的样式代码，定义表格模型的类样式，代码如下所示。

```
.table {/* 定义表格布局类样式 */
    display:table;                          /* 定义表格显示 */
```

```
    width:600px;                                /* 定义包含框的宽度 */
    border:solid 2px red;                       /* 定义虚线边框样式 */
    padding:8px;
}
.td {/* 定义单元格布局类样式 */
    display:table-cell;                         /* 定义单元格显示 */
    border:solid 1px #000;                      /* 定义边框样式 */
    height:60px;                                /* 定义固定高度 */
    width:50%;                                  /* 定义百分比宽度 */
    text-align:center;                          /* 水平居中显示 */
    vertical-align:bottom;                      /* 底部垂直显示 */
    padding:4px;
}
.tr {/* 定义数据表行类样式 */
    display:table-row;                          /* 定义数据行显示 */
}
```

在IE浏览器中预览演示效果，如图7-13所示。

图7-13　使用<div>标签模拟表格模型结构

注意，由于IE 7及其以下版本浏览器暂时还不支持表格布局模型，所以还无法在这些浏览器中获得上图的效果。

7.3.2　定义表格列和行的样式

单元格位于表格行和列的交叉点上，根据表格布局模型，单元格应该从属于行，而不是列，或者说单元格是行的子对象，但绝对不是列的子对象。不过根据表格布局模型，多个同列的单元格可以组合为一个列，可以形象地把它比作列集合。

通过设置列的属性可以影响列包含的单元格显示样式。列和列组元素所支持的标准属性如下。

- border：定义指定列或列组的边框。只有当table被定义了“border-collapse:collapse”

声明时，border属性才有效。

- background：定义指定列或列组中单元格的背景，但是只有在单元格和行中设置了透明背景时适用。
- width：定义指定列或列组的最小宽度。
- visibility：当设置一个列的visibility为collapse时，那么该列中所有的单元格都不会被渲染，而延伸到其他列的单元格将被剪裁。另外，表格的宽度也会相应减少该列本应占据的宽度。

【随堂练习】

步骤1 新建一个网页，保存为test.html，在<body>内使用<table>、<tr>、<th>和<td>标签设计一个数据表格，定义12个列组元素，然后对数据列进行分组，并为其中特殊的数据列定义显示样式，代码如下所示。

```
<h1>定义表格的列和行样式</h1>
<table>
    <colgroup>
        <col class="col1" />
        <col class="col2" />
        <col class="col3" />
        <col class="col4" />
        <col class="col5" />
        <col class="col6" />
        <col class="col7" />
        <col class="col8" />
        <col class="col9" />
        <col class="col10" />
        <col class="col11" />
        <col class="col12" />
    </colgroup>
     <tr> <th>排名</th> <th>校名</th><th>总得分</th> <th>人才培养总
得分</th><th>研究生培养得分</th>   <th>本科生培养得分</th><th>科学研究总得分
</th><th>自然科学研究得分</th><th>社会科学研究得分</th><th>所属省份</th><th>
分省排名</th> <th>学校类型</th> </tr>
    <tr> <td>1</td><td>清华大学</td><td>296.77</td><td>128.92</td>
<td>93.83</td> <td>35.09</td><td>167.85</td> <td>148.47</td><td>19.38
</td><td>京 </td><td>1</td><td>理工</td>     </tr>
    <tr> <td>2</td><td>北京大学</td><td>222.02</td><td>102.11</td>
<td>66.08</td><td>36.03</td><td>119.91</td><td>86.78</td> <td>33.13</
td><td>京 </td><td>2</td>td>综合</td> </tr>
    <tr><td>3</td> <td>浙江大学</td><td>205.65</td><td>94.67</td>
<td>60.32</td><td>34.35</td> <td>110.97</td><td>92.32</td> <td>18.66</
td><td>浙 </td><td>1</td><td>综合</td> </tr>
    <tr> <td>4</td><td>上海交大</td><td>150.98</td><td>67.08</
```

```
td><td>47.13</td><td>19.95</td><td>83.89</td> <td>77.49</td> <td>6.41</
td> <td>沪 </td> <td>1</td><td>综合 </td> </tr>
        <tr> <td>5</td> <td>南京大学</td><td>136.49</td> <td>62.84</td>
<td>40.21</td><td>22.63</td><td>73.65</td> <td>53.87</td><td>19.78</td>
<td>苏</td> <td>1</td> <td>综合 </td> </tr>
        <tr> <td>6</td><td>复旦大学 </td> <td>136.36</td><td>63.57</td>
<td>40.26</td><td>23.31</td><td>72.78</td> <td>51.47</td> <td>21.31</td>
<td>沪</td> <td>2</td> <td>综合 </td> </tr>
        <tr><td>7</td> <td>华中科大</td> <td>110.08</td> <td>54.76</td>
<td>30.26</td><td>24.50</td><td>55.32</td><td>47.45</td><td>7.87</td>
<td>鄂 </td><td>1</td><td>理工 </td> </tr>
        <tr><td>8</td> <td>武汉大学 </td><td>103.82</td> <td>50.21</td>
<td>29.37</td><td>20.84</td><td>53.61</td><td>36.17</td><td>17.44</td>
<td>鄂 </td> <td>2</td><td>综合</td> </tr>
        <tr><td>9</td><td>吉林大学 </td><td>96.44</td><td>48.61</td>
<td>25.74</td><td>22.87</td> <td>47.83</td><td>38.13</td> <td>9.70</td>
<td>吉 </td><td>1</td><td>综合</td> </tr>
        <tr>td>10</td><td>西安交大</td> <td>92.82</td> <td>47.22</td>
<td>24.54</td> <td>22.68</td><td>45.60</td> <td>35.47</td><td>10.13</td>
<td>陕</td><td>1</td><td>综合</td> </tr>
    </table>
```

步骤2 在<head>标签内添加<style type="text/css">标签，定义一个内部样式表，然后输入下面的样式代码，定义各列样式，代码如下所示。

```
    table {/* 定义表格样式 */
        border:dashed 1px red;              /* 定义表格虚线框显示 */
        border-collapse:collapse;           /* 合并单元格边框 */
    }
    th, td {/* 定义单元格样式 */
        border:solid 1px #000;              /* 定义单元格边框线 */
    }
    col.col1, col.col11 {/* 第 1 列、第 11 列样式 */
        width:3em;                          /* 固定列宽度为 3 个字体大小 */
        text-align:center;                  /* 居中对齐（IE 下有效）*/
        font-weight:bold;                   /* 字体加粗显示（IE 下有效）*/
        color:red;                          /* 列内数据红色字体显示（IE 下有效）*/
    }
    col.col2 {/* 第 2 列样式 */
        border:solid 12px blue;             /* 定义列粗边框显示（IE 下无效）*/
    }
    col.col3 {/* 第 3 列样式 */
        background:#FF99FF;                 /* 定义列背景色 */
    }
    col.col4, col.col7 {/* 第 4 列、第 7 列样式 */
```

```
        background:#33CCCC;              /* 定义列背景色 */
    }
```

步骤3 分别在IE 7和IE 10中演示，分别如图7-14和图7-15所示。从中可以看到IE的不同版本在解析效果上存在一定的区别，这与IE 7及其以下版本浏览器不完全支持表格布局模型有关系。目前，在其他现代主流浏览器中基本上都支持表格布局模型了。

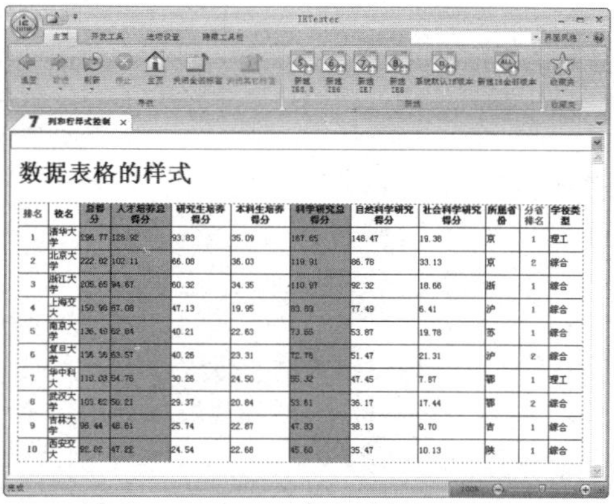

图7-14　IE 7中解析列组样式效果

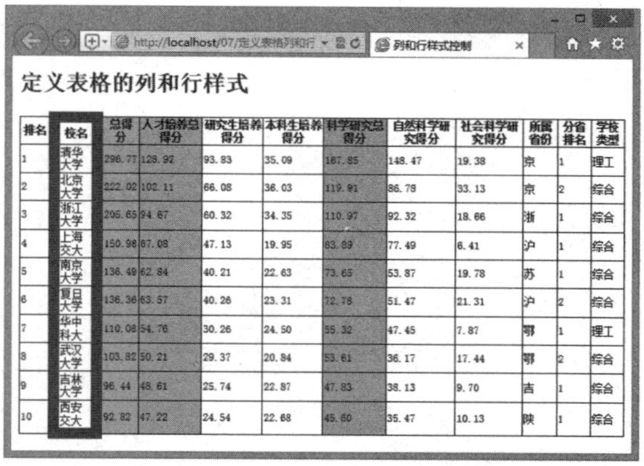

图7-15　IE 10中解析列组样式效果

从演示结果中可以看到，早期IE版本不支持列的边框样式，而不是IE浏览器不支持上面所列之外的任何属性。

【拓展练习】

对于表格行的控制，操作相对要简单些。要控制单行样式，只需控制tr元素即可；要控制多行样式，则需要使用tbody、tfoot和thead元素对数据行进行分组，然后通过这些行组元素来控制多行数据的样式。

步骤1 针对上面的示例，分别使用tbody、tfoot和thead元素对数据行进行分组，为了节省篇幅，这里省略了每行数据中大部分单元格结构及其包含的数据，代码如下所示。

```
<table>
    <thead>
        <tr><th>排名</th>...</tr>
        <tr class="row1"><td>1</td>...</tr>
        <tr class="row2"><td>2</td>...</tr>
        <tr class="row3"><td>3</td>...</tr>
        <tr class="row4"><td>4</td>...</tr>
    </thead>
    <tbody>
        <tr><td>5</td>...</tr>
        <tr><td>6</td>...</tr>
        <tr><td>7</td>...</tr>
        <tr><td>8</td>...</tr>
        <tr><td>9</td>...</tr>
```

```
        </tbody>
        </tfoot>
            <tr><td>10</td>...</tr>
        </tfoot>
    </table>
```

步骤2 分别为第1行到第4行的数据以及tbody行组数据定义样式，代码如下所示。

```
tr.row1 {/* 第 1 行样式类 */
    width:3em;                      /* 最小宽度，将会影响到其他行单元格宽度 */
    text-align:center;                       /* 居中显示 */
    font-weight:bold;                        /* 加粗字体 */
    color:red;                               /* 红色字体 */
}
tr.row2 {/* 第 2 行样式类 */
    border:solid 12px blue;                  /* 定义粗边框线效果 */
}
tr.row3 {/* 第 3 行样式类 */
    background:#FF99FF;                      /* 定义背景色 */
}
tr.row4 {/* 第 4 行样式类 */
    background:#33CCCC;                      /* 定义背景色 */
}
tbody {/* 主体行组样式类 */
    background:blue;                         /* 定义行组背景色 */
    color:white;                             /* 定义行组字体颜色 */
}
```

与列组不同，标准浏览器一般支持CSS提供的所有常用属性，但是早期版本的IE浏览器不支持行组的边框样式。另外，在定义tbody元素时，应该先定义thead元素，否则浏览器会把所有数据行都归为tbody行组中。上面示例所显示的效果如图7-16所示。

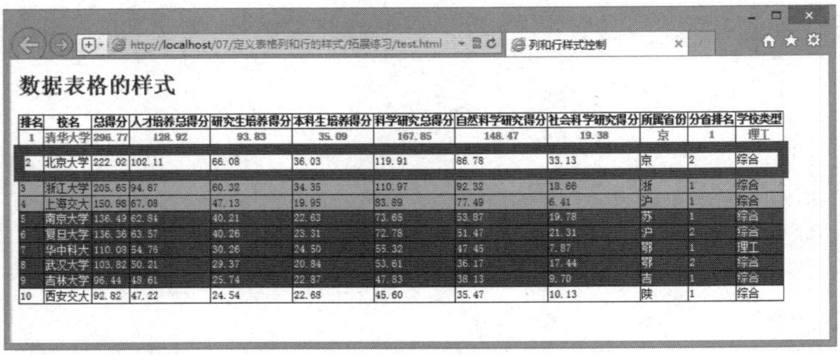

图7-16　表格数据行组的显示效果

7.3.3　定义表格标题样式

为了控制数据表格的标题样式，CSS提供了caption-side属性来定义标题的显示位置。该属性的用法如下。

```
caption-side : top | right | bottom | left
```

其中，top 为默认值，表示caption在表格的上边显示；right表示caption在表格的右边显示；bottom表示caption在表格的下边显示；left表示caption在表格的左边显示。

如果要水平对齐标题，则可以使用text-align属性；对于左右两侧的标题，可以使用vertical-align属性进行垂直对齐，取值包括top、middle和bottom，其他值无效，默认值为top。

【随堂练习】

步骤1 新建一个网页，保存为test.html，在<body>内使用<table>、<tr>、<th>和<td>标签设计一个数据表格，代码如下所示。

```
<table>
    <caption>
        表格的标题
    </caption>
    <tr>
        <td><img src="images/01.gif" /></td>
        <td><img src="images/02.gif" /></td>
    </tr>
    <tr>
        <td><img src="images/03.gif" /></td>
        <td><img src="images/04.gif" /></td>
    </tr>
</table>
```

步骤2 在<head>标签内添加<style type="text/css">标签，定义一个内部样式表，然后输入下面的样式代码定义各列样式。定义标题靠左显示，并设置标题垂直居中，代码如下所示。

```
table {/* 定义表格样式 */
    border:solid 1px red;                /* 虚线外框 */
}
th, td {/* 定义单元格样式 */
    border:solid 1px #000;               /* 实线内框 */
}
caption {/* 定义标题行样式 */
    caption-side:left;                   /* 左侧显示 */
    width:10px;                          /* 定义宽度 */
    margin:auto 20px;                    /* 定义左右边界 */
    vertical-align:middle;               /* 垂直居中显示 */
    font-size:14px;                      /* 定义字体大小 */
    font-weight:bold;                    /* 加粗显示 */
    color:#666;                          /* 灰色字体 */
}
table img{ width:200px;}
```

IE浏览器暂不支持caption-side属性，所以在IE浏览器中的显示效果如图7-17所示，在FF浏览器中的显示效果如图7-18所示。

图7-17　IE中的解析效果

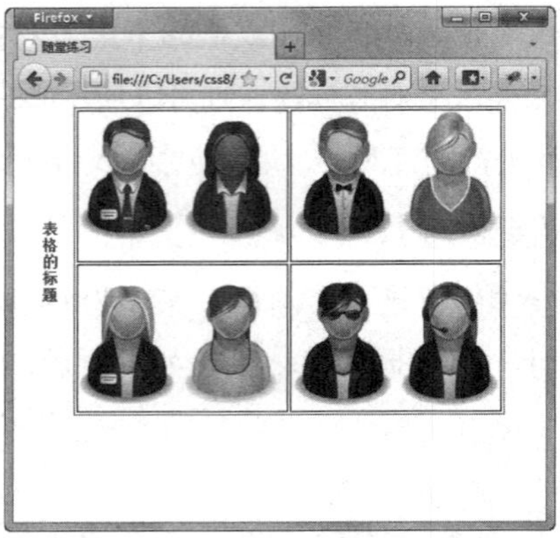

图7-18　FF 中的解析效果

提 示

如果要在IE浏览器中定义标题行的显示位置，可以使用caption元素的私有属性align定义，但是它仅能够定位标题在顶部（top）和底部（bottom），以及顶部的左侧（left）、中侧（center）和右侧（right）显示。

7.3.4　表格内样式层叠顺序

由于用户可以同时为table、tr和td等元素定义背景色、边框和字体属性等样式，这时就很容易发生相同样式重叠冲突的问题，为此需要了解表格布局模型中元素间的层叠覆盖顺序。

根据表格布局模型的层规划，各种表格元素背景层叠的顺序如图7-19所示。通过该图可以看到td元素的背景图像或背景色具有最大优先权，也就是说如果定义了单元格背景，则下面各种元素的背景都将看不到。依此类推，如果单元格为透明，则行（tr元素）具有最大优先权，表格定义的背景优先权最弱，如果表格中其他元素都为透明时，才可以看到表格的背景。

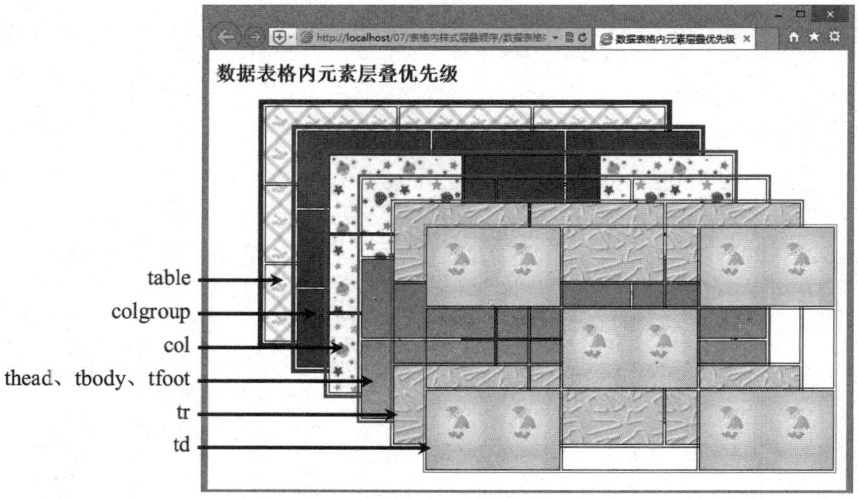

图7-19　数据表格内元素层叠优先级

【随堂练习】

对于表格边框样式来说，元素之间的层叠和覆盖顺序又是怎样的呢？为了更真实地认识边框覆盖顺序，下面做一个练习。

步骤1 新建一个网页，保存为test.html，在<body>内使用<table>、<tr>、<th>和<td>标签设计一个两行三列的数据表格，代码如下所示。

```
<table class="table1">
    <colgroup>
    <col class="col1" />
    <col class="col2" />
    <col class="col3" />
    </colgroup>
    <tr class="tr1">
        <td class="cell1"> </td>
        <td class="cell2"> </td>
        <td class="cell3"> </td>
    </tr>
    <tr class="tr2">
        <td class="cell4"> </td>
        <td class="cell5"> </td>
        <td class="cell6"> </td>
    </tr>
</table>
```

步骤2 在<head>标签内添加<style type="text/css">标签，定义一个内部样式表，然后输入下面的样式代码。

```
body, table, td {
    font-size:12px;
}
table {
    border:solid 2px red;
    position:absolute;
    width:500px;
    height:200px;
    border-collapse:collapse;
}
td {border:solid 10px #000;}
.cell1 { border-style:dashed;}
.cell2 {border-style:double;}
```

如果定义第一个单元格为虚线边框，而第二个单元格为双线边框，则可以看到同宽的双线边框将覆盖虚线和实线边框，而虚线边框又将覆盖实线边框，如图7-20所示。

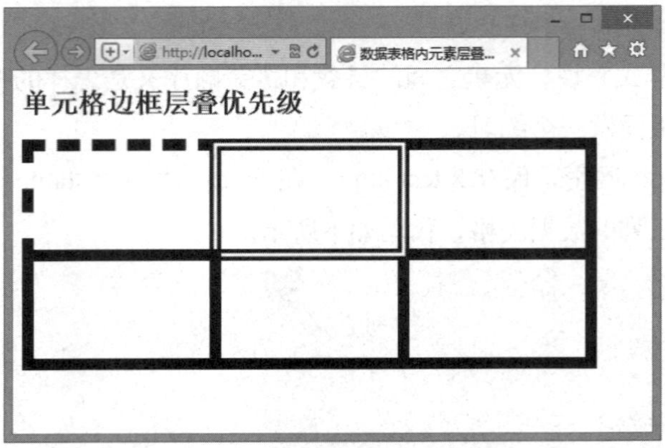

图7-20　边框线型的覆盖关系

【拓展学习】

简单总结一下边框覆盖的规则和顺序。

- 如果定义了"border-style:hidden;"，那么它的优先级高于任何其他相冲突的边框。任何边框只要有该取值，将覆盖该位置的所有边框。通俗地说，如果边框被定义为隐藏显示，则其他任何重叠声明都是无效的。
- 如果定义了"border-style:none;"，那么它的优先级是最低的。只有在该边汇集的所有元素的边框属性都是none时，该边框才会被省略，元素的边框默认值为none。
- 更宽的边框将覆盖相对较窄的边框。如果若干边框的border-width属性值相同，那么样式的优先顺序将根据边框样式类型排序（排在前面的优先级最高）：double、solid、dashed、dotted、ridge、outset、groove和inset。
- 如果边框样式只有颜色上的区别，那么样式的优先顺序将根据元素类型进行排序（排在前面的优先级最高）：td、tr、thead（或tbody、tfoot）、col、colgroup和table。

7.4 综合实训

本章集训目标

- 在理解CSS表格属性的基础上定义表格基本样式。
- 灵活使用CSS各种属性，设计精美的表格样式。

实训1：设计清新悦目的表格样式

实训说明

在设计大容量数据的表格样式时，应该考虑浏览者的浏览体验，让表格看起来更爽目，不刺眼，在阅读数据时不疲劳，不容易让人看错行。本示例数据表格样式清秀，特别适合显示多行数据，表格样式以柔和色调为主要设计风格，避免引起视觉疲倦。案例设计效果如图7-21所示。

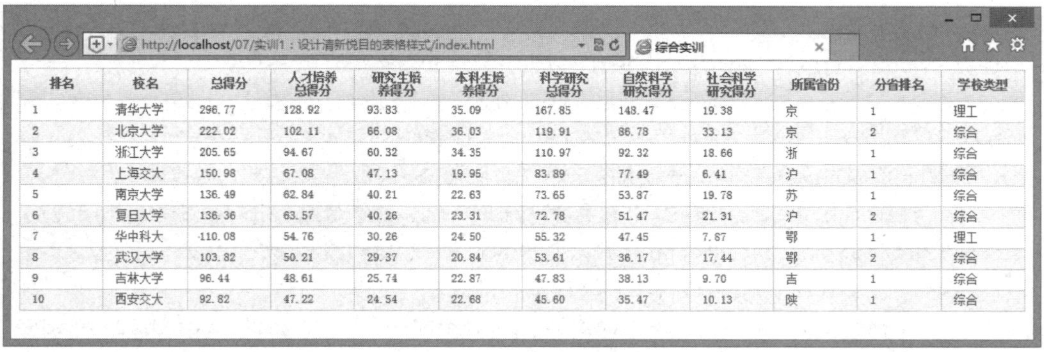

排名	校名	总得分	人才培养总得分	研究生培养得分	本科生培养得分	科学研究总得分	自然科学研究得分	社会科学研究得分	所属省份	分省排名	学校类型
1	清华大学	296. 77	128. 92	93. 83	35. 09	167. 85	148. 47	19. 38	京	1	理工
2	北京大学	222. 02	102. 11	66. 08	36. 03	119. 91	86. 78	33. 13	京	2	综合
3	浙江大学	205. 65	94. 67	60. 32	34. 35	110. 97	92. 32	18. 66	浙	1	综合
4	上海交大	150. 98	67. 08	47. 13	19. 95	83. 89	77. 49	6. 41	沪	1	综合
5	南京大学	136. 49	62. 84	40. 21	22. 63	73. 65	53. 87	19. 78	苏	1	综合
6	复旦大学	136. 36	63. 57	40. 26	23. 31	72. 78	51. 47	21. 31	沪	2	综合
7	华中科大	110. 08	54. 76	30. 26	24. 50	55. 32	47. 45	7. 87	鄂	1	理工
8	武汉大学	103. 82	50. 21	29. 37	20. 84	53. 61	36. 17	17. 44	鄂	2	综合
9	吉林大学	96. 44	48. 61	25. 74	22. 87	47. 83	38. 13	9. 70	吉	1	综合
10	西安交大	92. 82	47. 22	24. 54	22. 68	45. 60	35. 47	10. 13	陕	1	综合

图7-21　清新悦目的表格样式

主要训练技巧说明

- 表格色调以清淡为主，不刺激眼睛，但是又能够准确区分数据的行和列。边框线以淡蓝色为主色调，并配以12像素的灰色字体，营造一种精巧的设计效果，其设计重点在于色调搭配上。
- 以隔行变色的技巧来分行显示数据，这也是目前数据表的主流样式，它符合视线的换行显示，避免错行阅读数据。
- 通过轻微的渐变背景图像来设计表格列标题，使表格看起来更大方，富有立体感。

设计步骤

步骤1 在Photoshop中设计渐变的背景图像，高度为30像素，渐变色调以淡蓝色为主，如图7-22所示。

图7-22　设计背景图像

步骤2 构建网页结构。启动Dreamweaver，新建一个网页，保存为index.html，在<body>标签内输入如下结构代码。

```
<table>
    <tr> <th> 排名 </th><th> 校名 </th><th> 总得分 </th><th> 人才培养总得分 </th><th> 研究生培养得分 </th><th> 本科生培养得分 </th><th> 科学研究总得分 </th><th> 自然科学研究得分 </th><th> 社会科学研究得分 </th><th> 所属省份 </th><th> 分省排名 </th> <th> 学校类型 </th> </tr>
    <tr> <td>1</td><td> 清华大学 </td><td>296.77</td><td>128.92</td><td>93.83</td> <td>35.09</td><td>167.85</td> <td>148.47</td><td>19.38</td><td> 京 </td><td>1</td><td> 理工 </td></tr>
    <tr> <td>2</td> <td> 北京大学 </td> <td>222.02</td><td>102.11</td><td>66.08</td> <td>36.03</td><td>119.91</td><td>86.78</td> <td>33.13</td><td> 京 </td><td>2</td>td> 综合 </td> </tr>
    <tr><td>3</td> <td> 浙江大学 </td><td>205.65</td> <td>94.67</td><td>60.32</td><td>34.35</td><td>110.97</td><td>92.32</td> <td>18.66</td><td> 浙 </td><td>1</td><td> 综合 </td> </tr>
    <tr> <td>4</td><td> 上海交大 </td> <td>150.98</td> <td>67.08</td><td>47.13</td><td>19.95</td><td>83.89</td> <td>77.49</td> <td>6.41</td> <td> 沪 </td> <td>1</td><td> 综合 </td> </tr>
    <tr> <td>5</td> <td> 南京大学 </td><td>136.49</td> <td>62.84</td>
```

```
<td>40.21</td><td>22.63</td><td>73.65</td> <td>53.87</td><td>19.78</td>
<td>苏</td> <td>1</td> <td>综合 </td> </tr>
        <tr> <td>6</td><td>复旦大学 </td> <td>136.36</td><td>63.57</td>
<td>40.26</td><td>23.31</td><td>72.78</td> <td>51.47</td> <td>21.31</td>
<td>沪</td> <td>2</td> <td>综合 </td> </tr>
        <tr><td>7</td> <td>华中科大</td> <td>110.08</td> <td>54.76</td>
<td>30.26</td><td>24.50</td><td>55.32</td><td>47.45</td><td>7.87</td>
<td>鄂 </td><td>1</td><td>理工 </td> </tr>
        <tr><td>8</td> <td>武汉大学 </td><td>103.82</td> <td>50.21</td>
<td>29.37</td><td>20.84</td><td>53.61</td><td>36.17</td><td>17.44</td>
<td>鄂 </td> <td>2</td><td>综合</td> </tr>
        <tr><td>9</td><td>吉林大学 </td><td>96.44</td><td>48.61</td>
<td>25.74</td><td>22.87</td> <td>47.83</td><td>38.13</td> <td>9.70</
td><td>吉 </td><td>1</td><td>综合</td> </tr>
        <tr>td>10</td><td>西安交大</td> <td>92.82</td> <td>47.22</td>
<td>24.54</td> <td>22.68</td><td>45.60</td> <td>35.47</td><td>10.13</
td><td>陕</td><td>1</td><td>综合</td> </tr>
    </table>
```

步骤3 在<head>标签内添加<style type="text/css">标签，定义一个内部样式表。

步骤4 定义表格样式。表格样式包括三部分内容：表格边框和背景样式、表格内容显示样式和表格布局样式。布局样式包括定义表格固定宽度解析，这样能够优化解析速度，显示空单元格，合并单元格的边框线，并设置表格居中显示。表格边框为1像素宽的浅蓝色实线框，字体大小固定为12像素的灰色字体，样式代码如下所示。

```
    table {/* 表格基本样式 */
        table-layout:fixed;              /* 固定表格布局，优化解析速度 */
        empty-cells:show;                /* 显示空单元格 */
        margin:0 auto;                   /* 居中显示 */
        border-collapse: collapse;       /* 合并单元格边框 */
        border:1px solid #cad9ea;        /* 边框样式 */
        color:#666;                      /* 灰色字体 */
        font-size:12px;                  /* 字体大小 */
    }
```

table-layout是CSS定义的一个标准属性，用来设置表格布局的算法，取值包括auto和fixed。当取值为auto时，布局将基于单元格内包含的内容来进行布局，表格在每一单元格内所有内容读取计算之后才会显示出来。当取值为fixed时，表示固定布局算法，在这种算法中，表格和列的宽度取决于col对象的宽度总和，如果没有指定，则根据第一行每个单元格的宽度。如果表格没有指定宽度，则表格默认宽度为100%。auto布局算法需要两次进行布局计算，影响客户端的解析速度；fixed布局算法仅需要一次计算，所以速度非常快。

步骤5 定义列标题样式。列标题样式主要涉及到背景图像的设计，代码如下所示。

```
th {/* 列标题样式 */
    background-image: url(images/th_bg1.gif); /* 指定渐变背景图像 */
    background-repeat:repeat-x;                /* 定义水平平铺 */
    height:30px;                               /* 固定高度 */
}
```

步骤❻ 定义单元格的显示样式。这里主要定义单元格的高度、边框线和补白。定义单元格左右两侧补白的目的是避免单元格与数据挤在一起，代码如下所示。

```
td {/* 单元格的高度 */
    height:20px;                      /* 固定高度 */
}
td, th {/* 单元格的边框线和补白 */
    border:1px solid #cad9ea;         /* 单元格边框线应与表格边框线一致 */
    padding:0 1em 0;                  /* 单元格左右两侧的补白，一个字距 */
}
```

步骤❼ 定义隔行变色样式类。由于CSS2还不能够直接定义隔行变色的属性（CSS3中已经支持），所以可以定义一个隔行变色的样式类，然后把它应用到数据表中的奇数行或偶数行，代码如下所示。

```
tr.a1 {/* 隔行变色样式类 */
    background-color:#f5fafe;         /* 定义比边框色稍浅的背景色 */
}
```

实训2：设计结构清晰的表格样式

实训说明

本案例设计风格不再为表格设计边框，采用开放式设计思路，利用立体标题样式来隐含数据表区域，并借助标题分列效果来划分不同列，借助鼠标经过行时变换行背景颜色来提示当前行，最后通过树形结构来设计层次清晰的分类数据表格效果。案例设计效果如图7-23所示。

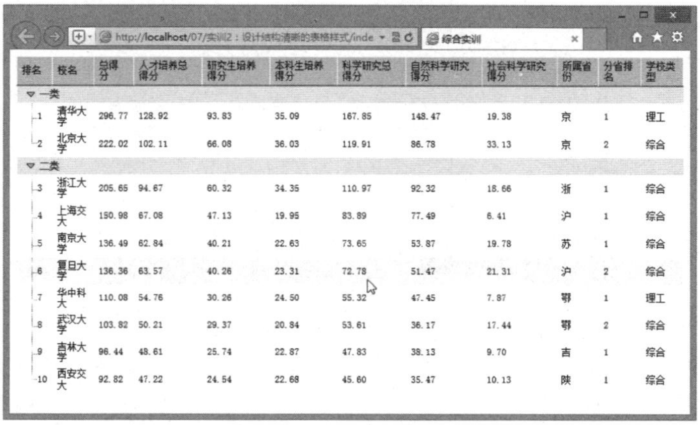

排名	校名	总得分	人才培养总得分	研究生培养得分	本科生培养得分	科学研究总得分	自然科学研究得分	社会科学研究得分	所属省份	分省排名	学校类型
▽ 一类											
1	清华大学	296.77	128.92	93.83	35.09	167.85	148.47	19.38	京	1	理工
2	北京大学	222.02	102.11	66.08	36.03	119.91	86.78	33.13	京	2	综合
▽ 二类											
3	浙江大学	205.65	94.67	60.32	34.35	110.97	92.32	18.66	浙	1	综合
4	上海交大	150.98	67.08	47.13	19.95	83.89	77.49	6.41	沪	1	综合
5	南京大学	136.49	62.84	40.21	22.63	73.65	53.87	19.78	苏	1	综合
6	复旦大学	136.36	63.57	40.26	23.31	72.78	51.47	21.31	沪	2	综合
7	华中科大	110.08	54.76	30.26	24.50	55.32	47.45	7.87	鄂	1	理工
8	武汉大学	103.82	50.21	29.37	20.84	53.61	36.17	17.44	鄂	2	综合
9	吉林大学	96.44	48.61	25.74	22.87	47.83	38.13	9.70	吉	1	综合
10	西安交大	92.82	47.22	24.54	22.68	45.60	35.47	10.13	陕	1	综合

图7-23　结构清晰的表格样式

主要训练技巧说明

- 适当修改数据表格的结构，使其更利于树形结构的设计。
- 借助背景图像应用技巧来设计树形结构标志。
- 借助伪类选择器来设计鼠标经过行时变换背景颜色（IE 6不支持该属性）。
- 通过边框和背景色来设计列标题的立体显示效果。

设计步骤

步骤❶ 在Photoshop中设计三个图标，如图7-24所示。其中第一个表示向下的箭头图标，第二个和第三个图标是用来设计分层结构示意图的图标。

图7-24　设计图标

步骤❷ 构建网页结构。启动Dreamweaver，新建一个网页，保存为index.html，在<body>标签内输入如下结构代码。本案例结构是在上一案例的基础上适当修改数据表的结构。在修改数据表结构时，不要主动去破坏数据表的语义结构，而是强化数据表格的语义层次。

例如，使用thead和tbody元素定义数据表格的数据分组，把标题分为一组（标题区域），再把主要数据分为一组（数据区域）。根据数据分类的需要，增加两个合并的数据行，该行仅包含一个单元格，为了避免破坏结构，需要使用合并操作（colspan="12"）来表示该单元格是合并单元格。为了更好地控制数据表的样式，本示例定义了很多样式类，因此，还需要把这些样式类引用到tr、th和td元素中。经过修改之后的数据表格结构如下（省略了非重要的数据单元格及其包含的内容）。

```
<h1>数据表格样式设计实战 2</h1>
<table  summary="层次清晰的数据表样式" >
    <thead>
        <tr>
            <th>排名</th>......
        </tr>
    </thead>
    <tbody>
        <tr>
            <td class="arrow" colspan="12">一类</td>
        </tr>
        <tr>
            <th class="start">1</th>......
        </tr>
        <tr>
            <th class="end">2</th>......
        </tr>
        <tr>
            <td class="arrow" colspan="12">二类</td>
```

```
            </tr>
            <tr>
                <th class="start">3</th>......
            </tr>
            <tr>
                <th class="start">4</th>......
            </tr>
            <tr>
                <th class="start">5</th>......
            </tr>
            <tr>
                <th class="start">6</th>......
            </tr>
            <tr>
                <th class="start">7</th>......
            </tr>
            <tr>
                <th class="start">8</th>......
            </tr>
            <tr>
                <th class="start">9</th>......
            </tr>
            <tr>
                <th class="end">10</th>......
            </tr>
        </tbody>
    </table>
```

步骤3 在设计之前先统一表格标签的默认样式。例如，在body元素中定义页面字体类型，通过table元素定义数据表格的基本属性以及其包含文本的基本显示样式，同时统一标题单元格和普通单元格的基本样式，代码如下所示。

```
body {/* 页面基本属性 */
    font-family:" 宋体 " arial, helvetica, sans-serif;
                                                  /* 页面字体类型 */
}
table {/* 表格基本样式 */
    border-collapse: collapse;                    /* 合并单元格边框 */
    font-size: 75%;                               /* 字体大小，约为 75% */
    line-height: 1.1;                             /* 行高，使数据显得更紧凑 */
}
th {/* 列标题基本样式 */
    font-weight: normal;                          /* 普通字体，不加粗显示 */
    text-align: left;                             /* 标题左对齐 */
```

```
    padding-left: 15px;                              /* 定义左侧补白 */
}
th, td {/* 单元格基本样式 */
    padding: .3em .5em;          /* 增加补白效果，避免数据拥挤在一起 */
}
```

步骤4 定义列标题的立体效果。列标题的立体效果主要借助边框样式来实现，设计顶部、左侧和右侧边框样式为1像素宽的白色实线，底部边框则设计为2像素宽的浅灰色实线，这样可以营造出一种淡淡的立体凸起效果，代码如下所示。

```
thead th {/* 列标题样式，立体效果 */
    background: #c6ceda;                      /* 背景色 */
    border-color: #fff #fff #888 #fff;        /* 配置立体边框效果 */
    border-style: solid;                      /* 实线边框样式 */
    border-width: 1px 1px 2px 1px;            /* 定义边框大小 */
    padding-left: .5em;                       /* 增加左侧的补白 */
}
```

步骤5 定义树形结构效果。树形结构主要利用虚线背景图像  和  来模拟，借助背景图像的灵活定位特性，可以精确设计出树形结构样式，然后把这个样式分别设计为两个样式类，这样就可以分别把它们应用到每行的第一个单元格中，代码如下所示。

```
tbody th.start {/* 树形结构非末行图标样式 */
    background: url(images/dots.gif) 18px 54% no-repeat; /* 背景图像，定义树形结构非末行图标 */
    padding-left: 26px;                                  /* 增加左侧的补白 */
}
tbody th.end {/* 树形结构末行图标样式 */
    background: url(images/dots2.gif) 18px 54% no-repeat; /* 背景图像，定义树形结构的末行图标 */
    padding-left: 26px;                       /* 增加左侧的补白 */
}
```

步骤6 为分类标题行定义一个样式类。通过为该行增加一个提示图标以及行背景色来区分不同分类行之间的视觉分类效果，最后把这个分类标题行样式类应用到分类行中即可，代码如下所示。

```
.arrow {/* 数据分类标题行的样式 */
    background:#eee url(images/arrow.gif) no-repeat 12px 50%;
                                          /* 背景图像，定义提示图标 */
    padding-left: 28px;                   /* 增加左侧的补白 */
    font-weight:bold;                     /* 字体加粗显示 */
    color:#444;                           /* 字体颜色 */
}
```

步骤7 定义伪样式类，设计当鼠标经过每行时变换背景色的颜色，以此显示当前行效果，代码如下所示。

```
tr:hover, td.start:hover, td.end:hover {/* 鼠标经过行、单元格上时的样式 */
    background: #FF9;                    /* 变换背景色 */
}
```

7.5 上机练习

1. 在网页设计中经常需要设计细线表格，请读者利用表格的各种语义元素设计一个简单的表格结构，并把表格边框设置为1像素粗细的细线表格效果，如图7-25所示。

设计要求

- 灵活使用多种表格语义元素设计表格结构，如<thead>、<tfoot>、<th>、<caption>等标签。
- 表格边框包含table外边框，单元格边框，因此在设计表格边框线时，应该考虑表格中各个元素的相互影响。
- 使用border-collapse属性合并单元格边框线。

2. 使用<col>、<colgroup>标签可以设置由列组合而成的单元格组样式，但表格对于行的标签只有<tr>，无法直接通过标签属性设置某一行中所有单元格的样式。但可以通过添加class类名或者CSS的相邻选择符设计出所需要的结果。请读者在上一示例的基础上设计一个隔行换色的表格效果，如图7-26所示。

设计要求

- 利用相邻选择符设计隔行换色的表格效果。
- 通过为偶数行或者奇数行定义类样式来设计隔行换色的表格效果。

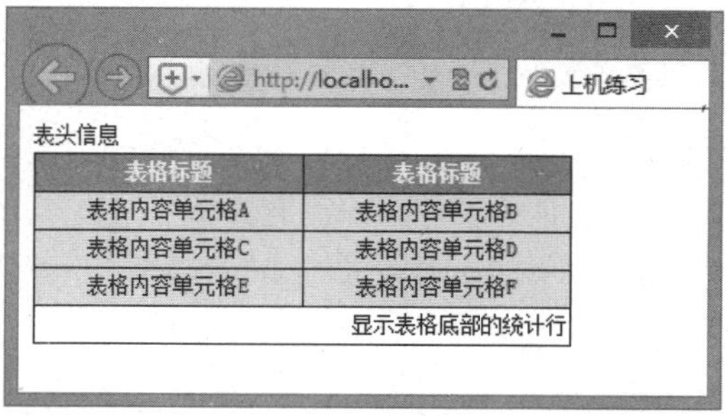

图7-25　设计的细线表格效果

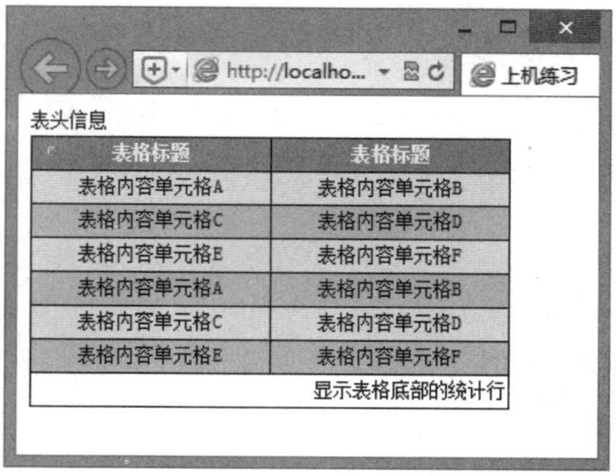

图7-26　设计隔行换色的表格效果

3. 在网页设计中经常会设计日历，大部分日历以表格结构实现，这是因为在结构上日历是一种数据型的表格结构，而且在无CSS支持的情况下也能够完整地呈现出日历的基本面貌。请读者尝试使用表格设计一个如图7-27所示的日历表效果。

设计要求

图7-27　日历表格的效果

- 定义表格<table>标签的宽度，合并单元格之间的边框样式。表头<caption>标签在浏览器默认解析的情况下，文字是以居中显示的，因此添加“text-align:left;”将文字居左显示，并且设置表头的高度属性以及文字颜色。
- 单元格内容<td>标签和单元格标题<th>标签所需要的样式只有背景颜色和文字颜色的不同，因此可以将这两个元素归为一个组定义样式，然后单独针对单元格标题定义背景颜色和文字颜色。
- 单元格内容<td>标签中所显示的时间是当前系统所显示的时间，添加一个名为current的class类名，并将其CSS样式定义得与其他单元格不同，突出显示当前日期。“.current”类还有一个作用是为程序开发人员提供一个接口，方便在程序开发的过程中调用这个类名，便于判断系统当前日期后为页面实现效果。
- 日历表中为了能更好地体现某个月份的上一个月份的月末几天和下一个月份的月初几天在当前月份中的位置，可以在页面中添加该内容，并通过CSS样式将其视觉效果弱化。

HTML

第8章 使用表单

网页不仅向用户传达信息，还能与用户对话，对话的过程主要是通过表单实现，良好的表单设计能够帮助用户进行良好的沟通。表单主要包含表单域、输入框、下拉框、单选框、多选框和按钮等元素，每个元素在表单中的作用也各不相同，而且每个元素在浏览器呈现时具备不同的特殊性。了解不同表单元素在浏览器中所具备的特殊性，以及CSS样式对其所能控制的范围，就能明白如何利用合适的表单元素，以及如何利用CSS样式美化表单元素。

学习要点

- 了解与表单相关的标签，以及这些标签的使用
- 了解CSS定义表单样式的常用属性
- 理解CSS设计表单样式的一般技巧

训练要点

- 能够使用HTML标签快速制作表单结构
- 能够使用CSS设计表单样式
- 能够根据网页设计风格灵活使用各种技巧设计表单样式

8.1 设计表单结构

随着网站对交互性要求的加强，表单在Web应用程序中的地位也越来越重要。网站离不开各种表单，付费需要使用表单，用户注册或订阅需要使用表单，数据信息统计需要表单。可以说小到搜索框，大到会员支付系统，这些都需要使用表单，因此设计表单成为网站交互组成的重要组成部分。实际上，表单是一个集合概念，它由众多表单元素组成，如文本框、多行文本框、单选按钮、复选框、下拉菜单和按钮等。

8.1.1 定义表单框

一个完整的表单结构应该由下面三部分组成。

- 表单框架（<form>标签）：<form>标签是一个包含框，里面包含所有表单元素，通过浏览器看不到任何效果。表单框架包含处理表单数据所用的CGI程序的URL以及数据提交到服务器的方法。
- 表单域（<input>、<select>等标签）：用于采集用户的输入或选择的数据，如文本框、多行文本框、密码框、隐藏域、单选框、复选框、下拉选择框及文件上传框等。
- 表单按钮（<input>、<button>标签）：用于将数据传送到服务器上的CGI脚本或者取消输入，还可以用来控制其他定义了处理脚本的按钮所进行的工作，包含提交按钮、复位按钮和一般按钮。

【随堂练习】

启动Dreamweaver，新建一个网页，保存为test.html，在<body>内使用<form>标签，包含一个<input>标签和一个提交按钮，并借助<p>标签把按钮和文本框分行显示。

```
<form action="a.php" method="get" id="form1" name="form1">
    <p>姓名：<input name="" type="text" /></p>
    <p><input type="submit" value="提交"/></p>
</form>
```

在IE浏览器中预览演示效果，如图8-1所示。

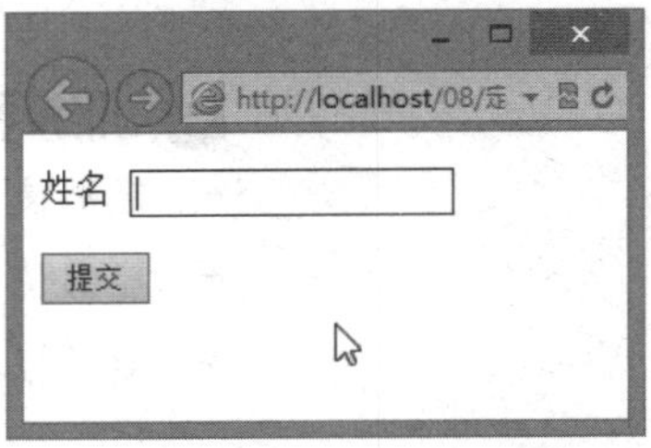

图8-1　表单的基本效果

【拓展学习】

<form>标签主要包含三个常用属性：action、enctype和method。

- action属性：设置数据提交至目标地址，HTML本身并没有提供处理表单数据的原生机制，它的作用是提交，具体处理由脚本或程序实现。该目标页面可以是相对地址也可以是绝对地址。当设置action="#"时，表示提交给当前页面。

此时可以使用JavaScript脚本对其进行验证。例如，用户名是否已存在、密码是否过于简单、两次密码输入是否一致、必填项是否填写完整及验证码输入是否正确等前端脚本处理。当表单内数据正确无误后，可提交至服务器，这可以减少服务器的压力。

- enctype属性：定义表单数据在发送到服务器之前以何种方式进行编码。主要包括以下三种方式。

（1）application/x-www-form-urlencoded：<form>标签的默认值，将表单中数据编码为名称/值对的形式发送至服务器，是标准的编码格式。

（2）multipart/form-data：将表单中数据编码为一条消息，表单中每个表单元素表示消息中的一个部分，然后传送至服务器。表单中含有上传组件时，此属性值是必须的。表单上传文件一般为非文本内容，例如压缩文件（如*.rar）、图片格式文件（如*.jpg）或mp3文件等。

（3）text/plain：将表单中的数据以纯文本方式进行编码。发送邮件需设置编码类型，否则接收时会出现编码混乱的情形。

- method属性：表示处理数据的方法，提醒用户代理（这里专指浏览器）采用哪种方式处理表单以及表单数据。method属性主要包括get和post两种方式，在数据传输过程中分别对应HTTP协议中的GET和POST方法。

（1）GET方法传输的数据量少，执行效率比POST方法好。在单击表单中的“提交”按钮时，浏览器的地址栏中可以看到传递的具体数据，在进行数据查询时可以使用GET方法。

（2）POST方法传输的数据量大，按照变量和值相对应的方法传递至相应的url，无法通过浏览器的地址查看，适合传输比较机密的信息。在进行数据删除、添加等操作时可以使用POST方法。

8.1.2 定义输入域

<input>标签可以定义多种形式的输入框，包括单行文本输入框、密码输入框、隐藏输入、文件上传组件、单选按钮、提交按钮、重置按钮以及图像按钮等。<input>标签基本方式如下所示。

```
<input type=" " />
```

与<img>标签一样，它是一个自结束行内元素，<input>标签中type属性决定了输入域的具体选项，如果没有设置type属性或者没有type属性值，按照单行文本框处理。

【随堂练习】

新建一个网页，保存为test.html，在<body>内使用<form>标签，包含三个<input>标签，分别使用三种书写方式定义文本输入框，代码如下所示。

```
<form action="a.php" method="get" id="form1" name="form1">
    <p>第一种方式 <input /></p>
    <p>第二种方式 <input type="" /></p>
    <p>第三种方式 <input type="text" /></p>
    <p><input type="submit" value="提交"/></p>
</form>
```

在IE浏览器中预览，演示效果如图8-2所示。虽然结果是一致的，但是为保持良好的代码书写习惯，应遵循HTML标准，按照第三种方式书写文本输入框。

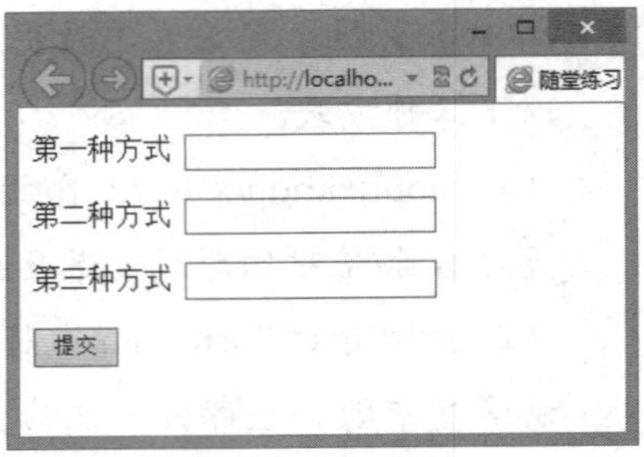

图8-2　单行文本框<input>标签

【拓展学习】

输入域常用属性包括type、maxlength、value、size及readonly属性。具体说明如下。

- maxlength属性：表示输入字符串的最大长度，其值是一个数字（数字为整数且大于等于0），用来表示允许输入的最多字符数。例如，在下面的代码中设置最多输入三个字符，当输入第四个字符时，光标无法继续移动，即无法输入，代码如下所示。

```
<form>
    <p><input type="text" maxlength="3" /></p>
</form>
```

- value属性：表示输入框的默认值，当载入表单时，<input>标签显示value属性值，即提示用户输入框的输入格式。例如，在下面的代码中设置默认值“请输入您的姓名且不可为数字”。
- size属性：表示输入框的宽度，CSS中的width属性可以代替该属性，代码如下所示。

```
<form>
    <p> 姓名：<input type="text" value=" 请输入您的姓名且不可为数字 "
maxlength="100"/></p>
    <p> 姓名：
        <input type="text" value=" 请输入您的姓名且不可为数字 "
size="50" maxlength="100"/>
    </p>
</form>
```

在上面示例中，第一个文本输入框中提供的默认值没有显示完整，第二个文本输入框中通过本身的size属性（设置文本框的宽度），内容完全显示出来了。此处不建议使用size属性控制输入框的宽度，可通过CSS属性的宽度width进行相应设置，将一切表示属性的元素删除，建立一个符合Web标准的XHTML页面。

- readonly属性：其值表示该字段为只可读不可输入，主要应用在<input>和<textarea>标签，代码如下所示。

```
<p> 姓名：<input type="text" value=" 请输入您的姓名 " maxlength="100"
readonly="readonly"  /></p>
```

代码的另一种书写方式如下所示。

```
<p>姓名：<input type="text" value="请输入您的姓名" maxlength="100"
readonly  /></p>
```

将鼠标移至输入框，删除里面的文字操作，但内容将无法删除。虽然二者都能达到无法修改输入框中内容的目的，但是第一种方式更符合Web标准的XHTML书写规则。

【拓展练习1】

将<input>标签的type属性设置为password，文本域将成为密码输入框，可以将其输入的字符以星号或圆点显示，达到加密的作用，这种加密方式安全性比较差，可以通过其他方式将密码进行加密。密码输入框主要作用是在输入密码时防止别人偷看。日常生活中，自动取款机的密码输入框用到的就是这个控件，可以有效地防止密码被人偷窥。

新建一个网页，保存为test.html，在<body>标签内输入如下代码。

```
<form>
    <p> <input type="password" value="请输入密码" ></p>
</form>
```

在上面示例中，设置了默认值，但由于密码输入框的特殊性质，在浏览器里显示的依然是星号或圆点。

【拓展练习2】

隐藏域“type="hidden"”就是在网页中看不到的信息，当提交表单时，它包含的一些数据也将提供给服务器。注意，隐藏域只包含一个value属性，使用该属性可以传递各种固定参数到服务器，如统计用户访问IP，确定用户的来源等。

```
<form>
  <p> <input type=" hidden" value="123456" ></p>
</form>
```

【拓展练习3】

文件上传（type="file"）可以将本地的某个文件以二进制数据流的形式传递至服务器。例如，QQ的“本地中转站”可以单次上传1GB大小的文件，存储在腾讯的服务器上；163邮箱发送邮件时可以发送上传的附件，代码如下所示。

```
<form method="post">
  <p><input name="" type="file" /></p>
</form>
```

在浏览器中预览演示效果，如图8-3所示。

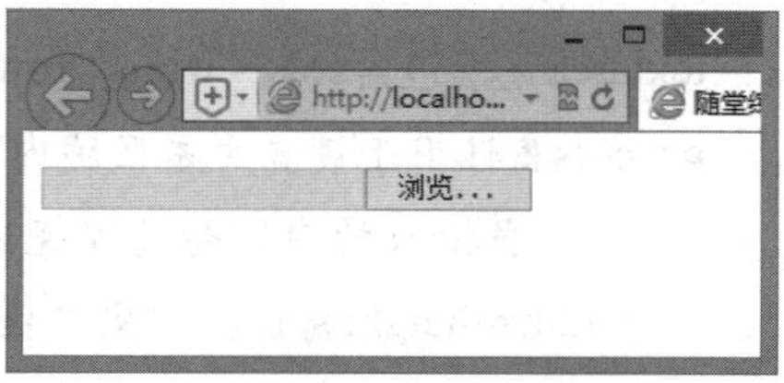

图8-3　文件上传组件

文件上传组件表面看起来像两个组件，其实只有一个。默认的文件上传按钮一般不美观，可以通过CSS设计透明度，隐藏按钮显示，再使用CSS的定位属性将新的按钮放在默认的按钮下面，然后使用JavaScript获取文件上传输入框中的路径，将地址保存并放到需要的位置即可。

提 示

使用文件上传组件时，form元素的method属性值须设置为"post"，enctype属性值须设置为"multipart/form-data"，否则提交操作将失败。

【拓展练习4】

多行文本框（<textarea>）允许用户输入大量信息，单行文本框不能满足这种需求。与输入域不同，多行文本框是一个容器元素，不是自结束元素。主要应用在用户留言或者聊天窗口，如QQ聊天窗口。

例如，在下面的示例中，为客户提供留言输入框，定义了输入的字符宽度和显示的行数，并分别使用了readonly、disabled属性，比较它们的不同，代码如下所示。

```
<form>
    <table width="400" align="center">
        <tr>
            <td>客户留言方式一：</td>
            <td>客户留言方式二：</td>
        </tr>
        <tr>
            <td><textarea name="" cols="40" rows="6" readonly=
"readonly" >输入内容</textarea></td>
            <td><textarea name="" cols="40" rows="6" disabled=
"disabled" >输入内容</textarea></td>
        </tr>
    </table>
</form>
```

在浏览器中预览演示效果，如图8-4所示。

图8-4　多行文本框分别设置readonly和disabled属性显示效果

textarea元素包含cols、wrap、rows、disabled、readonly五个常用属性。

- cols属性用于设置文本区域内可见字符宽度，rows属性用于设置文本区域内可见行数。当输入的内容超过可视区域后，多行文本框将出现滚动条。一般通过CSS的width和height属性控制文本框的宽度和高度，通过CSS控制是否显示滚动条。
- wrap属性：定义输入内容大于文本区域宽度时显示的方式。

（1）默认值：文本自动换行，当输入内容超过文本域的右边界时会自动转到下一行，而数据在提交、处理时自动换行的地方不包含额外的换行符。

（2）Off：用来避免文本换行，当输入的内容超过文本域的右边界时，文本将向左滚动，必须用Return才能将插入点移到下一行。

（3）Virtual：允许输入文本自动换行。当输入内容超过文本域的右边界时会自动转到下一行，而数据在被提交、处理时自动换行的地方不会有换行符出现。

（4）Physical：文本自动换行，当数据被提交处理时换行符也将被一起提交处理。

- disabled属性：首次加载时该文本区域禁用，提交内容时不会将此项值传递至服务器。该属性将屏蔽对多行文本框的鼠标和键盘操作，如不可通过鼠标选中里面的值，设置的快捷键或tab键都无效。
- readonly属性：用户无法修改文本区域内的内容，提交内容时会将此项值提交至服务器。该属性不影响多行文本框的鼠标和键盘操作，如使用鼠标选中多行文本框内容，将其复制，或通过键盘使该文本框获得焦点。

disabled和readonly属性的区别如下。

- disabled和readonly属性从图8-4中可以发现，readonly属性设置与否在图8-4上无任何影响；disabled属性设置后文字变成灰色，不可点击。
- readonly只针对input和textarea有效，而disabled对所有的表单元素都有效，包括select、radio、checkbox、button等。
- 表单元素在使用了disabled后，如果将表单以POST或GET的方式提交，此元素的值不会被传递出去，而readonly会将该值传递出去。

8.1.3 定义选择域

单选按钮（<input type="radio">）实际是一个圆形的选择框。当选中单选按钮时，圆形按钮的中心会出现一个点，相当于圆点。多个单选按钮可以合并为一个单选按钮组，单选按钮组中的name值必须相同，如name="RadioGroup1"，即单选按钮组同一时刻也只能选择一个。

【随堂练习】

新建一个网页，保存为test.html，在<body>内使用<form>标签，包含三个单选按钮，代码如下所示。

```
<form>
    <p> 性别：
        <label>
            <input type="radio" name="RadioGroup1" value=" 男 " />
            男 </label>
        <label>
            <input type="radio" name="RadioGroup1" value=" 女 " />
            女 </label>
        <label>
            <input type="radio" name="RadioGroup1" value=" 保密 "
```

```
checked="checked"/>
                    保密 </label>
      </p>
   </form>
```

在IE浏览器中预览演示效果，如图8-5所示。在填写表单时，有时不想让别人了解自己的性别，可以选择“保密”，当载入表单时，默认选中的是“保密”，这样就减少了用户操作的次数。如果不设置单选按钮的初始值，会让用户感觉此处不需要选择，影响网站的交互性。

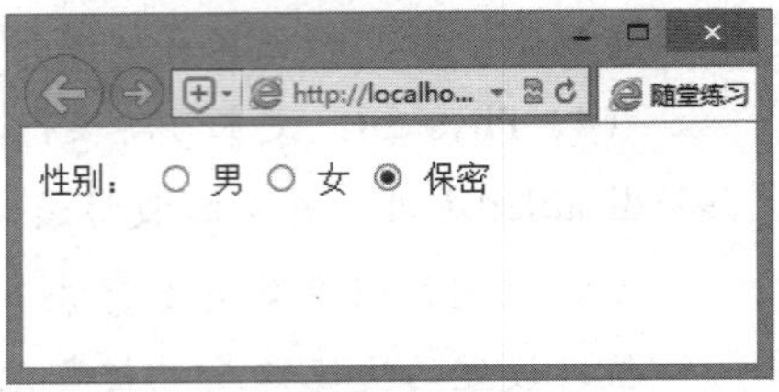

图8-5　单选按钮效果

单选按钮组的作用是“多选一”，一般包括默认值，否则不符合逻辑。此处使用checked属性表示选中状态，而不是value属性。

【拓展练习1】

复选框（<input type="checkbox">）可以同时选择多个，每个复选框都是一个独立的元素，且必须有一个唯一的名称（name属性）。它的外观是一个矩形框，当选中某项时，矩形框里会出现一小对号。同单选按钮（radio）一样使用checked属性表示选中状态，与readonly属性类似，checked属性也是一个布尔型属性。

例如，在下面的示例中，选择你喜欢的运动，有四个选项，足球、篮球、排球及羽毛球，设置羽毛球为默认值，代码如下所示。

```
   <form>
       你喜欢的运动：
       <label>
           <input name="足球" type="checkbox" value="足球" />
           足球 </label>
       <label>
           <input name="篮球" type="checkbox" value="篮球" />
           篮球 </label>
       <label>
           <input name="排球" type="checkbox" value="排球"  />
           排球 </label>
       <label>
           <input name="羽毛球" type="checkbox" value="羽毛球"
checked="checked"/>
           羽毛球 </label>
   </form>
```

预览页面演示效果，如图8-6所示。

在上面示例中，使用了<label>标签，单选按钮中也使用过它，<label>标签的作用是将文字和文字后面的标签关联在一起。当单击“足球”文字时，“足球”后面的复选框就可以选中，其余的“篮球”“排球”“羽毛球”亦是如此，这样提高了表单的可用性和可访问性，目前流行的浏览器均支持这种方式。

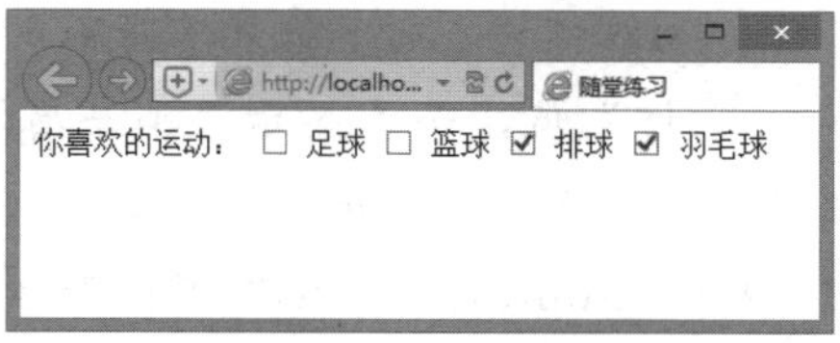

图8-6 复选框效果

【拓展练习2】

通过<select>标签与<option>标签的配合使用来设计下拉菜单或者列表框，<select>标签可以包含任意数量的<option>标签或<optgroup>标签。<optgroup>标签是对<option>标签的分组，即将多个<option>标签放到一个<optgroup>标签内。

提 示

<optgroup>标签中的内容不能被选择，它的值也不会提交给服务器。<optgroup>标签用于在一个层叠式选择菜单中为选项分类，label属性是必须的，在可视化浏览器中，它的值将会是一个不可选的伪标题，为下拉列表分组。

<select>标签同时定义菜单和列表。二者的区别如下。

- 菜单是节省空间的方式，正常状态下只能看到一个选项，单击下拉按钮打开菜单后才能看到全部的选项，即默认设置是菜单形式。
- 列表显示一定数量的选项。如果超出了这个数量，出现滚动条，浏览者可以通过拖动滚动条来查看并选择各个选项。

例如，在下面的示例中，“您来自哪个城市”可针对不同的省份，从而更快地选择您所在的城市，通过<optgroup>标签将数据进行分组，可以更快地找到所要选择的选项，使用selected属性默认设置为“青岛”。如果没有定义该属性，则“潍坊”将成为第一个“您来自哪个城市”的选项值。

```
<form>
    您来自哪个城市：
    <select name="选择城市">
        <optgroup label="山东省">
            <option value="潍坊">潍坊</option>
            <option value="青岛" selected="selected">青岛</option>
        </optgroup>
        <optgroup label="山西省">
            <option value="太原">太原</option>
            <option value="榆次">榆次</option>
        </optgroup>
    </select>
</form>
```

预览页面演示效果，如图8-7所示。

- size属性：定义下拉菜单中显示的项目数目，<optgroup>标签的项目计算在其中。它的作用与输入域是不同的，在输入域中代表的是默认值。在<select>中设置

size="3"，则下拉菜单将不止显示一个“潍坊”值，而是显示“山东省”“潍坊”及“青岛”三个值。

- multiple属性：定义下拉菜单可以多选。例如，设置multiple="multiple"，按住Shift键，在下拉菜单中单击可以同时选择多个项目值，如可以同时选中“潍坊”和“青岛”两个值。

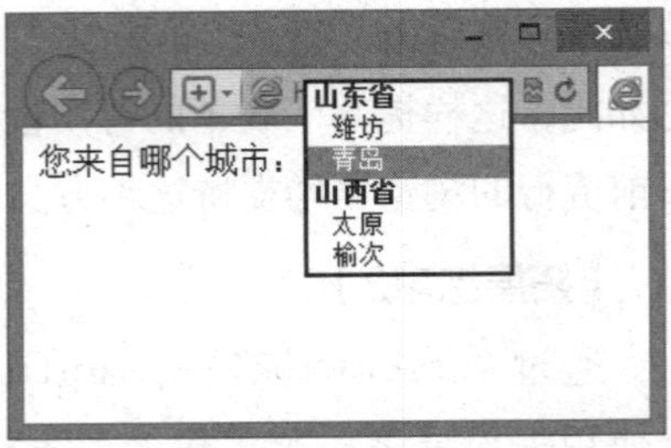

图8-7 下拉菜单效果

8.1.4 优化表单结构

在表单的应用中，有时需要对表单的信息进行分组，例如，在“注册”表单中，将注册信息分组成基本信息（必填项目）、详细信息（选填项目）等。此时可以使用<fieldset>和<legend>标签完成上述任务。

- <fieldset>标签：为表单进行分组，一个表单可以有多个<fieldset>标签。它在包含的文本和<input>标签等表单元素外面形成一个包围框。
- <legend>标签：说明每组的内容描述，即包围框的标题，默认显示在<fieldset>标签形成包围框的左上角。<legend>标签用于表单元素（input、textarea、select），配合for属性将值传递给相应的表单元素。

在不同浏览器下，<fieldset>标签形成的包围框不一致，IE下显示为圆角框，而FF下显示为正四方框。也可通过将CSS中border属性设置为0，重新定义边框，或使用背景图设置来实现。为了兼容不同浏览器实现圆角框（仅限于<fieldset>标签），可以使用各自的私有属性来实现。如FF浏览器下使用“-moz-border-radius”属性，Chrome和Safari浏览器设置“-webkit-border-radius”属性。

<label>标签为内联元素，定义表单域提示信息，它不允许嵌套使用。通过绑定该标签的for属性，可将文本内容与表单域关联。当用户单击标签文本时，系统根据for属性值自动定位id值等于for属性值的表单域，加快信息输入。如果不使用for属性，通过<label>标签嵌套整个表单域和表单域对应的内容。

tabindex属性定义按下Tab键时被表单元素或链接选中的顺序。

- 当tabindex=0时，相当于默认设置。
- 当tabindex=-1时，表示禁用该标签的Tab按键。
- tabindex属性值越小，优先级越高，即越早获得焦点。
- 多个元素的tabindex属性值相同，依照元素出现的先后顺序获得焦点。
- 设置disabled属性的元素，tabindex属性值无效。

【随堂练习】

步骤❶ 新建一个网页，保存为test.html，在<body>内使用<form>标签设计一个表单结构，然后使用<label>标签的两种方式实现内容信息与表单元素的关联，并为用户设置快捷键加快访问表单元素，代码如下所示。

```
    <form>
        <table>
            <tbody>
                <tr>
                    <td><label for="XingMing" accesskey="1">名字：
    </label>
    <input type="text" name="text" value="周涛" size="20" tabindex="1"
id="XingMing"/></td>
                </tr>
                <tr>
                    <td><label>输入密码：
    <input type="text" name="password" value="******" size="20"
tabindex="3"/>
                        </label></td>
                </tr>
                <tr>
                    <td><label>确认密码：
    <input type="text" name="password" value="******" size="20"
tabindex="2"/>
                        </label></td>
                </tr>
                <tr>
                    <td><button tabindex="-1">提交</button></td>
                </tr>
            </tbody>
        </table>
    </form>
```

步骤❷ 在<head>标签内添加<style type="text/css">标签，定义一个内部样式表，然后输入下面的样式代码定义表格样式，代码如下所示。

```
    table{
      text-align:left;            /* 设置左对齐 */
      font-size:14px;             /* 设置文字大小 */
      margin:0 auto;              /* 设置水平居中 */
    }
```

在IE浏览器中预览演示效果，如图8-8所示。“姓名”和“输入密码”使用了两种方式获取文本内容与文本域的关联。<label>标签设置for="XingMing"，随后的文本域设置id值为“XingMing”实现与“姓名”关联。<label>标签没有进行任何属性设置，通过包裹“输入密码”和文本域，实现文本域与“输入密码”的关联。

整体改变“姓名”“输入密码”“确认密码”和“提交”的Tab按键顺序。当按下Tab键时，值为“周涛”的文本域获得焦点，依次为“确认密码”和“输入密码”，而“提交”按钮取消Tab按键获得焦点功能。

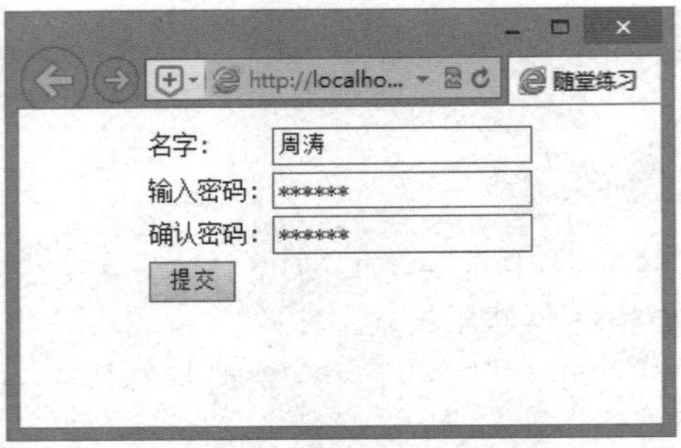

图8-8　<label>标签是否使用for属性及tabindex属性

8.2 定义表单样式

表单元素比较特殊，不易使用CSS控制其样式，例如下拉菜单、列表框、单选按钮和复选框。特别是下拉菜单和列表框，如果希望完全个性化定制其显示样式，只能够通过JavaScript脚本间接实现。不过，使用CSS还是可以定义表单元素的大部分样式。

8.2.1 定义输入域样式

不同浏览器对表单元素的默认样式都有不同的解析方式，在设计中为了符合页面风格，可以对表单的各个元素进行相应美化。现在对应用最多的input类型的元素及多行文本框进行CSS设置。

【随堂练习】

步骤1 启动Dreamweaver，新建一个网页，保存为test.html，在<body>内使用<form>标签，包含一个文本框和一个文本区域，代码如下所示。

```
<form>
    <p> 输入框 :
        <input type="text" value=" 看我的颜色 " />
    </p>
    <p> 多行文字输入框 :
        <textarea> 看我的颜色 </textarea>
    </p>
</form>
```

步骤2 在<head>标签内添加<style type="text/css">标签，定义一个内部样式表，然后输入下面的样式代码定义表单样式，为文本框和文本区域设置不同的边框颜色和字体颜色，代码如下所示。

```
body{
font-size:14px;                /* 文本大小 */
}
input{
width:200px;                   /* 设置宽度 */
```

```
height:25px;                     /* 设置高度 */
font-size:14px;                  /* 字体大小 */
line-height:25px;                /* 设置行高 */
border:1px solid #339999;        /* 设置边框属性 */
color:#FF0000;                   /* 字体颜色 */
background-color:#99CC66;        /* 背景颜色 */
}
textarea{
width:200px;                     /* 设置宽度 */
height:100px;                    /* 设置高度 */
line-height:24px;                /* 设置行高 */
border:none;                     /* 清除默认边框设置 */
border:1px solid #ff7300;        /* 设置边框属性 */
background:#99CC99;              /* 设置颜色 */
display: block;                  /* 显示方式 */
margin-left:40px;                /* 设置外间距 */
}
```

首先，定义整个表单中文字的大小和输入域的空间，设置宽度和高度，输入域的高度和行高应一致，即方便实现单行文字垂直居中，接着设置单行输入框的边框，在字体颜色和背景颜色的取色中，一般反差较大，突出文本内容。

其次，设置多行文本框属性。同样对其宽和高设置，此处设置它的行高为24像素，实现行与行的间距，而不设置垂直居中。通过预览浏览器发现多行文本框的边框线有凹凸的感觉，此时设置边框线为0，并重新定义边框线的样式。多行文本框前的输入内容较多，可以设置块元素换行显示，使文本输入全部显示。通过预览浏览器发现单行文本框和多行文本框左边并没有对齐，通过设置margin-left属性来实现上（单行文本框）下（多行文本框）对齐，最后更改多行文本框的背景色，即整个表单内元素设置完毕。

在IE浏览器中预览演示效果，如图8-9所示。

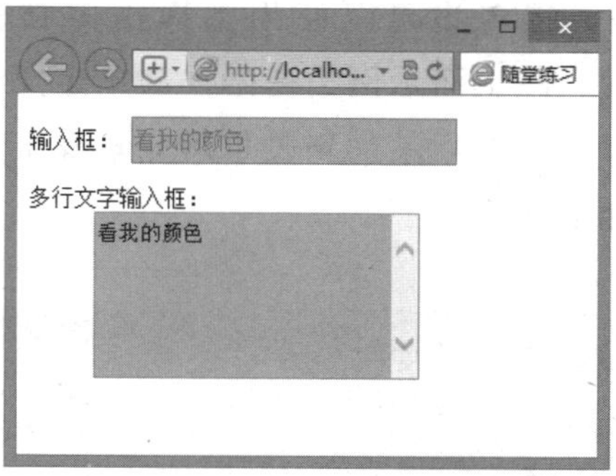

图8-9　单行文本框和多行文本框的设置

【拓展练习1】

在CSS中控制表单域对象，可以使用不同的方法。以上面示例为例，如果使用属性选择器，则可以使用如下样式来控制。

步骤1 新建一个网页，保存为test.html，在<body>内使用<form>标签，包含一个文本框和一个密码域，代码如下所示。

```
<form>
    <p> 输入框：
```

```
            <input type="text" value="看我的颜色" />
        </p>
        <p>密码输入框：
            <input type="password" value="看我的颜色" />
        </p>
    </form>
```

步骤❷ 在<head>标签内添加<style type="text/css">标签，定义一个内部样式表，然后输入样式代码如下所示。

```
    body{
    font-size:14px;                     /* 文本大小 */
    }
    input{
    width:200px;                        /* 设置宽度 */
    height:25px;                        /* 设置高度 */
    border:1px solid #339999;           /* 设置边框 */
    background-color:#99CC66;           /* 设置背景颜色 */
    }
    input[type='password']{
    background-color:#F00;              /* 设置背景颜色 */s
    }
```

在IE浏览器中预览示效果，演如图8-10所示。

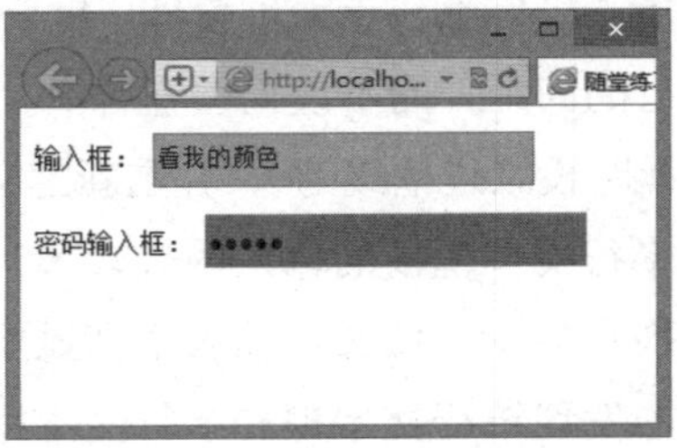

图8-10　使用样式控制表单域

读者也可以使用类样式控制表单样式。以上面示例为基础，简单定义一个类样式，然后添加到表单域元素身上，代码如下所示。

```
    input.new{
    background-color:#F00;              /* 设置背景颜色 */
    }
    <form>
        <p>输入框：<input type="text" value="看我的颜色" /></p>
        <p>密码输入框：<input type="password" value="看我的颜色"
class="new" /></p>
    </form>
```

【拓展练习2】

大多数表单元素获得焦点时，会发生较大的变化，提示用户当前所在的位置，如使用CSS伪类“:focus”可以实现输入框背景色的改变；使用CSS伪类“:hover”可以实现当鼠标滑过输入框时，加亮或者改变输入框的边框线，提示当前鼠标滑过输入框。

提 示

IE 6不支持CSS伪类“:focus”“:hover”等伪类标识符，但这阻止不了网站设计者提高表单可用性的决心，这些问题可通过JavaScript动态添加/删除类名实现。

步骤❶ 新建一个网页，保存为test.html，在<body>内使用<form>标签，包含一个文本框和一个密码域，代码如下所示。

```
<form>
    <p> 输入框：
        <input type="text" value=" 看我的颜色 " />
    </p>
    <p> 密码输入框：
        <input type="password" value=" 看我的颜色 " class="new" />
    </p>
</form>
```

步骤❷ 在<head>标签内添加<style type="text/css">标签，定义一个内部样式表，输入下面的样式代码。

```
body {
    font-size:14px;                    /* 设置字体大小 */
}
input {
    width:200px;                       /* 设置宽度 */
    height:25px;                       /* 设置高度 */
    border:1px solid #339999;          /* 设置边框 */
    background-color:#99CC66;          /* 设置背景颜色 */
}
p span {
    display:inline-block;              /* 设置显示方式 */
    width:100px;                       /* 设置宽度 */
    text-align:right;                  /* 设置右对齐 */
}
input {
    width:200px;                       /* 设置宽度 */
    height:25px;
    border:3px solid #339999;          /* 设置边框 */
    background-color:#99CC66;          /* 设置背景颜色 */
}
input:focus {
    background-color:#FF0000;          /* 设置背景颜色 */
}
input:hover {
    border:3px dashed #99FF00;         /* 设置边框 */
}
```

在IE浏览器中预览演示效果，如图8-11所示。

图8-11　使用伪类设计动态样式效果

8.2.2　定义选择域样式

使用CSS可以设计单选按钮和复选框的样式，但是如果要整体改变其外观，可以通过背景图片替代默认样式。

【综合练习】

设计思路

本案例通过背景图像代替默认单选按钮样式的设计思路，实现用CSS设计个性化的单选按钮效果。

- 个性化自定义的单选按钮首先需要两种图片状态，选中和未选中，对其添加不同的class类实现背景图像的改变。
- 通过<label>标签的for属性和单选按钮id属性值实现内容与单选按钮的关联。即单击单选按钮相对应的文字时，单选按钮亦被选中。
- 浏览器名称设置背景图片，单击时添加class类，最后隐藏单选按钮。注意，本例需要JavaScript动态更改class类，缺少JavaScript脚本控制将无法动态改变单选按钮的选中与否。

设计步骤

步骤1 在Photoshop中设计两个大小相等的背景图标，图标样式如图8-12所示。

图8-12　设计的背景图标

步骤2 新建一个网页，保存为test.html，在<body>内使用<form>标签，包含多个单选按钮。该表单设计评选各个浏览器被认可的人数，选项有FF浏览器、IE浏览器、谷歌浏览器等，代码如下所示。

```
<form>
    <h3> 请选择您最喜欢的浏览器 </h3>
    <p>
        <input type="radio" checked="" id="radio0" value="radio"
name="group"/>
        <label for="radio0" class="radio1">Internet Explorer</
label>
    </p><p>
```

```
            <input type="radio" checked="" id="radio1" value="radio" 
name="group"/>
            <label for="radio1" class="radio1" >Maxthon</label>
        </p><p>
            <input type="radio" checked="" id="radio2" value="radio" 
name="group"/>
            <label for="radio2" class="radio2" >Mozilla Firefox</label>
        </p><p>
            <input type="radio" checked="" id="radio3" value="radio" 
name="group"/>
            <label for="radio3" class="radio3" >谷歌浏览器</label>
        </p><p>
            <input type="radio" checked="checked" id="radio4" 
value="radio" name="group"/>
            <label for="radio4" class="radio4" >Opera</label>
        </p><p>
            <input type="radio" checked="" id="radio5" value="radio" 
name="group"/>
            <label for="radio5" class="radio5" >世界之窗</label>
        </p><p>
            <input type="radio" checked="" id="radio6" value="radio" 
name="group"/>
            <label for="radio6" class="radio6" >搜狗浏览器</label>
        </p>
    </form>
```

步骤3 在<head>标签内添加<style type="text/css">标签，定义一个内部样式表，输入下面的样式。

步骤4 页面进行初始化，网页内容为16号黑体。表单<form>元素宽度为600像素，为每行存放3个单选按钮确定空间，并使表单在浏览器中居中显示。<form>元素的相对定位应去掉，此处子元素设置绝对定位时其父元素最好能设置相对定位，减少错误的出现，代码如下所示。

```
    /* 页面基本设置及表单<form>元素初始化 start*/
    body {font-family:"黑体"; font-size:16px;}
    form {position:relative; width:600px; margin:0 auto; text-align:center;}
```

步骤5 <p>标签宽度为200像素，并设置左浮动，实现表单（表单的宽度为600像素，600/200=3）内部横向显示3个单选按钮。各个浏览器名称长短不同，对其进行左对齐设置，达到视觉上的对齐。<p>标签在不同浏览器下默认间距大小不一致，此处设置内外间距为0像素，会发现第一行单选按钮和第二行单选按钮过于紧密，影响美观，于是设置上下外间距（margin）为10像素，代码如下所示。

```
    p{ width:200px; float:left; text-align:left; margin:0; padding:0;
```

```
margin:10px 0px;}
```

步骤6 <input>标签的ID值和<label>标签的for属性值一致，实现二者关联，并将<input>标签进行隐藏操作。即<input>标签设置为绝对定位，并设置较大的left值，比如“left：-999em；”<input>标签完全移出浏览器可视区域之外，达到隐藏该标签的作用，为紧跟在它后面的文字设置背景图片替代单选按钮（<input>标签）做铺垫。

```
input {position: absolute; left: -999em; }
```

步骤7 <label>标签添加class类radio1和radio2，代表单选按钮未选中和选中两种状态。现在分别对class类radio1和radio2进行设置，二者CSS属性设置一致，区别在于其背景图片的不同。具体步骤如下。

（1）设置背景图片不平铺，起始位置为左上角，清除外间距设置。背景图片的宽度是33像素，高度是34像素，即设置的背景图片和文字的间距一定要大于33像素，防止文字压住背景图片即文字在图片上面的现象。

（2）设置左内间距为40像素（可调整大小），设置<label>标签高度为34像素，行高也是34像素，实现垂直居中，且完整显示背景图片（高度值必须大于34像素），用背景图片代替单选按钮。

（3）在浏览器中观察页面，背景图片未显示完整，此时需要将<label>标签的CSS属性设置为块元素，设置的高度才有效。当鼠标移至<label>标签时，设置指针变化为手型，提示当前可以单击。最后加入JavaScript脚本，实现动态单击选中效果，脚本不属于本书介绍范围，读者可以直接使用，也可直接删除JavaScript脚本。单选按钮可以通过背景图片替代，同样如示例，使用背景图片也可以替代复选框的默认按钮样式。代码如下所示。

```
    .radio1 {margin: 0px;padding-left: 40px;color: #000;line-height: 
34px;height: 34px;
        background:url(img/4.jpg) no-repeat left top;cursor: 
pointer;display:block; }
    .radio2 {background:url(img/3.jpg) no-repeat left top; }
```

本案例内部样式表的完整代码如下所示。

```
body{
font-family:"黑体";     /* 字体类型 */
font-size:16px;         /* 字体大小 */
}
form{
color:#000;             /* 字体颜色 */
position:relative;      /* 设置相对定位 */
width:600px;            /* 设置宽度 */
margin:0 auto;          /* 设置边距 */
text-align:center;      /* 居中对齐 */
}
```

```
p{
color:#000;              /* 字体颜色 */
width:200px;             /* 设置宽度 */
float:left;              /* 设置左浮动 */
text-align:left;         /* 设置左对齐 */
margin:0;                /* 清除间距 */
padding:0;               /* 清除间距 */
margin:10px 0px;         /* 左右居中，上下 10 像素间距 */
}
input{
color:#000;              /* 字体颜色 */
position: absolute;      /* 设置绝对定位 */
left: -999em;            /* 超出浏览器可视部分，达到隐藏效果 */
line-height: 50px;       /* 设置行高 */
height: 50px;            /* 设置高度 */
}
.radio1 {
color:#000;              /* 字体颜色 */
margin: 0px;             /* 清除间距 */
padding-left: 40px;      /* 设置左间距 */
color: #000;             /* 字体颜色 */
line-height: 34px;       /* 设置行高 */
height: 34px;            /* 设置高度 */
background:url(img/4.jpg) no-repeat left top;     /* 设置背景图片 */
cursor: pointer;         /* 鼠标为手型 */
display:block;           /* 转换为块元素 */
}
.radio2 {
background:url(img/3.jpg) no-repeat left top;     /* 设置背景图片 */
}
```

步骤8 在IE浏览器中预览演示效果，如图8-13所示。

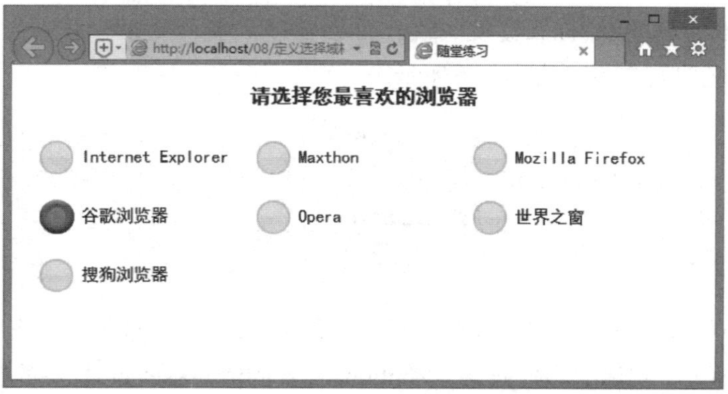

图8-13　背景图片代替单选按钮默认样式

8.2.3 定义列表域样式

通过CSS可以对下拉菜单显示的字体和边框样式进行设置，但是对于其他样式，不同浏览器对于CSS的支持不是很完善。一般情况下，通过CSS可以简单地设置字体和边框样式，对下拉菜单中的每项选择进行单独的背景颜色、文字加粗等效果设置，此时用户可以通过下拉菜单颜色的差异区分不同的选项。

【随堂练习】

步骤1 新建一个网页，保存为test.html，在<body>内使用<form>标签，包含一个下拉菜单，代码如下所示。

```
<div class='box'>
    <select >
        <option class="bjc1">内容一</option>
        <option class="bjc2">内容二</option>
        <option class="bjc3">内容三</option>
        <option class="bjc4">内容四</option>
    </select>
</div>
```

步骤2 在<head>标签内添加<style type="text/css">标签，定义一个内部样式表，输入下面的样式代码。添加不同class类名实现不同<option>标签的背景颜色，最终达到七彩虹颜色的下拉菜单。<select>标签的父元素<div>标签设置宽度为120像素，IE下设置为150像素，超出部分隐藏，通过下一步查看超出部分的隐藏效果是否有效，代码如下所示。

```
.box{width:120px;width:150px\9; overflow:hidden;}
```

步骤3 <select>标签设置宽度为136像素，它的值小于外层<div>标签的宽度，其高度设置为23像素，因为背景图像为119*23，最外层的<div>标签设置的宽度是背景图片的宽度所定义的。背景图片的设置要查看现代浏览器和IE浏览器对<select>标签的支持情况。通过对图8-14和图8-15的比较可以发现，IE浏览器超出部分没有隐藏，且IE浏览器中<select>标签与其子元素<option>标签的宽度为120像素，而现代浏览器<select>标签宽度为136像素，其子元素并没有与<select>标签宽度一致，而是与<div>标签宽度一致，当为box设置高度200像素及背景色时可查看，代码如下所示。

```
select{width:136px; color: #909993; border:none;height:23px; line-height:23px;background:none;background:url(images/5.jpg) no-repeat left top; color:#000000; font-weight:bold;}
.box{height:200px; background-color:#3C9}
```

步骤4 下拉菜单的每个选项设置不同的背景颜色，通过<option>标签不同的class名设置不同的背景颜色，实现七彩虹效果。<option>标签的值与<select>标签的高度应一致，设置，高度为23像素，更改鼠标样式为手型，代码如下所示。

```
    .bjc1{background-color:#0C9;}
    .bjc2{background-color:#F96;}
    .bjc3{background-color:#0F0;}
    .bjc4{background-color:#C60;}
    option{font-weight:bold; border:none; line-height:23px;
height:23px; cursor:pointer;}
```

完整的CSS内部样式表代码如下所示。

```
    .box{
     color:#000;            /* 字体颜色 */
     width:120px;           /* 设置宽度 */
     width:150px\9;         /* ie9 下宽度为 150 像素 */
     overflow:hidden;       /* 超出部分隐藏 */
    }
    select{
     width:136px;           /* 设置宽度 */
     color: #909993;        /* 字体颜色 */
     border:none;           /* 取消边框 */
     height:23px;           /* 设置高度 */
     line-height:23px;      /* 设置行高 */
     background:none;       /* 背景隐藏 */
     background:url(images/5.jpg) no-repeat left top;
                            /* 设置背景图片 */
     color:#000000;         /* 字体颜色 */
     font-weight:bold;      /* 字体加粗 */
    }
    option{
     font-weight:bold;      /* 字体加粗 */
     border:none;           /* 取消边框 */
     line-height:23px;      /* 设置行高 */
     height:23px;           /* 设置高度 */
     cursor:pointer;        /* 设置鼠标为手型 */
    }
    .bjc1{background-color:#0C9;}        /* 设置背景颜色 */
    .bjc2{background-color:#F96;}        /* 设置背景颜色 */
    .bjc3{background-color:#0F0;}        /* 设置背景颜色 */
    .bjc4{background-color:#C60;}        /* 设置背景颜色 */
```

页面演示效果如图8-14和8-15所示。通过浏览器的比较发现，微软IE浏览器没有支持<select>标签的背景图片设置，谷歌、Opera等浏览器也不支持，而FF浏览器则已经实现支持。通过JavaScript和css相结合可以模拟<select>标签。如果下拉菜单设计简单，只有对下拉菜单的宽度、字体颜色等简单要求的效果，可采用<select>标签；如果需要含有特殊的设计效果，对其背景图片设置，改变下拉菜单下拉按钮的形状，一般都是通过其他标签模拟实现下拉菜单的效果，而不再通过<select>标签设置。

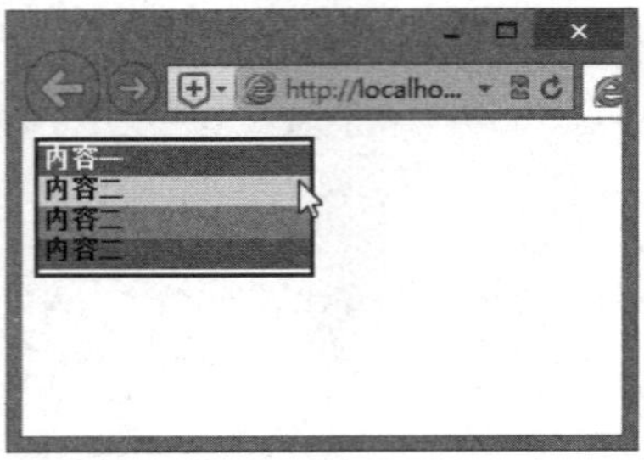

图8-14　IE浏览器下拉菜单不支持背景图片

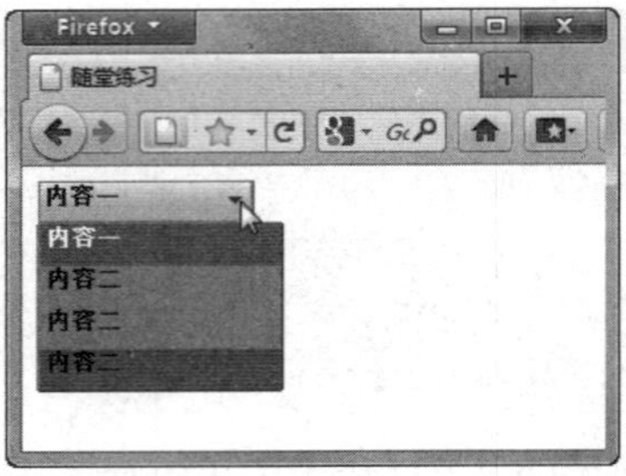

图8-15　FF浏览器下拉菜单支持背景图片

8.3 综合实训

本章集训目标

- 能够针对准确的网页交互需求设计表单结构。
- 能够使用CSS设计常用表单样式。
- 能够根据页面风格设计更具个性的表单样式。

实训1：设计用户登录表单

实训说明

在一般情况下，网站都会为用户提供管理系统，或者说是后台管理系统。用户登录是用户进入网站的第一步操作，登录表单框及其样式将直接影响到用户的访问情绪。本案例设计的登录框以灰色为主色调，灰色是万能色，能够与任意色调风格的网站相融合，整个登录框醒目，结构简单，方便用户使用，表单框设计风格趋于自然，演示效果如图8-16所示。

图8-16　用户登录表单样式

主要训练技巧说明

- 能够根据页面设计需要控制表单设计风格。
- 通过类样式灵活设计表单局部细节。
- 使用CSS的border属性设计风格和谐的表单样式。
- 能够利用补白、对齐方式调整表单元素的显示位置。

设计步骤

步骤1 在Photoshop中设计渐变的背景图像，高度为21像素，宽度为2像素，渐变色调以淡灰色为主，如图8-17所示。

图8-17　设计的背景图像

步骤2 构建网页结构。启动Dreamweaver，新建一个网页，保存为index.html，在<body>标签内输入如下结构代码。

```
<div class="user_login">
```

```
        <h3>用户登录</h3>
        <div class="content">
            <form method="post" action="">
                <div class="frm_cont userName">
                    <label for="userName">用户名：</label>
                    <input type="text" id="userName" />
                </div>
                <div class="frm_cont userPsw">
                    <label for="userPsw">密  码：</label>
                    <input type="password" id="userPsw" />
                </div>
                <div class="frm_cont validate">
                    <label for="validate">验证码：</label>
                    <input type="text" id="validate" />
                    <img src="images/getcode.jpg" alt="验证码：3731" />
</div>
                <div class="frm_cont keepLogin">
                    <input type="checkbox" id="keepLogin" />
                    <label for="keepLogin">记住我的登录信息</label>
                </div>
                <div class="btns">
                    <button type="submit" class="btn_login">登 陆</button>
                    <a href="#" class="reg">用户注册</a></div>
            </form>
        </div>
    </div>
```

用户登录框主要由用户名输入框、密码输入框、验证码输入框和登录按钮等相关内容组成，每个网站根据网站的实际需求决定登录框中所应该包含的元素。

表单框包含在<div class="user_login">包含框中，添加类名为user_login的<div>标签将所有登录框元素包含在一个容器之内，便于后期的整体样式控制。其中包含一个标题<h3>和一个子包含框<div class="content">，即内容框。

表单元素在正常情况下都应该存在于<form>标签中，通过<form>标签中的action属性和method属性检测最后表单内的数据需要发送到服务器端的哪个页面，以及以什么方式发送。

利用<div>标签将输入框以及文字包含在一起，形成一个整体。在整个表单中多次出现相同或类似的元素，可以考虑使用一个类名调整多次出现的样式。例如，这里使用了frm_cont这个类作为整体调整，再添加一个userName类针对性调整细节部分。

使用<label>标签中的for属性激活与for属性的属性值相对应的表单元素标签。例如，<label for="userName">标签被单击时，将激活id="userName"的input元素，使光标出现在对应的输入框中。

步骤3 在<head>标签内添加<style type="text/css">标签，定义一个内部样式表。

步骤4 设计登录框最外层包含框（<div class="user_login">）的宽度为210px，再增加内补白1px，使其内部元素与边框之间产生一点间距，显示背景颜色或者背景图片，增强视觉效果，代码如下所示。

将登录框内的所有元素的内补白、边界以及文字的样式统一。在网站整体制作的初期，这一步是必不可少的，通过设置整体的样式，可以减少后期再逐个设置样式的麻烦。如果需要调整也可以很快地将所有样式修改，当然针对特定标签可以通过类样式进行有针对性地设置。

```
.user_login { /* 设置登录框样式，增加 1px 的内补白，提升整体表现效果 */
    width:210px;
    padding:1px;
    border:1px solid #DBDBD0;
    background-color:#FFFFFF;
}
.user_login * { /* 设置登录框中全局样式，调整内补白、边界、文字等基本样式 */
    margin:0;
    padding:0;
    font:normal 12px/1.5em "宋体", Verdana,Lucida, Arial,
Helvetica, sans-serif;
}
```

注意，在编写CSS样式代码时，需要从大的包含框开始写样式，然后一点一点地调整局部细节。这样的处理方式能更好地把握细节与整体的效果。

步骤❺ 设置标题的高度以及行高，并且居中显示。在此不设置标题的宽度，使其宽度的属性值为默认的auto，主要是考虑让其随着外面容器的宽度而改变，这样也可以省去计算宽度的时间，还可以让标题与容器边框之间的1px之差能完美体现，代码如下所示。

```
.user_login h3 { /* 设置登录框中标题的样式 */
    height:24px;
    line-height:24px;
    font-weight:bold;
    text-align:center;
    background-color:#EEEEE8;
}
```

步骤❻ 为了增强容器与内容之间的空间感，针对表单区域内容增加内补白，使内容与边框不会显得拥挤，代码如下所示。

```
.user_login .content {/* 设置登录框内容部分的内补白，使其与边框产生一定的间距 */
    padding:5px;
}
```

步骤❼ 增加每个表单之间的间距，使表单上下之间有错落感，代码如下所示。

```
.user_login .frm_cont {/* 将表单元素的容器与底部产生 5px 的间距 */
    margin-bottom:5px;
}
```

步骤8 当用户单击<label>标签包含的文字时，能够激活对应的文本框，为了加强用户体验效果，当用户将鼠标经过文字时，鼠标转变为手型，提示用户该区域点击后会有效果，代码如下所示。

```
.user_login .frm_cont label {/* 设置鼠标经过所有的 label 标签时，鼠标为手型 */
    cursor:pointer;
}
```

步骤9 在表单结构中包含四个表单域对象，其中三个是输入域类型，另外一个是多选框类型。对于输入域类型的<input>标签是可以修改边框以及背景等样式的，而多选框类型的<input>标签在个别浏览器中是不能修改的。因此，本案例有针对性地修改“用户名”“密码”和“验证码”输入框的样式，添加边框线，代码如下所示。

输入域类型的<input>标签虽然可以通过CSS样式修改其边框以及背景样式，但FF浏览器还存在一些问题，无法利用CSS的line-height行高属性设置单行文字垂直居中。因此考虑利用内补白（padding）的方式将输入域的内容由顶部挤压，形成垂直居中的效果。

```
.user_login .userName input, .user_login .userPsw input, .user_
login .validate input {/* 为所有输入框设置宽度以及边框样式 */
    width:146px;
    height:17px;
    padding:3px 2px 0;
    border:1px solid #A9A98D;
}
```

步骤10 验证码输入框的宽度相对其他几个输入框要小，为了使其与验证码图片之间有一定的间隔，需要再单独使用CSS样式进行调整，代码如下所示。

```
.user_login .validate input { /* 设置验证码输入框的宽度以及与验证图之间的
间距 */
    width:36px;
    text-align:center;
    margin-right:5px;
}
```

步骤11 缩进“记住我的登录信息”的内容，使多选框与其他输入框对齐，利用该容器的宽度属性值为默认值auto的前提下，增加左右内补白不会导致最终的宽度变大，使用padding-left将其缩进。

浏览器默认解析多选框与文字并列出现时，不会将文字与多选框的底部对齐。为了调整这个显示效果的不足，可以使用CSS样式中vertical-align垂直对齐的属性将多选框向下移动来达到最终效果。FF浏览器的调整导致了IE浏览器的不足，因此需要利用针对IE浏览器的兼容方法，将CSS的vertical-align垂直对齐属性设置为0，最终在IE浏览器与FF浏览器之间达到一个相对平衡的关系，代码如下所示。

```
.user_login .keepLogin { /* 密码区域左缩进 48px，与输入框对齐 */
```

```
        padding-left:48px;
    }
    .user_login .keepLogin input { /* 调整多选框与文字之间的间距，以及底边与
文字对齐 */
        margin-right:5px;
        vertical-align:-1px;
        *vertical-align:0; /* 针对 IE 浏览器的 HACK */
    }
```

步骤12 将按钮文字设置为相对于类名为btns的父级容器居中显示，这里需要注意两点内容。

（1）锚点<a>标签是内联元素，不具备宽高属性，但也不能转化为块元素，如果转化为块元素，父级的text-align:center居中效果将会失效，而且需要将按钮和文字设置浮动后才能与按钮并列显示。

（2）在IE浏览器中，按钮与文字之间的垂直对齐关系如同多选框与文字之间的对齐，需要利用vertical-align进行调整。

根据这两点，可以针对锚点<a>标签设置padding属性增加背景图片显示的空间，可以利用兼容方式调整IE浏览器中对于按钮与文字之间的对齐关系，代码如下所示。

```
    .user_login .btns { /* 按钮区域的容器居中显示 */
        text-align:center;
    }
    .user_login .btns a {/* 设置文字基本样式以及增加相应的内补白显示背景图片 */
        padding:3px 4px 2px;
        text-decoration:none;
        color:#000000;
    }
    .user_login .btns button {/* 设置按钮高度以及针对 IE 浏览器调整按钮与文字的
对齐方式 */
        height:21px;
        *vertical-align:-3px; /* 针对 IE 浏览器的兼容方式 /
        cursor:pointer;
    }
    .user_login .btns button, .user_login .btns a { /* 为按钮区域中的文字
和按钮设置边框线以及背景图片 */
        border:1px solid #A9A98D;
        background:url(images/bg_btn.gif) repeat-x 0 0;
    }
```

实训2：设计用户注册表单

实训说明

网站一般存在两种用户，即注册用户和游客。网站中对游客和注册用户赋予的权限是

不同的，其中游客只可浏览帖子，注册用户不仅可以浏览帖子，还可以在网站中发表新的话题或者帖子。游客可以通过注册成为本站用户，站内用户可以直接登录网站发布信息。用户注册是用户登录的前提，当用户登录系统之后，才能拥有与网站交互的能力。演示效果如图8-18所示。

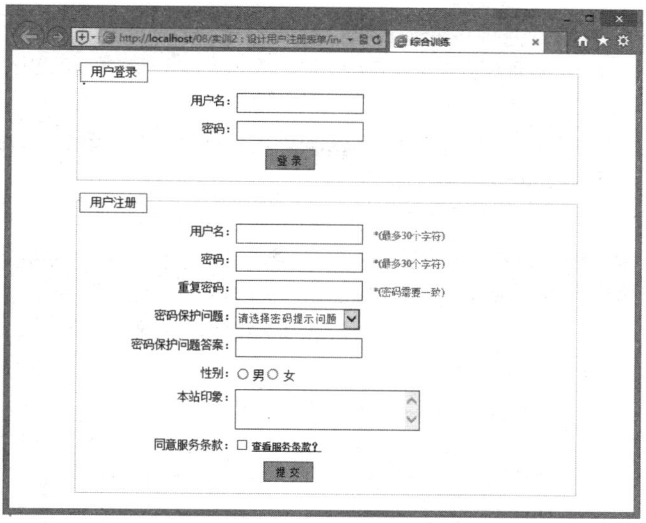

图8-18　用户注册表单

从布局角度分析，整个表单分为两大板块，登录板块和注册板块。<form>标签作为整个表单的父元素，<fieldset>标签对表单的登录和注册进行区块划分。<legend>标签作为表单的区块名称，表单中每项信息使用<p>标签对其项目进行区分。每项信息通过<label>标签和相应表单元素组合即可。

主要训练技巧说明

- 表单结构和样式应以简单、实用为主，特别是对用户输入性表单，一定要设计得简洁易用。
- 使用<fieldset>标签对表单进行分组，以便模块化管理。
- 使用<label>标签捆绑表单元素，添加表单提示信息。
- 使用<legend>标签设计表单分组标题。

设计步骤

步骤 1　启动Dreamweaver，新建一个网页，保存为index.html，在<body>标签内输入如下结构代码，构建表单结构。

```
<form action="" method="post" name="" id="Form">
    <fieldset>
        <legend>用户登录</legend>
        <p><label for="xingming">用户名：</label><input type="text"
name="xingming" id="xingming" value="" /></p>
        <p><label for="mima">密码：</label><input type="password"
name="mima" id="mima"/></p>
        <p class="enter"><input name="tijiao" type="submit"
class="buttom" value="登 录" /></p>
    </fieldset>
    <fieldset>
        <legend>用户注册</legend>
        <p><label for="xingming2">用户名：</label><input type="text"
name="xingming2" id="xingming2"  /><span>*(最多30个字符)</span> </p>
```

```
            <p><label for="mima2">密码：</label><input type="password"
name="mima2" id="mima2" /><span>*（最多 30 个字符）</span> </p>
            <p><label for="chongfumima2">重复密码：</label><input
type="password" name="chongfumima2" id="chongfumima2"/><span>*（密码需要
一致）</span> </p>
            <p><label for="secproblem">密码保护问题：</label><select
class="sel" id="secproblem" name="secproblem"><option value="0">请选择
密码提示问题</option>… </select></p>
            <p><label for="daan">密码保护问题答案：</label><input
type="text" name="daan" id="daan"/></p>
            <p class="XB2">
                <label for="xingbie2">性别：</label><label
class="Wid2"><input type="radio" name="RadioGroup1" value="0"
id="RadioGroup1_0" />男</label>
                <label class="Wid2"><input type="radio"
name="RadioGroup1" value="1" id="RadioGroup1_1" />女</label></p>
            <p><label for="yinxiang2">本站印象：</label><textarea
id="yinxiang2" ></textarea></p>
            <p class="fuwu"><label for="AgreeToTerms">同意服务条款：</
label><input type="checkbox" name="AgreeToTerms" id="AgreeToTerms"
value="1" /><a href="#" title="您是否同意服务条款">查看服务条款？</a> </p>
            <p class="enter"><input name="tijiao" type="submit"
class="buttom" value="提 交" /></p>
        </fieldset>
    </form>
```

步骤2 在<head>标签内添加<style type="text/css">标签，定义一个内部样式表，然后输入CSS代码，设计表单样式。

步骤3 通过CSS对页面表单元素进行页面划分。设置表单<form>标签宽度为600像素，居中对齐，整个表单内部文字大小为14像素。表单<fieldset>标签设置边界15像素，居中对齐。设置文字对齐方式为左对齐，代码如下所示。

```
    form{width:600px; font-size:14px;margin:0px auto;}
    fieldset{margin:15px auto; text-align:left;width:600px;-moz-border-
radius:5px;-webkit-border-radius:5px;}
```

步骤4 针对“用户登录”和“用户注册”上下区域的标题，设计<legend>标签样式。设置内边距和边框属性，并观察占用的空间，对文字进行加粗设计，以示区分标题文字和页面默认文字。利用与<legend>标签同为兄弟的<p>标签对其进行页面初始化设置，外间距和内间距为0像素，此时选项与选项之间的文字距离过于紧密，增加上下间距为10像素。在后面的操作中需对<label>标签设置浮动，使之拥有宽度，为避免错误的产生，<legend>标签设置清除浮动操作clear:both，代码如下所示。

```
    legend{padding:3px 12px; border:1px solid #1E7ACE; font-weight:bold;}
```

步骤5 完成页面初步布局之后，就可以设计表单细节样式。首先针对页面表单应用最多的<input>标签和<label>标签进行设置，然后对特殊输入域元素和<label>标签进行单独设置，<input>标签宽度为150像素，高度为20像素，行高也是20像素，设置边框属性。接着对<label>标签进行设置，宽度为140像素，保证最长的文字也能够在一行中显示，设置为左浮动，确保该标签拥有块布局属性，文字右对齐确保文字内容右侧与表单<input>标签左侧在一起。最后使<label>标签的行高与<input>标签的行高一致，代码如下所示。

```
    input{margin-right:10px; width:150px; height:20px; line-
height:20px; border:1px solid #094e87;}
    label{width:140px; float:left; text-align:right;line-height:20px;}
```

步骤6 设置特殊输入域元素样式。在设置"用户登录"最后一个登录输入框标签时，通过其外面的p元素的class属性，做成按钮的效果。重新设置宽度、高度、边框属性及背景色，让其拥有按钮的外观。高度和行高一致，实现单行文字的垂直居中。设置该元素的居中对齐，通过相对定位在其当前位置向左移动40像素。至此"用户登录"按钮设置完毕，代码如下所示。

```
    input{margin-right:10px; width:150px; height:20px; line-
height:20px; border:1px solid #094e87;}
    p.enter{text-align:center;}
    p.enter input{border:1px solid #369; background:#6CF;width:60px;
line-height:25px; height:25px;
    position:relative; left:-40px;}
```

步骤7 设置<label>标签样式。"用户注册"中"性别"选项使用了3个<label>标签，第一个<label>标签前面的CSS属性设置达到网站需要的效果，后面的2个<label>标签需要重新设置。

首先对"男"和"女"的<label>标签的宽度设置，它继承了前面的140像素的宽度，此处为auto，其宽度根据内容多少进行自适应。

接着重置<input>标签的相关属性，宽度同样设置为auto进行自适应，将边框属性设置为none，删掉input元素的边框属性，将右间距设置为0，通过浏览器查看效果，发现"男"或"女"与之后的单选按钮位置高低不一，此时使相对定位元素向上移动。使用相对定位元素对性别的<input>标签下移3像素。

"用户注册"分区中"同意服务条款"选项，设置超链接字体大小为12像素，字体颜色为黑色。对其复选框进行初始化，宽度、边框及右间距的设置与"性别"选项一样，而高度和行高需要重新更改设置为12像素，以期达到文字大小和复选框视觉的一致，代码如下所示。

```
    /** 性别 设置 start***/
    p.XB2 input{ width:auto; border:none;margin-right:0px; position:
relative; top:3px;}
```

```
    p.XB2 label.Wid2{width:auto; position:relative; top:-6px;+top:-3px;}
    /** 性别 设置 end***/
    p.fuwu input{width:auto; height:12px; line-height:12px;
border:none; margin-right:0px;}
    a{color:#000; font-size:12px;}
```

步骤8 设计<select>和<textarea>标签的样式。对这两个元素的宽度、高度边框进行设置，使页面此项内容与文字的对齐。将<select>标签的字体颜色重新设置，为增加现代浏览器的体验性，使用CSS伪类hover设置鼠标滑过时的背景颜色，代表其当前所在选项。对性别和服务条款中的CSS伪类hover属性背景图片设置为none，取消前面<input>标签伪类hover属性的继承。最后将必填写项目用红色字体表示出来，且小于正常文字大小，如设为12像素。<span>标签字体设置为红色12号字，用于提示用户填写当前选项需要注意的问题，增加用户体验，代码如下所示。

```
    select{height:25px;width:151px; color:#36F;border:none; border:1px
solid #094e87;}
    textarea{height:45px;width:220px;border:1px solid #094e87;}
    input:hover{background-color:#F30;}
    p.fuwu input:hover{background:none;}
    p.XB2 input:hover{background:none;}
    span{color:#F00;font-size:12px;}
```

通过CSS的宽度和高度属性可以去掉输入域本身的样式，使用CSS属性选择器可以去掉输入域类型（type值）的不同设置和不同的样式，IE 6及以下浏览器对此不支持，可以通过给其他类型的输入域解决问题。网上有针对IE 6不支持CSS属性选择器编写的脚本（http://ie7-js.googlecode.com/svn/test/index.html，百度搜索关键字：ie7.js），通过该脚本就可以不必加入class类名了。通过前面的CSS属性无法定义个性化的单选按钮或复选框的样式，但通过<label>标签for属性与<input>标签的ID值实现相关联的特点，可采用背景图片代替默认单选按钮或复选框的样式。

实训3：设计搜索框

实训说明

搜索并不只是出现在类似Google、百度这类专业的搜索引擎网站中，在各大站点甚至是一些小型网站都会有，但功能局限在其相关网站中的内容搜索。搜索框一般包含“关键词输入框”“搜索类别”“搜索提示”和“搜索按钮”元素，当然简单的搜索框只有“关键词输入框”和“搜索按钮”两个元素。本案例将介绍如何设计附有提示的搜索框样式，演示效果如图8-19所示。

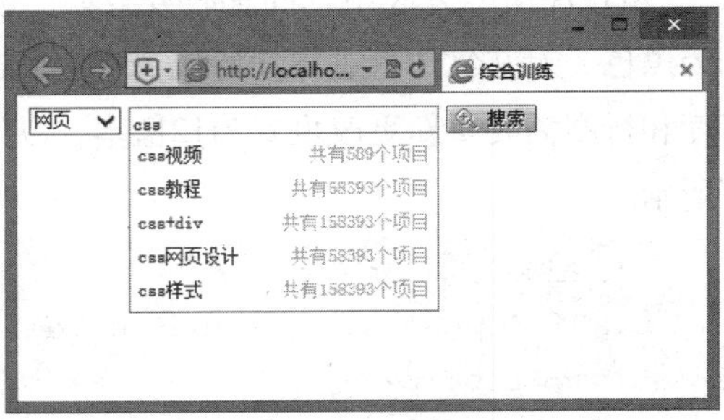

图8-19 搜索框效果

主要训练技巧说明

- 在制作搜索框的过程中，需要考虑的都是细节部分的内容，整体掌控上相对比较简单。
- 利用CSS的float浮动属性辅助调整元素位置。
- 自定义下拉菜单的个性样式。
- 兼容各主流浏览器的一般方法。

设计步骤

步骤1 启动Dreamweaver，新建一个网页，保存为index.html，在<body>标签内输入如下结构代码，构建表单结构。

```
<div class="search_box">
    <h3>搜索框</h3>
    <div class="content">
        <form method="post" action="">
            <select>
                <option value="1">网页</option>
                <option value="2">图片</option>
                <option value="3">新闻</option>
                <option value="4">MP3</option>
            </select>
            <input type="text" value="css" />
<button type="submit">搜索</button>
            <div class="search_tips">
                <h4>搜索提示</h4>
                <ul>
                    <li><a href="#">css视频</a><span>共有589个项目
</span></li>
                    <li><a href="#">css教程</a><span>共有58393个项
目</span></li>
                    <li><a href="#">css+div</a><span>共有158393个项
目</span></li>
                    <li><a href="#">css网页设计</a><span>共有58393
个项目</span></li>
                    <li><a href="#">css样式</a><span>共有158393个
项目</span></li>
                </ul>
            </div>
        </form>
    </div>
</div>
```

整个表单结构分为两个部分，将“下拉选择”“文本输入框”和“按钮”归为一类，主要功能是用于搜索信息；“搜索提示”是在“文本输入框”中输入文字时，将会出现相对应的搜索提示信息，该功能主要是由后台程序开发人员实现，前台设计师只需要将其以页面元素表现即可。

步骤❷ 在<head>标签内添加<style type="text/css">标签，定义一个内部样式表，然后输入CSS代码，设计表单样式。

步骤❸ 通过分析最终效果可以看到，页面中并没有显示“站内搜索”和“搜索提示”两个标题，且“搜索按钮”是以图片代替的，“搜索提示”是出现在“搜索输入框”的底部，并且宽度与输入框相等。为此，开始在内部样式表中输入下面的样式，对表单结构进行初始化设计，代码如下所示。

```
    .search_box { /* 设置输入框的整体宽度，并设置为相对定位，成为其子级元素的定位参考 */
        position:relative;
        width:360px;
    }
    .search_box * { /* 设置输入框内所有的内补白、边界为 0，列表修饰为无，并且设置字体样式等 */
        margin:0;
        padding:0;
        list-style:none;
        font:normal 12px/1.5em“宋体", Verdana,Lucida, Arial, Helvetica, sans-serif;
    }
    .search_box h3, .search_tips h4 { /* 隐藏标题文字 */
        display:none;
    }
```

步骤❹ 设置搜索框整体的宽度属性值以及其所有子元素的内补白、边界等相关属性。为了方便将搜索提示信息框通过定位的方式显示在搜索输入框的底部，因此在“.search_box”中定义position属性，让其成为子级元素定位的参照物。文档结构中的标题在页面中不需要显示，因此可以将其隐藏。虽然现在只是将标题文字隐藏了，在后期的网站开发过程中如果需要显示，可以直接通过CSS样式修改，而不需要再次去调整文档结构，样式代码如下所示。

```
    .search_box select {/* 将下拉框设置为浮动，并设置其宽度值 */
        float:left;
        width:60px;
    }
    .search_box input {/* 设置搜索输入框的样式，在设置其浮动的同时为其与左右两边的元素添加间距（边界）*/
        flcat:left;
        width:196px;
        height:14px;
        padding:1px 2px;
```

```
        margin:0 5px;
        border:1px solid #619FCF;
    }
    .search_box button {/* 设置按钮浮动，以缩进方式隐藏按钮上的文字并去除其边框，添加背景图片 */
        float:left;
        width:59px;
        height:18px;
        text-indent:-9999px;
        border:0 none;
        background:url(images/btn_search.gif) no-repeat 0 0;
        cursor:pointer;
    }
```

步骤5 “搜索类别”下拉框、“搜索关键字”输入框和“搜索按钮”这三个元素按照常理来理解原本就是可以并列显示的，但为了将这三个元素之间的默认空间缩短，使用了“float:left;”，再利用输入框<input>标签增加可控的边界“margin:0 5px;”，调整三者之间的间距。

三者之间整体样式调整完毕后，再对其细节部分进行详细地调整修饰。美化输入框并且利用文字缩进属性隐藏按钮上的文字，使用图片代替。

步骤6 下拉框<select>标签只是设置了宽度属性值，并未设置其高度属性值，其中的原因就是IE浏览器和FF浏览器对其高度属性值的解析完全不一样，因此采用默认的方式而不是再次利用CSS样式定义其相关属性。

步骤7 按钮<button>标签在默认情况下是不具备当鼠标悬停时显示手型的，因此需要特殊定义，代码如下所示。

```
    .search_tips { /* 为将搜索提示框设置的宽度与输入框相等，并绝对定位在输入框底部 */
        position:absolute;
        top:17px;
        left:65px;
        width:190px;
        padding:5px 5px 0;
        border:1px solid #619FCF;
    }
```

步骤8 “搜索提示框”使用绝对定位的方式显示在输入框的底部，其宽度属性值等于输入框的宽度属性值，可以提升视觉效果。不设置提示框的高度属性值是希望搜索框能随着内容的增加而自适应高度，代码如下所示。

```
    .search_tips li {
        float:left;
        width:100%;
        height:22px;
        line-height:22px;
```

```
} /* 设置搜索提示框内的列表高度和高度值，利用浮动避免 IE 浏览器中列表上下间距增多的问题 */
```

步骤9 在IE浏览器中，列表<li>标签上下间距会因多加了几个上下间距而出问题，将所有列表<li>标签添加float属性。宽度属性值设置为100%可以避免当列表<li>标签具有浮动属性时，宽度自适应的问题，代码如下所示。

```
.search_tips li a { /* 搜索提示中相关文字居左显示，并设置相关样式 */
    float:left;
    text-decoration:none;
    color:#333333;
}
.search_tips li a:hover { /* 搜索提示中相关文字在鼠标悬停时显示红色文字 */
    color:#FF0000;
}
.search_tips li span { /* 以灰色弱化搜索提示相关数据，并居右显示 */
    float:right;
    color:#CCCCCC;
}
```

步骤10 将列表项<li>标签中的锚点<a>标签和<span>标签分别左右浮动，使它们靠两边显示在“搜索提示框”内，并相应添加文字样式做细节调整。

8.4 上机练习

1. 图8-20是一个域名注册表单，请读者模仿该图效果，动手设计一个类似的表单结构和样式。该表单包含了常用的文本输入域、多行文本框、单选框、复选框、下拉菜单、提交按钮以及<fieldset>、<legend>、<label>标签等内容。

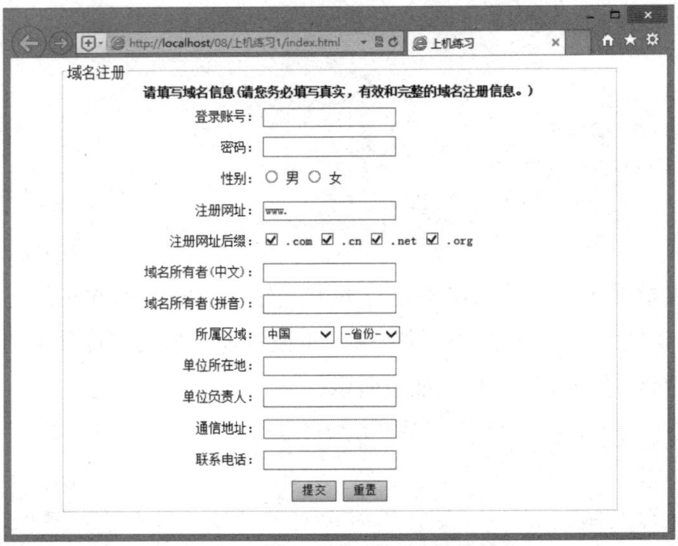

图8-20 域名注册表单效果

设计要求

- 使用CSS定义表格宽度，统一表单文字大小为14像素。<fieldset>标签设置了宽度，如果不设置，则以浏览器窗口大小为准。
- 在<form>标签外面添加<div>标签，设计一个表单包含框，通过设置overflow:hidden样式隐藏超出部分的内容，同时设置<fieldset>标签宽度。为满足不同浏览器下的圆弧边框效果，可使用浏览器的私有属性，如FF浏览器的"-moz-border-radiu:5px;"、Chrome和Safari浏览器的"-webkit-border-radius:5px;"，IE浏览器默认是圆弧边框效果。
- 通过设置<td>标签行高，实现"域名注册"表单中元素之间视觉的纵向分离。
- 使用<legend>标签定义表单标题，通过<label>标签的for属性实现文本内容与右侧的表单元素相关联。"域名注册"表单中文字内容长短不一，应设置单元格右对齐，拉近表单内容与右侧表单元素的距离，减少眼睛移动和处理表单数据的时间。
- 针对"登录账号""密码""注册网址"设置不同的快捷键，分别为"Alt+1""Alt+3""Alt+2"，FF浏览器对应的快捷键为"Alt+Shift+1""Alt+Shift+3""Alt+Shift +2"。

2. 对于表单的制作方式，万变不离其宗，再复杂的表单也是由那几个控件元素组成，只要不断去尝试改变和摸索，最终能很好地掌握每个控件元素的特性。图8-21是一个反馈表单，反馈表单的作用主要是网站的用户对网站的意见反馈，是用户与网站之间的"对话"通道。因此反馈表单中包含的控件元素必不可少的就是可以输入多行的文本域<textarea>标签。

请读者模仿该图的效果，动手设计一个类似的表单结构和样式。该表单包含了表单域<fieldset>标签、表单域标题<legend>标签、文件上传控件input（type="file"）和文本域<textarea>标签。表单域<fieldset>标签主要是将表单分成多个小区域显示在网页中；表单域标题<legend>标签则是针对每个不同的表单域设置标题；文件上传控件input（type="file"）结合后台开发程序语言或者JavaScript语言可以实现文件上传功能；文本域<textarea>标签是可以输入多行文本的元素控件，相对于输入框<input>标签的区别就是多行与单行。

定义CSS样式的基本原则是从外到内，从泛到细，同时还要善于利用CSS选择器。在添加CSS样式之前，读者需要了解浏览器默认解析的这几个表单控件元素的效果。

- 表单域<fieldset>标签在FF浏览器中显示的是直角，而IE浏览器中显示的是圆角。
- 表单域标题<legend>标签在FF浏览器与IE浏览器中显示的文字颜色有所不同。
- 文件上传控件input（type="file"）在FF浏览器中，输入框是灰色的，并且单击输入框时会弹出文件浏览窗口，而IE浏览器中输入框是白色的，单击输入框并无反应。
- 文本域<textarea>标签在FF浏览器中无滚动条，而IE浏览器中则会显示灰色不可用的滚动条，并且FF浏览器中的文字比IE浏览器中的文字要大一点，导致文本域的高度也不相同。

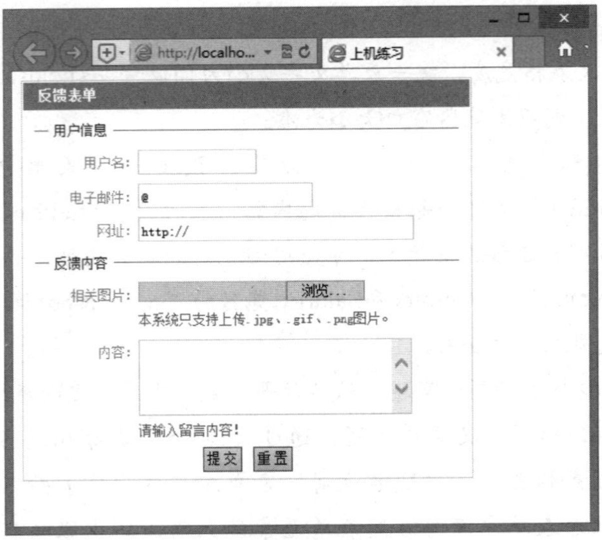

图8-21　反馈表单效果

设计要求

- 整体样式主要包含反馈表单的整体宽度以及内部所有子元素的默认样式。整体宽度、边框等样式的定义是根据视觉效果而定，定义内部所有子元素的样式是为了提高后期对子元素样式定义的便利性。
- 定义反馈表单标题的高度，并设置标题文本缩进以及文字大小等样式，增强标题与内容之间的反差感以及整齐感。
- 为了不让反馈表单内部信息与边框靠得太紧密，将表单内容区域的左边、右边、内部分别增加10px的补白，使其与表单整体有一定的间距。
- 表单域在浏览器默认解析的情况下是有边框线的，不需要边框线就需要将其隐藏，需要部分边框线时就将不需要的部分隐藏。例如，如果只需要一条上边框线，应先将所有边框消除，然后再次定义上边框的样式。
- 在定义整体样式时，将所有内补白（padding）定义为0，这会导致表单域标题<legend>标签中的文字紧挨表单域的边框，若需要将其缩进就要增加左内补白值。
- 将每个表单的内容增加上外补白，增加每个表单元素之间的空间感。
- 使<label>标签浮动就可以将旁边的元素（即文本输入框）“吸”到旁边，并设置宽度和高度属性，将文字右对齐。这样的排列在视觉效果上可以达到整齐的感觉，不会让浏览者感觉这个表单是杂乱无章的。

HTML

第9章 设计网页版式

在网页中，HTML语言负责构建文档结构，组织和管理网页显示的信息，CSS语言负责控制文档结构的布局，装饰页面对象的显示效果。网页布局是一个相对复杂的CSS技术话题，有别于设计简单的对象样式，需要深入理解CSS布局的原理、规律和技巧。

学习要点

- 了解CSS布局的基本类型
- 了解CSS盒模型的基本概念
- 理解每一类CSS布局的原理、规律和方法

训练要点

- 借助CSS盒模型原理能够从容控制页面对象的显示大小、空间位置
- 能够利用浮动原理设计简单的网页布局效果
- 能够利用CSS定位技术精确控制页面元素的显示位置

9.1 网页布局基础

网页布局从某种意义上讲就是艺术设计，而不是技术操作。很多时候，即使是相同的结构和布局，但是在不同设计师手中所呈现的效果也会截然不同，如果把艺术设计的问题过分技术化，就容易僵化设计的灵感。对于初学者来说，当然应该先学通技术，再积累艺术设计的灵感。作为技术类型的图书，本书侧重技术的讲解，专注网页布局的基础方法和设计技巧，艺术的陶冶和修炼需要读者课后积淀。

9.1.1 定义显示属性

在网页中经常会看到<div>和<span>标签，当然它们显示的效果却截然不同，如多个<span>标签可以并行显示，而多个<div>标签不能够同行显示。实际上<div>和<span>标签分别代表两类不同显示性质的元素。与<div>标签显示性质相同的常用标签有<p>、<h1>、<h2>、<h3>、<form>等，而与<span>标签显示性质相同的常用标签有<a>、<img>、<input>等。

CSS定义了display属性，该属性可以设置任意元素的显示性质，具体用法如下所示。

```
    display : block | none | inline | compact | marker | inline-table |
list-item | run-in | table | table-caption | table-cell | table-column
| table-column-group | table-footer-group | table-header-group | table-
row | table-row-group
```

该属性的主要取值如下所示。

- block：定义元素块状显示。块状元素默认显示宽度为100%，并占据一行，即使宽度不是100%显示，也不允许一行内显示多个元素，因为块状元素都隐藏了附带的换行符。
- none：隐藏元素显示。这与visibility属性取值为hidden不同，它不为被隐藏的元素保留空间，隐藏之后该元素占据的位置将被后面的元素所挤占。
- inline：定义元素行内显示，也称为内联显示。行内元素不可以定义宽度和高度，上下外边界不起作用，因此给人的印象是如同纸皮袋子，用来包裹一部分行内对象，以便统一它们的显示效果，对于块状元素来说，则如同硬木盒子。
- inline-block：定义元素为行内块状显示，也就是说它拥有行内元素的特性，同时能够定义宽度和高度，因此它允许其他行内元素在一行内显示。IE 5.5版本及其以上的浏览器支持该属性，FF浏览器不支持该属性。
- list-item：定义元素为列表项目，并自动添加项目符号，实际上它是块状元素的一种特殊效果。
- table：定义元素为块状表格显示。
- table-caption：定义元素为块状表格标题显示。

- table-cell：定义元素为块状单元格显示。
- table-column：定义元素为块状表格列显示。
- table-row：定义元素为表格行显示。

由于浏览器兼容性的问题，目前能够被不同浏览器接受的属性值仅有block、inline和none，其他选项被主流浏览器支持的程度不是很高，因此也很少被设计师选用。

【随堂练习】

步骤1 新建一个网页，保存为test.html，在<body>内使用<div>和<span>标签，分别包含图片。在默认状态下，浏览器会把<div>标签包含的图片独立一行显示，而把多个<span>标签包含的图片并列在一行显示，代码如下所示，效果如图9-1所示。

```
<span><img src="images/1.jpg" /></span>
<span><img src="images/2.jpg" /></span>
<span><img src="images/3.jpg" /></span>
<div><img src="images/1.jpg" /></div>
<div><img src="images/2.jpg" /></div>
<div><img src="images/3.jpg" /></div>
```

步骤2 在<head>标签内添加<style type="text/css">标签，定义一个内部样式表，设置<div>标签以行内元素显示，代码操作如下所示。

```
div { display:inline; }                /* 定义 div 元素行内显示  */
```

在IE浏览器中预览演示效果，如图9-2所示。

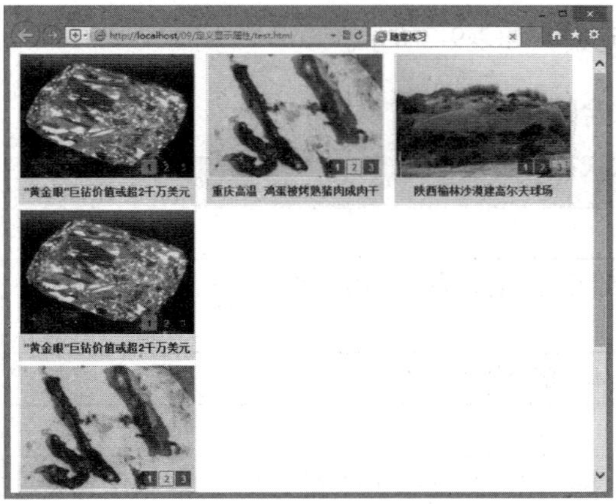

图9-1　默认显示效果

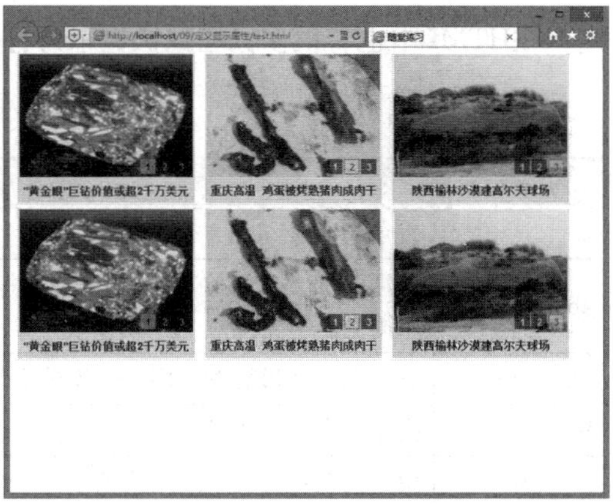

图9-2　行内显示效果

【拓展学习】

CSS的display属性值包含很多，但是在网页中比较常见和常用的仅有两个属性值，block和inline。当元素被定义为block显示属性时，习惯称之为块元素；当元素被定义为inline显示属性时，习惯称之为行内元素。

很多标签默认情况下显示为块元素，如表9-1所示。在默认设置下，块状元素的宽度为100%，而且后面隐藏着附带的换行符，使块状元素始终占据一行。

表9-1　HTML包含的块元素

块元素	说明
address	表示特定信息，如地址、签名、作者、文档信息，一般显示为斜体效果
blockquote	表示文本中的一段引用语，一般为缩进显示
div	表示通用包含块，没有明确的语义
dl	表示定义列表
fieldset	表示字段集，显示为一个方框，用来包含文本和其他元素
form	说明是包含控件的某个表单
h1-h6	表示标题，其中h1表示一级标题，字号最大，h6表示最小级别的标题，字号最小
hr	画一条横线
noframes	包含对于那些不支持 FrameSet元素的浏览器使用的HTML
noscript	指定在不支持脚本的浏览器中显示的HTML
ol	编制有序列表
p	表示一个段落
pre	以固定宽度字体显示文本，保留代码中的空格和回车
table	表示所含内容组织中含有行和列的表格形式
ul	表示不排序的项目列表
li	表示列表中的一个项目
legend	在FieldSet元素绘制的方框内插入一个标题

行内元素没有高度和宽度，没有固定的形状，定义它的width和height属性无效。内联元素可以在行内自由流动，它显示的高度和宽度只能根据所包含内容的高度和宽度来确定。在HTML中也有很多标签默认显示为行内元素，如表9-2所示。

表9-2　HTML包含的行内元素

内联元素	说明
a	表示超链接
abbr	标注内部文本为缩写，用title属性标示缩写的全称，在非IE浏览器中会以下点划线显示，IE浏览器不支持
acronym	表示取首字母的缩写词，一般显示为粗体，部分浏览器支持
b	指定文本以粗体显示
bdo	用于控制包含文本的阅读顺序，如<bdo dir="rtl">this fragment is in english</bdo>，浏览器会从右到左显示文本
big	指定所含文本要以比当前字体稍大的字体显示
br	插入一个换行符
button	指定一个容器，可以包含文本，显示为一个按钮
cite	表示引文，以斜体显示
code	表示代码范例，以等宽字体显示
dfn	表示术语，以斜体显示
em	表示强调文本，以斜体显示

内联元素	说明
i	指定文本以斜体显示
img	插入图像或视频片断
input	创建各种表单输入控件
kbd	以定宽字体显示文本
label	为页面上的其他元素指定标签
map	包含客户端图像映射的坐标数据
object	插入对象
q	分离文本中的引语
samp	表示代码范例
script	指定由脚本引擎解释的页面中的脚本
select	表示一个列表框或者一个下拉框
small	指定内含文本要以比当前字体稍小的字体显示
span	指定内嵌文本容器
strike	带删除线显示文本
strong	以粗体显示文本
sub	说明内含文本要以下标的形式显示，比当前字体稍小
sup	说明内含文本要以上标的形式显示，比当前字体稍小
textarea	多行文本输入控件
tt	以固定宽度字体显示文本
var	定义程序变量，通常以斜体显示

9.1.2 定义定位属性

网页布局实际上也是网页对象的定位，定位方式不同，网页对象的显示和控制方法也不同。CSS通过position属性定义任何元素的定位方式。该属性的用法如下所示。

```
position : static | absolute | fixed | relative
```

该属性的取值说明如下所示。

- static：表示默认值，说明元素无特殊定位，对象遵循HTML定位规则，即以静态方式显示。
- absolute：表示绝对定位，使用这种方式定位对象后，CSS将会把对象从文档流中拖出，使用left、right、top、bottom 等属性进行精确定位，此时该对象不再受文档流的影响。
- fixed：表示固定定位，使用这种方式定位对象后，CSS将会遵从绝对(absolute)方式，但还是要遵守一些其他规范，定位参照物将始终根据浏览器窗口，而不是其他对象。
- relative：表示相对定位，使用这种方式定位对象后，CSS将会允许对象在文档流中偏移位置，但是不能够脱离文档流。对象可以使用left、right、top、bottom 等属性进行偏移定位。

当元素按默认的静态定位方式显示时，可以使用float属性定义元素浮动显示，浮动元素虽然不会脱离文档流，但是可以左右浮动，通过浮动方式能够改善对象显示的顺序和位置。该属性的用法如下所示。

```
float : none | left | right
```

该属性的取值说明如下所示。

- none：表示默认值，它表示对象不浮动。
- left：表示对象浮动到包含框的左侧。
- right：表示对象浮动到包含框的右侧。

根据position和float属性配合使用的情况，可以把网页布局分为三种基本类型，简单说明如下。

1. 流动网页布局模型

流动网页布局模型是CSS默认的网页布局模型，在默认状态下的HTML元素都是根据流动模型在网页中显示的。在这种模型中，对象自身都是被动的、随着文档流自上而下按顺序动态分布。流动布局只能根据元素排列的先后顺序来决定分布位置。要改变某个元素的位置，只能通过改变它在HTML文档流中的显示位置实现，所以说这是一种被动的布局模式。

2. 层网页布局模型

层模型技术最早源于Netscape Navigator 4.0推出并支持的Layer（层）技术。Layer可以将页面的内容引入层的概念，希望像图像编辑器那样精确定位网页元素，摆脱HTML元素自然流动所带来的弊端，实现增强网页处理的能力。当元素被定义为绝对定位、固定定位时，对象就具有了层网页布局模型的特性，不再受文档流的影响。

3. 浮动页布局模型

浮动页布局模型是CSS推出的一种布局模型，任何静态定位的元素如果被定义了左、右浮动显示，则对象就具有浮动布局模型特性，此时网页对象就可以根据浮动方向灵活改变自身的显示位置，以设计并列显示效果。

9.1.3 网页布局方式

网页布局形式千变万化，根据不同的考虑角度，可以将网页归纳为不同的布局类型，简单说明如下。

1. 根据行列分类

这里的行和列是根据网页模块显示效果进行划分的，如单行版式、两行版式、三行版式、多行版式、单列版式、两列版式、三列版式和多列版式等，然后将行和列进行组合就可以形成多种布局样式。

2. 根据显示性质分类

根据布局元素的显示性质进行分类。可以分为流动布局、浮动布局、定位布局和混合布局等。

3. 根据布局性质分类

根据网页宽度的取值单位进行分类，可以分为固定宽度布局（以像素为单位定义网页宽度）、流动宽度布局（以百分比为单位定义网页宽度）、液态宽度布局（以em为单位定义网页宽度）。另外，还可以混合多种取值单位进行布局。

9.2　CSS盒模型

网页中所有的元素都遵循CSS盒模型原则显示，只有很好地掌握盒模型以及其中每一个元素的用法，才能真正控制好页面中每个元素的样式。CSS盒模型主要包括外间距、内间距、边框、高度、宽度属性，这些属性也是CSS最基本的属性。通过这几个属性就可以控制元素的显示，设计元素的样式和实现页面布局的效果。

9.2.1　认识盒模型

CSS盒模型就是一个矩形空间，在这个空间内包裹着各种准备要显示的网页信息。盒模型一般都包括外间距（margin，也称边界）、边框（border）、内间距（padding，也称补白）和内容区域（content）四大区域，如图9-3所示。

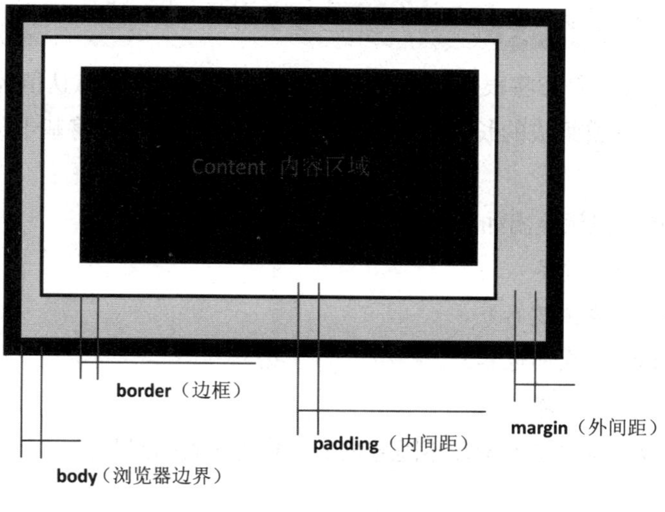

图9-3　盒模型

内容区域包括宽度（width）、高度（height）和背景（background），实际上背景能够延伸到补白区域，有些浏览器中背景图像甚至延伸到边框内。

对于一个CSS盒模型来说，它的实际宽度就等于内容区域的宽加上两倍的边界、边框和补白之和；它的实际高度就等于内容区域的高加上两倍的边界、边框和补白之和，公式如下所示。

```
W = width (content) + 2 * (border + padding + margin)
H = height (content) + 2 * (border + padding + margin)
```

在IE 6版本以下浏览器中存在着这样的错误，CSS的width属性表示内容区域、补白和边框宽度之和，而height属性表示内容区域、补白和边框高度之和，所以在IE 6以下浏览器的版本中，盒模型的实际大小就是内容、边框和补白之和，不过现在已经很少有人再用IE5.5版本的浏览器了。

```
W = width + 2 * margin
H = height + 2 * margin
```

CSS盒模型不仅仅包含这几个空间，关键是它允许用户自定义各个空间不同边的显示大小和样式，这一点对于布局来说是很重要的，因为很多时候会根据需要分别调整各边上的边界、补白和边框。CSS元素都是以盒子形状存在，这为网页布局奠定了基础。

元素的摆放存在两种可能：第一，元素之间相邻为伴，相互通过边界产生影响；第二，元素之间相互包含，此时相互作用就不仅仅是边界问题了，还包括补白。当元素的显示性质发生变化时，相互之间的影响就会更加复杂。

9.2.2 定义边界大小

在CSS中，边界大小由margin属性定义，它定义了元素与其他相邻元素的距离。该属性的用法如下。

```
margin : auto | length
```

其中auto表示自动，CSS将根据默认值进行处理，默认情况下默认值为0。length表示由浮点数字和单位标识符组成的长度值，也可以为百分数，百分数将基于父对象的高度或宽度进行确定。

由margin属性还可以派生出如下四个子属性。

- margin-top（顶部边界）。
- marging-right（右侧边界）。
- marging-bottom（底部边界）。
- margin-left（左侧边界）。

用这些属性可以分别制定元素在不同方位上与其他元素的间距。

【随堂练习】

步骤1 新建一个网页，保存为test.html，在<body>内使用<div>标签构建四个盒子，并分别定义ID值，代码如下所示。

```
<div id="box1"></div>
<div id="box2"></div>
<div id="box3"></div>
<div id="box4"></div>
```

步骤2 在<head>标签内添加<style type="text/css">标签，定义一个内部样式表，输入下面的样式代码。

```
div { /* div元素的默认样式 */
    height:40px;                              /* 定义高度 */
    border:solid 1px red;                     /* 定义边框样式 */
    background:url(images/bg7.jpg);           /* 定义背景图像 */
}
#box4 {/* 第四个盒子样式 */
    margin-top:10px;                          /* 顶部边界大小 */
    margin-right:1em;                         /* 右侧边界大小 */
    margin-left:1em;                          /* 左侧边界大小 */
}
#box3 {/* 第三个盒子样式 */
    margin-top:20px; margin-right:4em; margin-left:4em;}
#box2 {/* 第二个盒子样式 */
    margin-top:30px; margin-right:8em; margin-left:8em;}
#box1 {/* 第一个盒子样式 */
    margin-top:40px; margin-right:12em; margin-left:12em;}
```

该示例有规律地设置了四个盒子的外边界变化，通过在不同方向上对外边界进行设置，设计出一个梯状效果，在IE浏览器中预览演示效果，如图9-4所示。因此自由设置边界大小，可以调整网页中不同元素的显示位置。

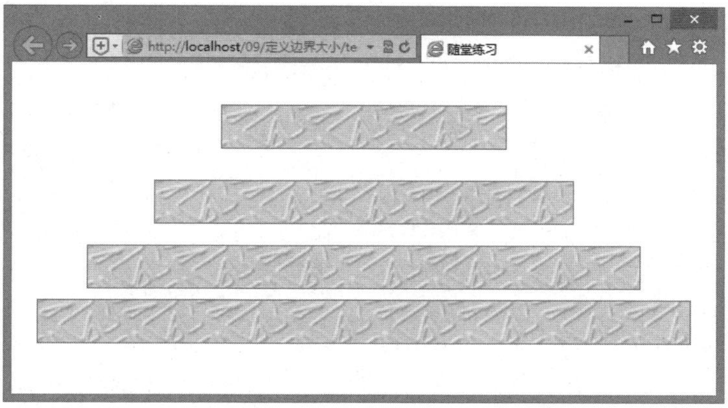

图9-4 自定义元素各边边界大小

【拓展学习】

为了提高代码编写效率，CSS也提供了边界定义的简写方式。

- 如果四个边界相同，则直接使用margin属性定义，代码如下所示。

```
margin:10px;
```

- 如果四个边界不相同，则可以在margin属性中定义四个值，四个值用空格进行分隔，代表边的顺序是顶部、右侧、底部和左侧，即从顶部开始按顺时针方向进行设置，代码如下所示。

```
margint:top right bottom left;
```

- 如果上下边界不同，左右边界相同，则可以使用三个值进行代替，代码如下所示。

```
margint:top right bottom;
```

- 如果上下边界相同，左右边界相同，则直接使用两个值进行代替，第一个值表示上下边界，第二个值表示左右边界，代码如下所示。

```
margint:top right;
```

【拓展练习1】

为了提高代码编写效率，针对上面示例中的样式可以简写，具体代码如下所示。

```
div { /* div 元素的默认样式 */
    height:40px;                               /* 定义高度 */
    border:solid 1px red;                      /* 定义边框样式 */
    background:url(images/bg7.jpg);
}
#box4 { margin: 10px 1em auto 1em;}
#box3 {margin: 20px 4em auto 4em;}
#box2 { margin: 30px 8em auto 8em;}
#box1 {margin: 40px 12em auto 12em;}
```

在上面代码的基础上，还可以进一步简写，再次提高代码书写的速度，具体代码如下所示。

```
div { /* div 元素的默认样式 */
    height:40px;                               /* 定义高度 */
    border:solid 1px red;                      /* 定义边框样式 */
    background:url(images/bg7.jpg);
}
#box4 { margin: 10px 1em auto;}
#box3 {margin: 20px 4em auto;}
#box2 { margin: 30px 8em auto;}
#box1 {margin: 40px 12em auto;}
```

这样简写会节省大量代码，且更为高效。当使用这种简写形式时，如果某个边没有定义大小，则可以使用auto（自动）关键字进行代替，但是必须设置一个值，否则会产生错误。

【拓展练习2】

在CSS盒模型中，边界是最为复杂的一个要素，当多个元素相邻布局时，一般都使用边界来调整相互之间的距离。但是，元素的边界存在重叠现象，且重叠的表现形式各异，不同显示性质的元素发生的重叠效果也不相同，这为页面布局带来很多不确定性的问题。

注意，在默认情况下，流动的块状元素存在上下边界有重叠现象，这种重叠将以最大边界代替最小边界作为上下两个元素的距离。

步骤1 新建一个网页，保存为test.html，在<body>内使用<div>标签构建两个盒子，并分别定义ID值，代码如下所示。

```
<div id="box1"></div>
<div id="box2"></div>
```

步骤2 在<head>标签内添加<style type="text/css">标签，定义一个内部样式表，输入下面的样式代码。定义上面元素的底部边界为50像素，而下面元素的顶部边界为30像素，如果不考虑重叠，则上下元素的间距应该为80像素，而实际距离为50像素，代码如下所示，效果如图9-5所示。

```
div {
    height:20px;
    border:solid 1px red;
}
#box1 { margin-bottom:50px; }
#box2 { margin-top:30px; }
```

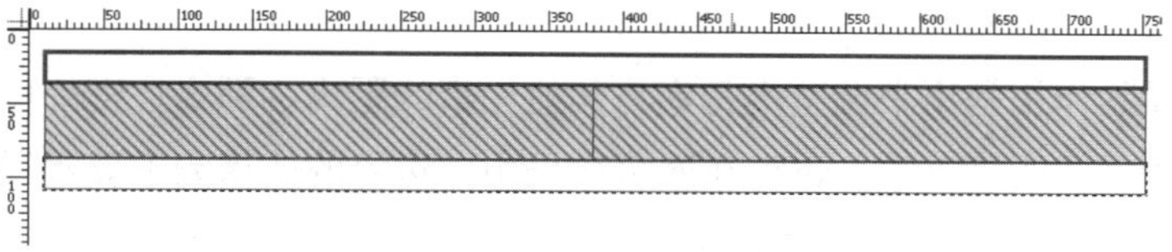

图9-5 上下元素的重叠现象

提示

相邻元素的左右边界一般不会发生重叠，但是对于行内元素来说，上下边界是不会产生任何效果的。

步骤1 新建一个网页，保存为test1.html，在<body>内使用<span>标签包含一段文本，代码如下所示。

```
<p>"死生契阔，与子成悦；执子之手，与子偕老"是一首悲哀的诗，然而它的人生态度又是何等肯定。我不喜欢壮烈。我是喜欢悲壮，更喜欢苍凉。<span>壮烈只是力，没有美，似乎缺少人性。</span>悲哀则如大红大绿的配色，是一种强烈的对照。——出自张爱玲的散文《自己的文章》</p>
```

步骤2 在<head>标签内添加<style type="text/css">标签，定义一个内部样式表，输入下面的样式代码。定义span元素包含的行内文本外边界为四个字体大小，这时就会看到左右边界对相邻文本产生影响，而对于上下文本没有任何影响，代码如下所示，效果如图9-6所示。

```
span {/* 行内元素的样式 */
    color:red;
```

```
    font-weight:bold;
    margin:4em;                                    /* 边界为四个字体大小 */
    border:solid 1px blue;
}
```

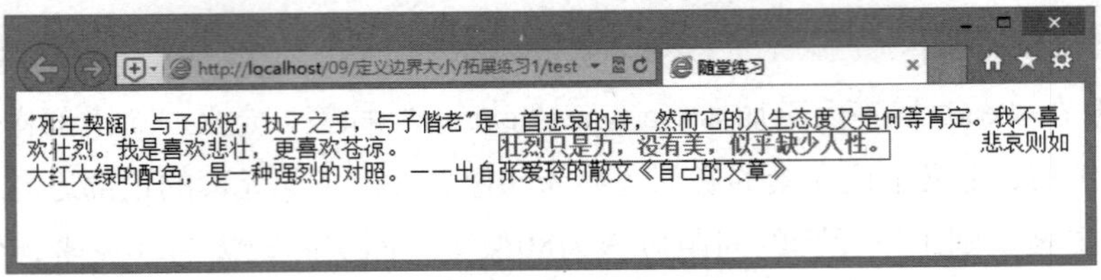

图9-6　行内元素的边界响应效果

9.2.3　定义边框样式

边框由border属性定义，与边界一样，也可以单独为各边定义独立的边框样式。

- border-top（顶部边框）。
- border-right（右侧边框）。
- border-bottom（底部边框）。
- border-left（左侧边框）。

如果说边界的作用是用来调整本元素与其他元素的距离，那么边框的作用就是划定本元素与其他元素之间的分隔线。也许在网页布局中，边界的使用频率要远远大于边框，但是在局部样式设计中，边框的作用也不容小视。一般可以使用border属性来设计版块的边框样式，或者定义行线、文本装饰线、下划线和图像修饰线等。

边框样式包括三个基本属性：border-style（边框样式）、border-color（边框颜色）和border-width（边框宽度）。三者之间的联系非常紧密，如果没有定义border-style属性，所定义的border-color和border-width属性是无效的。反过来，如果没有定义border-color和border-width属性，定义border-style也是没有用的。

不过，不同浏览器都为border-width设置了默认值，默认为medium关键字。medium关键字的值等于2~3像素（视不同浏览器而定），另外还包括thin关键字，其值等于1~2像素，还包括thick关键字，其值等于3~5像素。当然，也可以为边框自由设置不同长度值。

border-color默认值为黑色。当元素仅仅定义border-style属性时，浏览器能够正常显示边框效果。如果定义了包含字体的颜色，边框颜色就会随着改变。

边框宽度和颜色的属性值没有太多需要记忆的内容，但是对于border-style属性来说，读者需要记住它所包含的样式，具体样式说明如下。

- none：无边框，默认值。
- hidden：隐藏边框，IE浏览器不支持。
- dotted：点线。
- dashed：虚线。
- solid：实线。

- double：双线。
- groove：3D凹槽效果线。
- ridge：3D凸槽效果线。
- inset：3D凹边效果线。
- outset：3D凸边效果线。

对于上面的关键字，solid是最常用的，而dotted和dashed也是设计师喜爱选用的样式，常用来装饰对象。double关键字比较特殊，它定义边框显示为双线，在外单线和内单线之间有一定宽度的间距。其中内单线、外单线和间距之和必须等于border-width属性值，所以这里就存在分配矛盾的问题。

如果边框宽度是3的倍数，如3px、6px、9px等，就比较好办，三者平分宽度，即内单线、外单线和中间空隙的大小相同。否则CSS需根据如下规则进行分配。

- 如果余数为1，就会把这1像素宽度分配给外单线。
- 如果余数为2，就分别为内单线和外单线分配1像素宽度。

【随堂练习】

步骤1 新建一个网页，保存为test.html，在<body>内使用<p>标签构建多行段落文本，代码如下所示。

```
<p id="p1">#p1 { border-style:solid; }</p>
<p id="p2">#p2 { border-style:dashed; }</p>
<p id="p3">#p3 { border-style:dotted; }</p>
<p id="p4">#p4 { border-style:double; }</p>
<p id="p5">#p5 { border-style:groove; }</p>
<p id="p6">#p6 { border-style:ridge; }</p>
<p id="p7">#p7 { border-style:inset; }</p>
<p id="p8">#p8 { border-style:outset; }</p>
```

步骤2 在<head>标签内添加<style type="text/css">标签，定义一个内部样式表，代码如下所示。

```
p{background:blue; color:#FFF;}
#p1 { border-style:solid; }          /* 实线效果 */
#p2 { border-style:dashed; }         /* 虚线效果 */
#p3 { border-style:dotted; }         /* 点线效果 */
#p4 { border-style:double; }         /* 双线效果 */
#p5 { border-style:groove; }         /* 3D 凹槽效果 */
#p6 { border-style:ridge; }          /* 3D 凸槽效果 */
#p7 { border-style:inset; }          /* 3D 凹边效果 */
#p8 { border-style:outset; }         /* 3D 凸边效果 */
```

在IE浏览器中预览演示效果，如图9-7所示。

【拓展练习】

在CSS盒模型中，边框用法是最复杂的要素。因为边框样式包括样式、宽度和颜色。

首先，边框样式的三个属性可以单独使用，这样border-style、border-width和border-color属性的用法与margin相同。此时可以为不同边定义边框样式、边框宽度和边框颜色，代码如下所示。

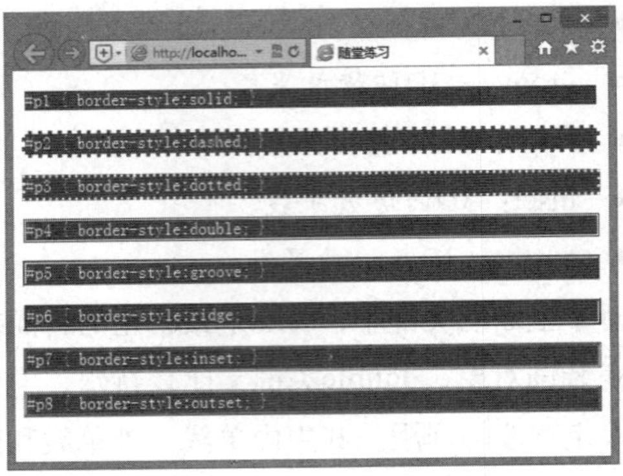

图9-7　IE浏览器下边框样式显示效果

```
    border-solid:solid;                /* 四条边都为实线 */
    border-color:red blue;             /* 上下边为红色，左右边为蓝色 */
    border-width:1px 2px 3px;          /* 上边宽为 1 像素，底边宽为 3 像素，左右边为 2
像素 */
    border-solid:solid dashed dotted double;  /* 上边为实线，右边为虚线，底
边为点线，左边为双线 */
```

如果希望单独为各边定义边框样式，可以使用border-top、border-right、border-bottom和border-left进行定义，方法与上面相同。例如，为单独边定义样式时，可以自由设置边框样式、边框颜色和边框宽度。属性值之间以空格进行分隔，且没有先后顺序，代码如下所示。

```
    border-top:solid;                       /* 顶边为实线 */
    border-right:solid blue;                /* 右边为蓝色实线 */
    border-bottom:solid blue 3px;           /* 底边为 3 像素宽的蓝色实线 */
    border-left:solid blue 3px;             /* 左边为 3 像素宽的蓝色实线 */
```

如果仅希望定义某条边的某一种属性时，则可以在上面指代各边属性的基础上增加具体边框样式后缀，当然，也可以在上面属性上直接有选择地进行定义，代码如下所示。

```
    border-top-style:solid;        /* 顶边为实线 */
    border-right-color:blue;       /* 左边线为蓝色 */
    border-bottom-width:3px;       /* 底边线宽为 3 像素 */
    border-left-style:solid;       /* 左边为实线 */
```

如果希望快速定义边框样式，则可以在border属性中直接简写，代码如下所示。

```
    border:solid 1px blue;         /* 四边均为蓝色 1 像素宽度的实线 */
    border:solid 1px;              /* 四边均为 1 像素宽度的实线 */
    border:1px blue;               /* 四边均为蓝色 1 像素宽度的线  */
```

边框是占据空间的。在网页布局中，由于边框宽度仅有1像素，所以经常会忽略边框对于布局的影响。特别在浮动布局中，由于多出了1像素边框，从而导致布局失败。因此在计算各个布局元素的宽度时，应该时刻考虑边框的宽度。

如果在流动布局中，既为包含框定义100%的宽度，又为两侧边框定义宽度，结果就会在浏览器窗口的水平方向上出现滚动条。

背景色或背景图像可能会延伸到边框底部。不同浏览器对此的解析不同，例如，为一个div元素定义很宽的点线边框，同时定义背景色为红色，就会发现在IE 7浏览器中背景色仅在内容区域和补白区域显示，而在IE 8浏览器下背景色已经延伸到边框底部，代码如下所示，效果如图9-8和图9-9所示。

```
div {
    width:200px;
    height:50px;
    background:red;          /* 红色背景  */
    border:dotted 50px;      /* 虚线边框  */
}
```

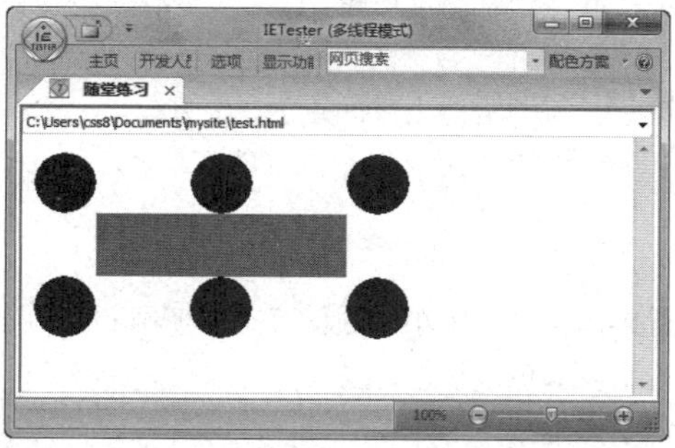

图9-8　IE 7浏览器下边框与背景的关系

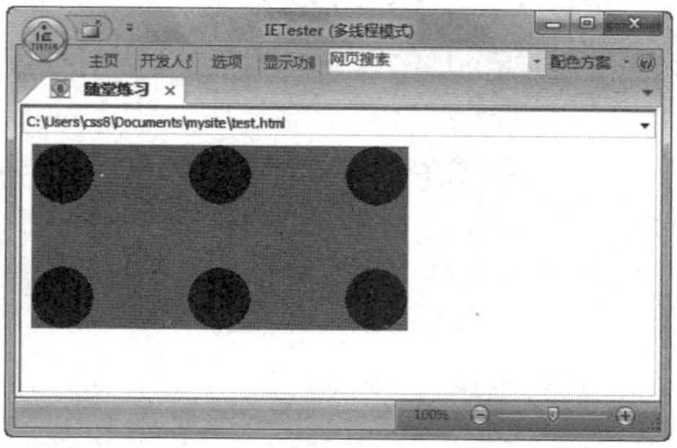

图9-9　IE 8浏览器下边框与背景的关系

9.2.4　定义补白大小

补白是用来调整元素包含的内容与元素边框的距离，由padding属性负责定义。该属性用法如下所示。

```
padding : length
```

length表示由浮点数字和单位标识符组成的长度值或者百分数，百分数是基于父对象的宽度。

从功能上讲，补白不会影响元素的大小，但是由于在布局中补白同样占据空间，所以在布局时应该考虑补白对于布局的影响。在没有明确定义元素宽度和高度的情况下，使用补白来调整元素内容的显示位置要比边界更加安全。

pading与margin属性用法一样，不仅可以快速简写，还可以利用padding-top、padding-right、padding-bottom和padding-left属性来分别定义四边的补白大小。

【随堂练习】

步骤1 新建一个网页，保存为test.html，在<body>内使用<div>标签和<p>标签构建一个包含框和文本框嵌套结构，代码如下所示。

```
<div class="box1">
    <p> 横看成岭侧成峰远近高低各不同 </p>
</div>
```

步骤❷ 在<head>标签内添加<style type="text/css">标签，定义一个内部样式表，输入下面的样式代码。

```
body, p {
    margin:0;  /* 清除浏览器默认外间距 */
    padding:0; /* 清除浏览器默认内间距 */
}
.box1 {
    background:url(images/bg1.jpg) no-repeat left top;
                            /* 设置背景图片 */
    width:360px;            /* 盒子宽度与图片宽度一致 */
    height:340px;           /* 盒子高度与图片高度一致 */
    margin:0 auto;
    margin-top:30px;        /* 设置盒子与浏览器上方间距为 30 像素，*/
    border:6px double #533F1C;      /* 设置边框线为 6 像素的实线 */
}
.box1 p {
    font-size:42px;         /* 设置字体大小，太小则在图片上不明显 */
    color:#000;             /* 设置字体颜色 */
    font-family:" 黑体 ";    /* 设置字体类型 */
    line-height:1.2em;      /* 设置行高，根据字体大小计算行高大小 */
    padding-left:60px;      /* 单独使用左间距 */
    padding-top:10px; /* 单独使用上间距，并观察与外层盒子上外间距的不同 */
}
```

在IE浏览器中预览演示效果，如图9-10所示。

图9-10　IE浏览器下边框样式显示效果

补白不会发生重叠，当元素没有定义边框的情况下，以padding属性来替代margin属性定义元素之间的间距是一个比较不错的选择。

内元素无法定义宽度和高度，所以很多时候还可以利用补白来定义行内元素的高度和宽度，其目的就是为了能够为行内元素定义背景图像。

9.3 浮动布局

浮动布局是网页布局中最重要的排版方式。在上节内容中讲解了如何使用float属性来定义元素浮动显示。float中文翻译为浮动的意思，该属性取值包括left（向左浮动）、right（向右浮动）和none（不浮动）。

9.3.1 浮动布局的基本用法

CSS的float属性可以定义元素浮动显示，利用该属性可以设计浮动布局，浮动布局的最大特点就是可以让多个版块并列显示，从而实现设计多列排版样式。

【随堂练习】

步骤1 新建一个网页，保存为test.html，在<body>内使用<div>标签定义三个盒子，代码如下所示。

```
<div id="box1"> 盒子 1</div>
<div id="box2"> 盒子 2</div>
<div id="box3"> 盒子 3</div>
```

步骤2 在<head>标签内添加<style type="text/css">标签，定义一个内部样式表，输入下面的样式代码，初始化盒子的基本样式。统一盒子大小为200px × 100px，边框为2像素宽的红线，并添加背景图像。在默认状态下，这三个元素都以流动自然显示，根据HTML结构的排列顺序自上而下进行排列，代码如下所示。

```
div {/* div 元素基本样式   */
    width:200px;                        /* 固定宽度   */
    height:100px;                       /* 固定高度   */
    border:solid 2px red;               /* 边框样式   */
    margin:4px;                         /* 增加外边界   */
    background:url(images/bg.jpg)       /* 定义背景图像   */
}
```

步骤3 再添加一个样式，定义三个盒子都向左浮动，在IE浏览器中预览，发现三个盒子并列显示在一行，代码如下所示，效果如图9-11所示。

```
div {/* 定义所有 div 元素都向左浮动显示   */
    float:left;
}
```

如果拖动浏览器窗口大小，就会发现随着窗口宽度的变化，浮动元素的位置也会自动进行调整，以实现能够在一行内装下多个浮动元素，效果如图9-12所示。

浮动元素能够实现元素并列显示的效果，因此可以利用浮动布局来设计多栏页面的布局效果。当多个元素并列浮动时，浮动元素的位置不是固定的，它们会根据父元素的宽度灵活调整。

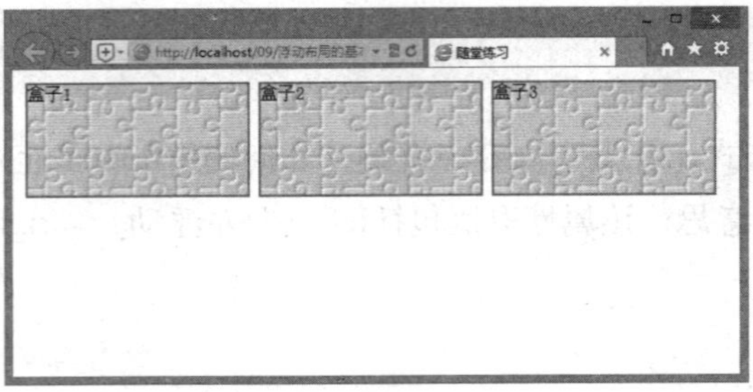

图9-11　并列浮动

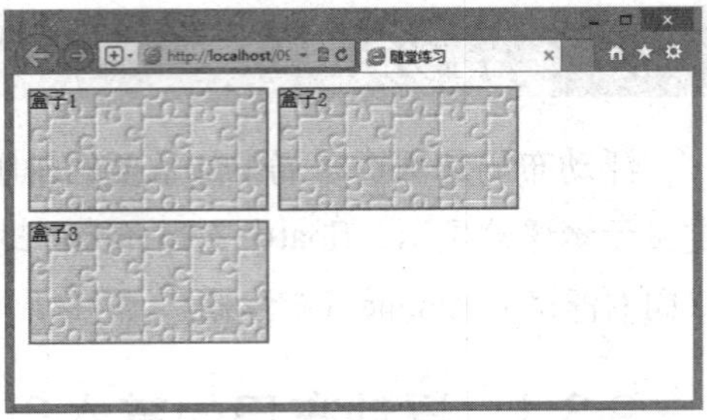

图9-12　错位浮动

【拓展练习1】

浮动的不确定性很容易引起网页布局错位的问题。要解决这个问题，只有定义父元素的宽度为固定值，才可以避免此类问题的发生。

例如，如果定义body元素宽度固定，就会发现无论怎样调整窗口大小都不会出现浮动元素错位的现象，效果如图9-13所示。

```
body { width:636px; }                    /* 固定父元素的宽度 */
```

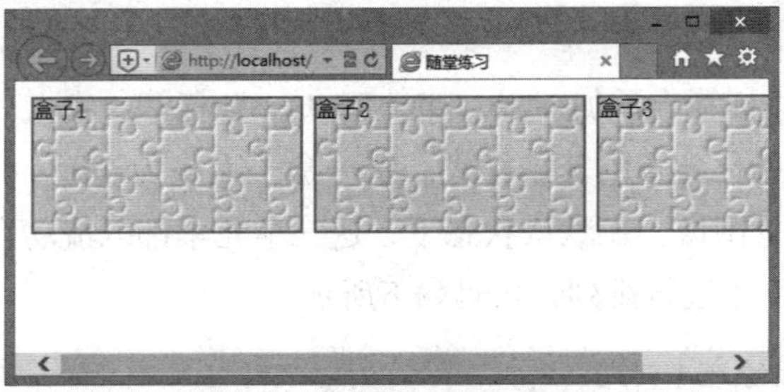

图9-13　避免浮动错位显示效果

【拓展练习2】

如果设计第一个盒子为浮动显示，第二、第三个盒子为流动显示（即默认显示方式），就会发现后面的流动元素能够围绕浮动元素显示，元素包含的文本也会环绕显示。注意，此时不同浏览器以及不同IE版本的浏览器在解析时会存在不同。

如果设计后面的盒子浮动显示，则前面流动元素不再环绕后面的浮动元素，这说明浮动元素还遵循文档流动分布的规律，它不会完全脱离文档流独自向上浮动。

如果设计三个盒子分别向左右浮动，则它们还会遵循上述所列的浮动显示原则。例如，定义第一个和第二个盒子向左浮动，第三个盒子向右浮动，代码如下所示，显示效果如图9-14所示。

```
#box1,#box2 {float:left; }
#box3 {float:right; }
```

如果取消定义浮动元素的大小定义，此时就会发现每个盒子都会自动收缩到所包含对象的大小，如图9-15所示，这说明浮动元素有自动收缩空间的功能，而块状流动元素就没有这个功能。在没有定义高度和宽度的情况下，宽度会显示为100%。因此，很多设计师就会利用浮动元素的特征来设计自动包含的布局效果。

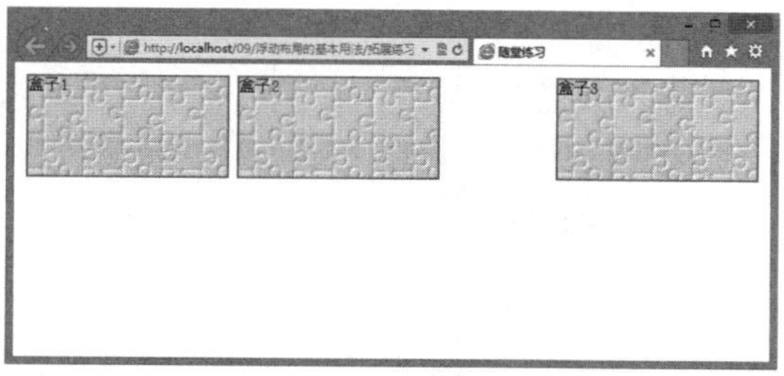

图9-14 浮动方向不同的效果

图9-15 浮动元素自动包含内部对象

如果浮动元素内部没有包含内容，这时元素会收缩为一点，但是对于IE浏览器来说，则收缩为一条竖线。

如果一个盒子包含在一个大的浮动盒子中，则浮动元素都是以包含框为参照物进行浮动的，浮动元素不能够脱离包含框而随意浮动。

如果为浮动元素定义负外边界，则可以使其显示到包含框的外面。

浮动布局是网页布局中最活跃的因子，当然各种浮动布局也存在大量浏览器解析不兼容的现象，需要引起读者的高度重视。

9.3.2 清除浮动

为了防止元素随意浮动，CSS定义了clear属性，该属性能够清除浮动，避免元素随意浮动显示。该属性用法如下。

```
clear : none | left | right | both
```

该属性取值说明如下所示。

- left：该取值能够禁止左侧显示浮动元素。如果浮动元素发现左侧存在浮动元素，则会换到下一行重新显示。
- right：该取值能够禁止右侧显示浮动元素。如果浮动元素发现右侧存在浮动元素，则会换到下一行重新显示。
- both：该取值能够禁止左右两侧存在浮动元素。如果发现存在浮动元素则会自动换行显示。
- none：表示不清除浮动元素，可以允许浮动并列显示。

【随堂练习】

步骤❶ 新建一个网页，保存为test.html，在<body>内使用<div>标签定义三个盒子，代码如下所示。

```
<div id="box1">盒子1</div>
<div id="box2">盒子2</div>
<div id="box3">盒子3</div>
```

步骤❷ 在<head>标签内添加<style type="text/css">标签，定义一个内部样式表，输入下面的样式代码。定义三个盒子都向左浮动，再定义第二个盒子清除左侧浮动，代码如下所示。

```
div {
    width:200px;                         /* 固定宽度 */
    height:100px;                        /* 固定高度 */
    border:solid 2px red;                /* 边框样式 */
    margin:4px;                          /* 边界距离 */
    float:left;                          /* 向左浮动 */
    background:url(images/bg.jpg)        /* 定义背景图像  */
}
#box2 { clear:left; }                   /* 清除向左浮动 */
```

在IE浏览器中预览显示效果，如图9-16所示。第二个盒子没有排列在第一个盒子的右侧，而是换行显示在第一盒子的下方，但是第三个盒子由于没有设置清除属性，所以它会向上浮动到第一个盒子的右侧。

如果定义这三个盒子向左浮动，不管是否清除右侧浮动，都会发现它们能够并列显示在一行。如果清除第一个盒子的浮动显示，则不会影响后面元素的浮动显示，如图9-17所示。

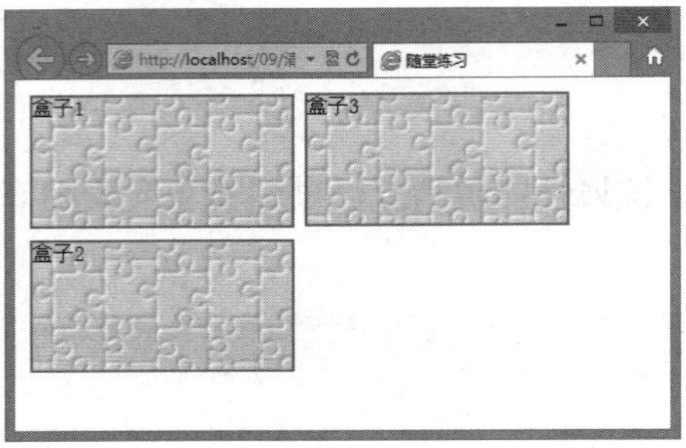

图9-16　清除浮动

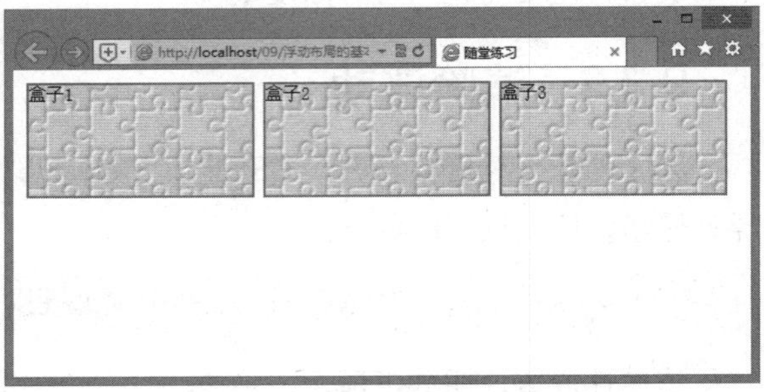

图9-17　无效的清除浮动效果

9.4 定位布局

浮动布局比较灵活，但是不容易控制，且不同浏览器在解析时存在很多分歧，为兼容浏览器实现相同显示效果带来很多挑战。定位布局克服了这些问题，它能够帮助用户精确定位页面中的任意元素，使网页布局变得更加随心所欲。定位布局缺乏灵活性，也给空间大小和位置不确定的版面布局带来困惑，因此在网页布局实战中，读者应该灵活使用这两种布局方式，满足个性化设计需求。

9.4.1 定位布局的基本用法

CSS使用position属性精确定位元素的显示位置，position属性取值包括static、absolute、fixed 和relative。

- static：不定位显示。作为默认值，所有元素都显示为流动布局效果。
- absolute：绝对定位。强制元素从文档流中脱离出来，并根据坐标来确定显示位置，一般使用left、right、top和bottom属性来定义，并使用z-index属性定义相互层叠顺序。

- fixed：固定定位，根据窗口参照物进行定位。
- relative：相对定位，可以使用left、right、top和bottom属性来确定元素在正常文档流中的偏移位置。

【随堂练习】

步骤1 新建一个网页，保存为test.html，在<body>内使用<div>标签定义三个盒子，代码如下所示。

```
<div id="box1"> 盒子 1</div>
<div id="box2"> 盒子 2</div>
<div id="box3"> 盒子 3</div>
```

步骤2 在<head>标签内添加<style type="text/css">标签，定义一个内部样式表，输入下面的样式代码。定义三个盒子都为绝对定位显示，并分别使用left、right、top和bottom属性定义元素的定位坐标，代码如下所示。

```
body {
    padding:0;                          /* 清除页内边距（兼容非 IE 浏览器） */
    margin:0;                           /* 清除页外边距（兼容 IE 浏览器） */
}
div {
    width:200px; height:100px;          /* 固定元素的宽度和高度 */
    border:solid 2px red;               /* 边框样式 */
    position:absolute;                  /* 绝对定位 */
}
#box1 { left:50px; top:50px; }          /* 距离左侧窗口距离 50 像素，距离顶部
窗口距离 50 像素 */
#box2 { left:40%; }                     /* 距离左侧窗口距离为窗口宽度的 40% */
#box3 { right:50px; bottom:50px}        /* 距离右侧窗口距离 50 像素，距离底部
窗口距离 50 像素 */
```

在IE浏览器中预览显示效果，如图9-18所示。

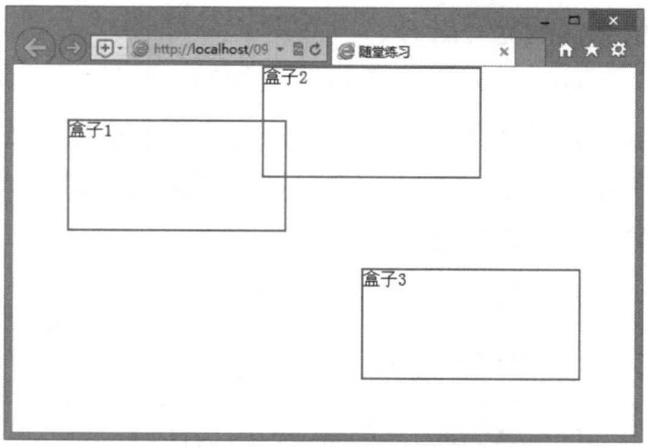

图9-18　精确定位页面元素显示效果

【拓展练习1】

在绝对定位布局中，读者应该理解包含块这个概念。包含块不同于元素包含框，它定义了所包含的绝对定位元素的坐标参考对象。注意，凡是被定义了相对定位、绝对定位或固定定位的元素都将自动拥有包含块的功能，此时包含在该元素的定位元素都将以包含块为参照物进行定位，而不是文档窗口的左上角。

例如，在上面示例的基础上，重新设计HTML文档结构，为第二个和第三个盒子定义

一个包含块，代码如下所示。

```
<div id="box1"> 盒子 1</div>
<div id="wrap">
    <div id="box2"> 盒子 2</div>
    <div id="box3"> 盒子 3</div>
</div>
```

在<head>标签内添加<style type="text/css">标签，添加如下样式，定义<div id="wrap">盒子为包含块，代码如下所示。

```
#wrap {/* 定义包含块 */
    width:300px;                /* 定义包含块的宽度 */
    height:200px;               /* 定义包含块的高度 */
    float:right;                /* 定义包含块向右浮动 */
    margin:100px;               /* 包含块的外边界 */
    border:solid 1px blue;      /* 边框样式 */
    position:relative;          /* 相对定位 */
}
```

在IE浏览器中预览显示效果，可以看到第二个和第三个盒子以包含块<div id="wrap">作为参照物进行绝对定位，而不再将窗口作为坐标参照物，如图9-19所示。

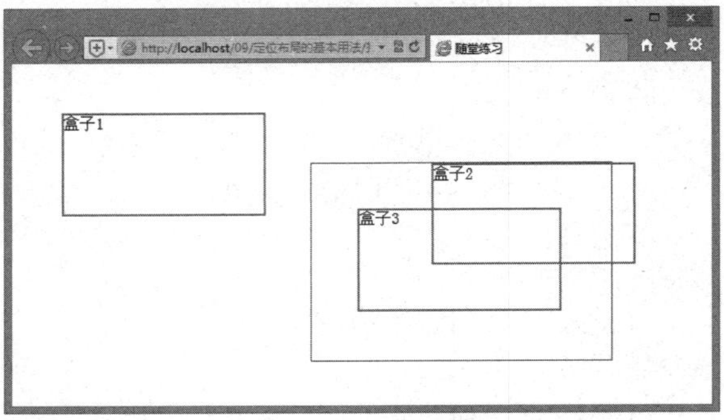

图9-19　精确定位页面元素的显示效果

【拓展练习2】

利用包含块设计出很多精巧的布局，以弥补position定位过于僵硬的布局缺陷。由于相对定位的元素还没有脱离文档流，同时它又能够定义元素为包含块，这样就可以利用相对定位实现流动布局和定位布局的完美融合。

例如，针对上一个拓展示例的文档结构，重新设计文档的样式表。设计第一个盒子流动显示，并适当调整盒子的顶部边界和高度，设计第二、第三个盒子为绝对定位显示，并分别定位它们左对齐和右对齐，定义<div id="wrap">包含框为相对定位，则它就具备包含块的功能，代码如下所示。

```
body {
    padding:0;          /* 清除页内边距（兼容非 IE 浏览器）*/
    margin:0;           /* 清除页外边距（兼容 IE 浏览器）*/
}
#box1 {
    height:100px;
    margin-top:20px;
    border:solid 2px blue;
```

```
}
#box2, #box3 {                    /* 定位第二个和第三个盒子大小和绝对定位 */
    width:49%;
    height:200px;
    border:solid 2px red;
    position:absolute;
    background:url(images/bg.jpg);
}
#box2 { left:0;}                       /* 定位第二个盒子位置 */
#box3 { right:0;}                      /* 定位第三个盒子位置 */
#wrap { position:relative; }           /* 定义包含块 */
```

在IE浏览器中预览显示效果就会发现，当第一个盒子的高度和位置发生变化时，第二、第三个盒子也会随之改变显示位置，但是第二、第三个盒子始终以<div id="wrap">包含块进行定位。此时，<div id="wrap">并没有脱离文档流，因此它还会受到顶部的<div id="box1">盒子的影响，如图9-20所示。

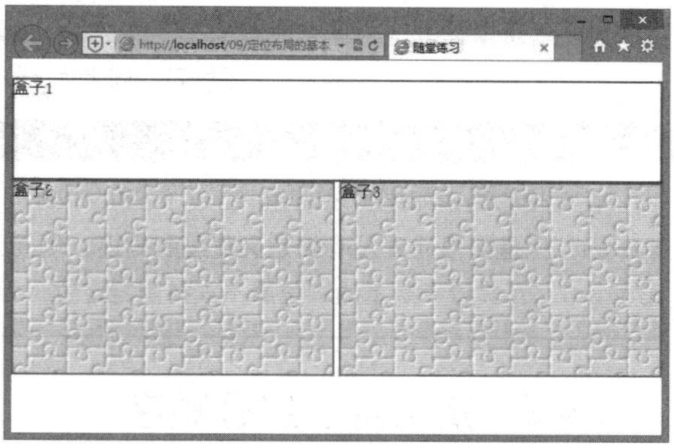

图9-20　混合布局网页

【拓展练习3】

固定定位是一种特殊的定位方式，它始终以浏览器窗口作为参照物进行定位，其他用法与绝对定位相同。如果希望一个模块始终显示在浏览器窗口的某个位置，则可以使用固定定位进行设计，这样不管浏览器窗口滚动条如何滚动，它都不会与网页内容一起隐藏起来。

例如，下面这个简单的模拟结构中包含两部分：顶部是网站导航部分，底部是具体的网页内容，代码如下所示。

```
<div id="header"><img src="images/bg1.jpg" /></div>
<div id="wrap">
```

如果希望顶部的导航部分始终显示在浏览器窗口的顶部，且不受下面网页正文的影响，则可以这样设计样式表，代码如下所示。

```
body {
    padding:0;                   /* 清除页内边距（兼容非 IE 浏览器）*/
    margin:0;                    /* 清除页外边距（兼容 IE 浏览器）*/
}
#header {
    position:fixed;              /* 固定定位显示 */
    top:0;                       /* 固定在顶部显示 */
```

```
}
#wrap { height:1000px;}
```

在IE浏览器中预览显示效果，当用户拖动滚动条时，顶部的导航信息始终显示在顶部，如图9-21所示。

图9-21　固定定位的网页效果

提 示

在定位布局中如果出现left和right、top和bottom同时被定义的现象，则left优于right， top优于bottom，但是如果元素没有被定义宽度和高度，则元素将会被拉伸以适应左右或上下同时定位。另外，IE 6及其以下版本的浏览器不支持固定定位，因此在使用时要考虑这个因素。

9.4.2　定义定位层叠顺序

不管是相对定位、固定定位，还是绝对定位，只要坐标相同都可能存在元素重叠现象。在默认情况下，相同类型的定位元素，排列在后面的定位元素会覆盖前面的定位元素。为了灵活设置定位层叠顺序，CSS定义了z-index属性，该属性能够改变定位元素的覆盖顺序。该属性的用法如下所示。

```
z-index : auto | number
```

其中auto表示默认值，它将根据父对象的定位来确定层叠顺序；number表示无单位的整数值，可为负数，数值越大就越显示在上面。

【随堂练习】

步骤1 新建一个网页，保存为test.html，在<body>内使用<div>标签定义三个盒子，代码如下所示。

```
<div id="box1">盒子 1</div>
<div id="box2">盒子 2</div>
<div id="box3">盒子 3</div>
```

步骤2 在<head>标签内添加<style type="text/css">标签，定义一个内部样式表，输入下面的样式代码。定义三个盒子都为相对定位显示，并分别使用left、right、top和bottom属性调整它们的显示位置，设计重叠显示效果，代码如下所示。在默认情况下它们会显示如图9-22所示的效果。

```
div {
    width:200px;                        /* 固定宽度 */
    height:100px;                       /* 固定高度 */
    border:solid 2px red;               /* 边框样式 */
    position:relative;                  /* 相对定位 */
}
#box1 { background:red; }               /* 第一个盒子红色背景 */
#box2 {/* 第二个盒子样式 */
    left:60px;                          /* 左侧距离 */
    top:-50px;                          /* 顶部距离 */
    background:blue;                    /* 蓝色背景 */
}
#box3 {/* 第三个盒子样式 */
    left:120px;                         /* 左侧距离 */
    top:-100px;                         /* 顶部距离 */
    background:green;                   /* 绿色背景 */
}
```

步骤3 在上面样式表的基础上，添加如下样式，分别为三个盒子定义z-index属性值，第一个盒子的值最大，所以它在最上面，而第三个盒子的值最小，就被叠放在最下面，代码如下所示，效果如图9-23所示。

```
#box1 { z-index:3; }
#box2 { z-index:2; }
#box3 { z-index:1; }
```

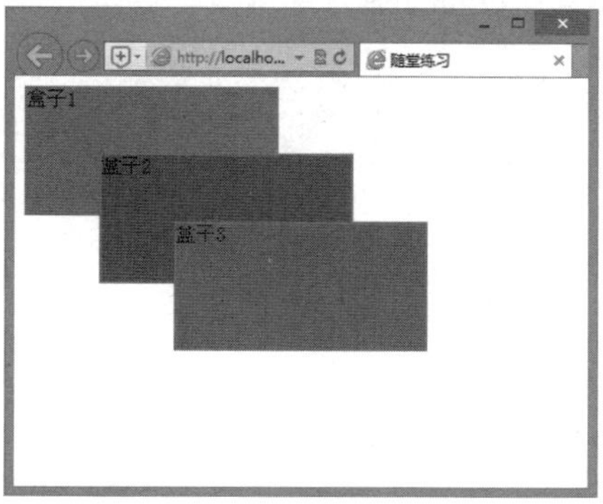

图9-22　默认层叠顺序

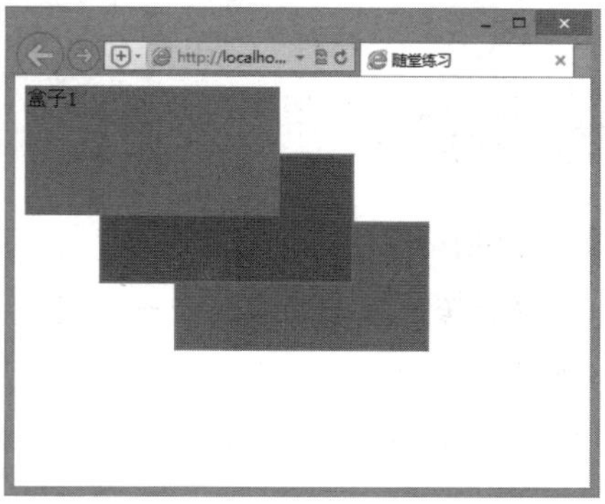

图9-23　改变层叠顺序

【拓展练习】

如果z-index属性值为负值，则将隐藏在流动元素下面，从下面的实例中可以进一步了解。

步骤1 新建一个网页，保存为test.html，在<body>内使用<div>和<p>标签构建一行段落文本和一个独立的盒子，代码如下所示。

```
<p> 我永远相信只要永不放弃，我们还是有机会的。最后，我们还是坚信一点，这世界上只
```

```
要有梦想，只要不断努力，只要不断学习，不管你长得如何，不管是这样，还是那样，男人的长
相往往和他的的才华成反比。今天很残酷，明天更残酷，后天很美好，但绝大部分是死在明天晚上，
所以每个人不要放弃今天。</p>
    <div id="box1"></div>
```

步骤❷ 在<head>标签内添加<style type="text/css">标签，定义一个内部样式表，输入下面的样式代码，定义盒子的样式为绝对定位，并设置层叠顺序为-1，代码如下所示。

```
    #box1 {
        width:100%; height:200px;          /* 固定高度和高度 */
        position:absolute;                 /* 绝对定位 */
        z-index:-1;                        /* 层叠顺序 */
        top:0px;                           /* 偏移位置，实现与文本对齐 */
        background:url(images/bg.jpg);
    }
```

在IE浏览器中预览演示效果，如图9-24所示。

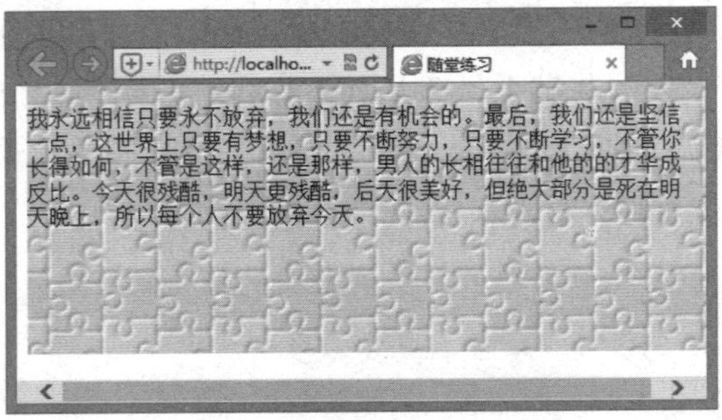

图9-24　定义定位元素隐藏在文档流下面

9.5 综合实训

本章集训目标

- 能够灵活使用浮动布局设计网页效果。
- 能够灵活使用定位布局设计网页效果。
- 能够根据CSS盒模型用法设置网页对象的显示大小、位置和间距。

实训1：设计网页居中显示

实训说明

CSS布局是比较复杂的，一是实现设计稿的设计效果没有表格布局那么直接，CSS布局需要把设计效果转换为代码表示，对于初学者来说很容易走弯路；二是不同浏览器之间的差异性很大，在IE浏览器下设计得很满意的作品在FF等标准浏览器中预览时，布局就走样了，甚至惨不忍睹。要解决这些问题，一方面需要读者深入理解CSS的布局原理，同时熟悉各种CSS的布局技巧，并需要不断实践，积累实战技巧。

文本居中可以使用“text-align:center;”声明来实现，但是对于网页布局来说，要实现居中显示就没有那么容易了，一般是通过text-align和margin属性配合来实现。本案例演示效果如图9-25所示。

图9-25　网页居中显示效果

主要训练技巧说明

- 不同浏览器对于布局居中的支持是不同的。例如，对于IE浏览器来说，如果要设计网页居中显示，则可以为包含框定义“text-align:center;”声明，而非IE浏览器不支持该种功能。如果要实现兼容，就要使用margin属性，同时设置左右两侧边界为自动（auto）即可。
- 要实现网页居中显示，就应该为网页定义宽度，且宽度不能够为100%，否则就无法实现居中的显示效果。
- 灵活使用嵌套结构设计浮动布局和定位布局的居中显示效果。

设计步骤

步骤1 启动Dreamweaver，新建一个网页，保存为index.html，在<body>标签内输入如下结构代码。为了简化设计，我们仅设计了一个网页包含框，网页内容通过一幅图片来表示，当然它不会影响实战中网页内容的居中显示效果，代码如下所示。

```
<div id="wrap"><img src="images/bg.png" /></div>
```

步骤2 在<head>标签内添加<style type="text/css">标签，定义一个内部样式表，设计网页居中的样式。注意网页居中显示，必须要定义网页宽度不要满屏显示，否则看不到居中显示的效果，代码如下所示。

```
body{
    background:#FFF8E6;
    margin:0;
    padding:0;
    text-align:center;              /* 网页居中显示（IE 浏览器有效）*/
}
#wrap {/* 网页外套的样式 */
    margin-left:auto;               /* 左侧边界自动显示 */
    margin-right:auto;              /* 右侧边界自动显示 */
    text-align:left;                /* 恢复网页正文文本默认的居左显示 */
    width:991px;             /* 固定宽度，只有这样才可以实现居中显示效果 */
}
```

步骤3 上面的样式对于浮动包含框来说是无效的。要解决这个问题，可以复制"index.html"为"index1.html"，然后重构网页结构，在网页包含框内部再嵌套一层包含框，代码如下所示。

```
<div id="wrap">
    <div id="subwrap"><img src="images/bg.png" /></div>
</div>
```

步骤4 在上例内部样式表的基础上再添加如下样式，设计外套流动显示和内套浮动显示，代码如下所示。

```
#subwrap {/* 网页内套的样式 */
        width:100%;              /* 显示定义 100% 宽度，以便与外套同宽 */
    float:left;                  /* 浮动显示 */
}
```

步骤5 在浏览器中预览index1.html网页效果，会发现与图9-25所示的效果完全相同，但是网页内的包含框是以浮动布局显示的。

步骤6 定位布局相对复杂，要实现居中显示，可以借助内外两个包含框来实现。复制index1.html为index2.html，保留文档结构不变，然后重新设计该网页的样式表。

步骤7 清除复制过来的样式表，重新设计。设计外框为相对定位、内框为绝对定位显示。由于外框为相对定位，将遵循流动布局的特征进行布局，内框则根据外框进行定位，显示效果如图9-25所示。

```
body{ background:#FFF8E6; margin:0; padding:0; text-align:center;}
#wrap {/* 网页外套的样式 */
    margin-left:auto;            /* 左侧边界自动显示 */
    margin-right:auto;           /* 右侧边界自动显示 */
    text-align:left;             /* 网页正文文本居左显示 */
    width:991px;                 /* 固定宽度，只有这样才可以实现居中显示效果 */
    position:relative;           /* 定义网页外框相对定位，设计包含块 */
}
#subwrap {/* 网页内套样式 */
    width:100%;                  /* 与外套同宽 */
    position:absolute;           /* 绝对定位 */
}
```

实训2：设计自适应的网页定位布局

实训说明

定位布局没有得到广泛重视和应用，主要在于它过于精确，从而失去了灵活布局的优势，所以很多设计师不喜欢使用绝对定位布局，仅把它作为一种小技巧在页面中局部使用。不过适当使用一下定位布局，也能轻松应对复杂的定位问题。

本案例将演示如何使用定位布局的方法设计三行三列的版式。在浮动布局中，如果让主信息区域显示在页面中间栏，次要信息和功能服务版块放置在页面左右两侧会比较麻烦，但是如果使用定位布局就会很简单。本案例的演示效果如图9-26所示。

图9-26　网页定位布局效果

主要训练技巧说明

- 灵活结合流动布局和定位布局实现复杂的网页设计。
- 通过定位技术实现网页版块的合理展示和美化。
- 借助JavaScript脚本控制绝对定位无法自适应显示动态网页内容。

设计步骤

步骤1 启动Dreamweaver，新建一个网页，保存为index.html，在<body>标签内输入如下结构代码。这是一个常规的网页结构，它包含了网页标题栏、服务栏、正文区域和页脚区域等版块。

```
<div id="model">
    <div id="header">
        <h1> 网页标题 </h1>
        <h2> 网页副标题 </h2>
    </div>
    <div id="main">
        <div id="content">
            <h3> 主信息区域 </h3>
        </div>
        <div id="subplot">
            <h3> 次信息区域 </h3>
        </div>
        <div id="serve">
            <dl>
                <dt> 功能服务区域 </dt>
```

```
                    <dd> 服务列表项 </dd>
                </dl>
            </div>
        </div>
        <div id="footer">
            <p> 版权信息区域 </p>
        </div>
</div>
```

步骤2 在<head>标签内添加<style type="text/css">标签，定义一个内部样式表，设计标题行、版权信息行为流动显示，中间行定义为包含块，然后就可以使用绝对定位设置次信息栏，功能服务栏定位到页面的左右两侧，主信息栏显示在中间。此时在浏览器中预览显示效果，如图9-27所示。

```
#main {/* 定义包含块 */
    position:relative;          /* 相对定位 */
}
#content {/* 主信息栏样式 */
    margin-left:25%;            /* 左侧边界，腾出空间为左栏显示 */
    margin-right:20%;           /* 右侧边界，腾出空间为右栏显示 */
}
#subplot {/* 次信息栏样式 */
    width:25%;                  /* 左栏宽度 */
    position:absolute;          /* 绝对定位 */
    left:0;                     /* 靠左显示 */
    top:0;                      /* 靠顶显示 */
}
#serve {/* 服务栏样式 */
    width:20%;                  /* 右栏宽度 */
    position:absolute;          /* 绝对定位 */
    right:0;                    /* 靠右显示 */
    top:0;                      /* 靠顶显示 */
}
```

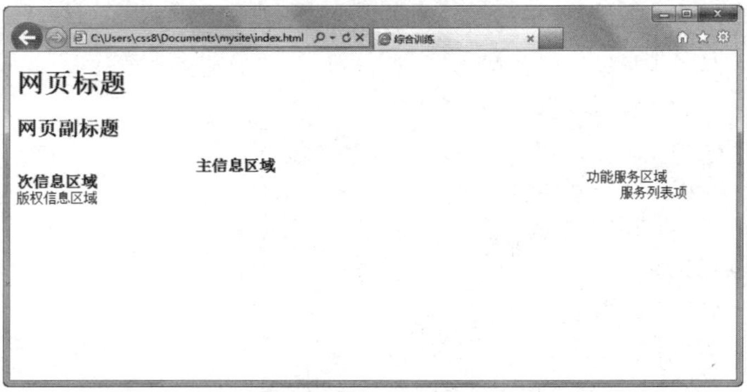

图9-27　网页定位布局核心样式

步骤3 使用CSS为每个栏目定义背景色，以便观察效果。同时利用上一节综合实例的网页居中布局技巧，让网页居中显示，代码如下所示，显示效果如图9-28所示。

```
* { margin:0; padding:0;} /* 清除所有元素的默认边距 */
body { text-align:center; }          /* 网页居中显示 */
#model {
    width:800px;
    margin-left:auto;
    margin-right:auto;
    text-align:left;
}
/* 为不同栏目涂上背景色 */
#header { background:#FF00FF; }
#content {background:#FFCC00;}
#subplot {background:#00CCCC;}
#serve {background:#99CCFF;}
#footer { background:#FF99FF; }
```

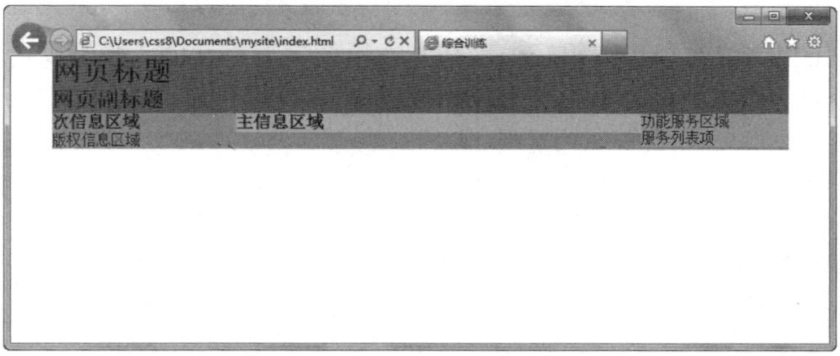

图9-28　美化网页定位布局

步骤4 定位布局存在一个致命的问题，当绝对定位的栏目高度延伸时，由于它已经脱离了文档流，所以就不会对文档流中相邻的结构块产生影响，于是就出现了上图中绝对定位栏目覆盖其他栏目的现象。有两种方法可以解决这个问题。

- 如果在预知绝对定位栏目高度的情况下，可以事先固定绝对定位栏目的高度。
- 借助JavaScript脚本来动态调整绝对定位元素的高度，具体代码如下所示。

```
<script type="text/javascript" language="javascript">
window.onload = function(){
    var main = document.getElementById(“main");
                                            // 定义即将控制的外框 div
    var left = document.getElementById(“subplot").offsetHeight;
                                            //获得内部 ID=subplot 的 div 高度
    var right = document.getElementById(“serve").offsetHeight;
//获得内部 ID=serve 的 div 高度
    var middle = document.getElementById(“content").offsetHeight;
//获得内部 ID=content 的 div 高度
```

```
    var height = 0;                              // 定义变量来储存最大值
    height = left - right > 0 ? left : right;             // 数值比较
    height = middle - height > 0 ? middle : height;       // 数值比较
    main.style.height = height + "px";
                                              // 设定外框 div 的高度为得出的最大高度
}
</script>
```

此时在浏览器中预览，会发现页脚栏目不会被定位布局版块覆盖了，效果如图9-29所示。

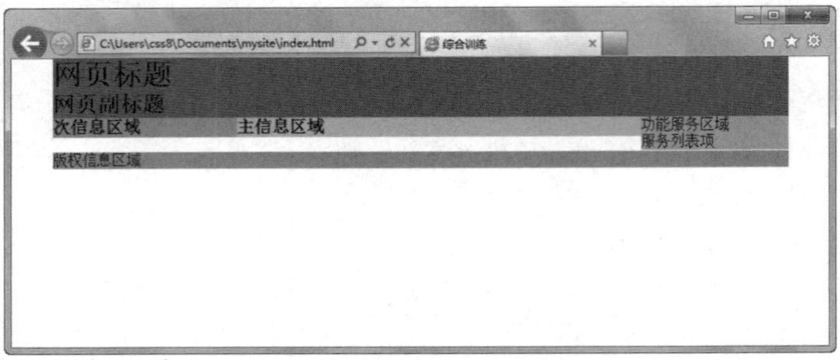

图9-29　能够自动拉伸的定位布局效果

步骤5 使用定位布局可以很轻松地把左右栏位置进行互调，此时仅需要调整栏目的定位方向和宽度，在内部样式表底部添加如下样式。

```
#subplot {
    width:20%;                  /* 调整宽度 */
    left:auto;                  /* 恢复为默认值 */
    right:0;                    /* 右对齐 */
}
#serve {
    width:25%;                  /* 调整宽度 */
    right:auto;                 /* 恢复为默认值 */
    left:0;                     /* 左对齐 */
}
```

这种随意定位的效果对于浮动布局来说，难度非常大，因为它不仅仅涉及到调整浮动方向的问题，当前页面是三行三列结构布局，彼此相互影响，改动一点就会影响整个页面的布局效果，这样的显示效果如图9-30所示。

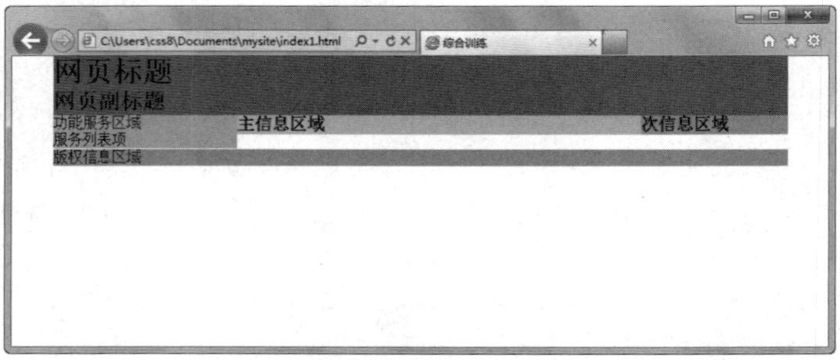

图9-30　轻松调整定位布局中栏目的位置

步骤6 在上面设计思路的基础上，读者可以根据具体规划的网页宽度、栏目宽度分别调整对应栏目宽度即可，在使用时一定要结合margin属性来调整其他栏目的边界大小，避免绝对定位栏目覆盖了其他栏目的问题出现。重设各栏目宽度的代码如下所示，演示效果如图9-26所示。

```
#content {/* 主信息栏样式 */
    margin-left:331px;                /* 左侧边界，腾出空间为左栏显示 */
    margin-right:220px;               /* 右侧边界，腾出空间为右栏显示 */
}
#subplot {width:331px; }
#serve { width:220px; }
#model { width:998px;}
```

实训3：设计等高网页布局

实训说明

上面示例中可以看到，多栏并列显示时，不可避免地出现栏目高度参差不齐的现象，这个问题严重影响了整体页面布局效果。为了解决这个问题，可以通过下面两种方法解决。

- 伪列布局法。所谓伪列布局法就是设计一个背景图像，利用背景图像来模拟栏目的背景。
- 使用补白和边界重叠法。这种设计方法的思路是将三列栏目的底部补白设计为无穷大，这样在有限的窗口内就能够显示栏目的背景色，也就不用担心栏目高度无法自适应。为了避免补白过大产生的空白区域，可以再设计底部边界为负无穷大，从而覆盖掉多出来的补白区域，最后再在中间行包含框中定义“overflow:hidden;”声明，剪切掉多出的区域即可。

本案例将演示如何使用第二种方法设计等高网页布局效果，案例演示效果如图9-31所示。

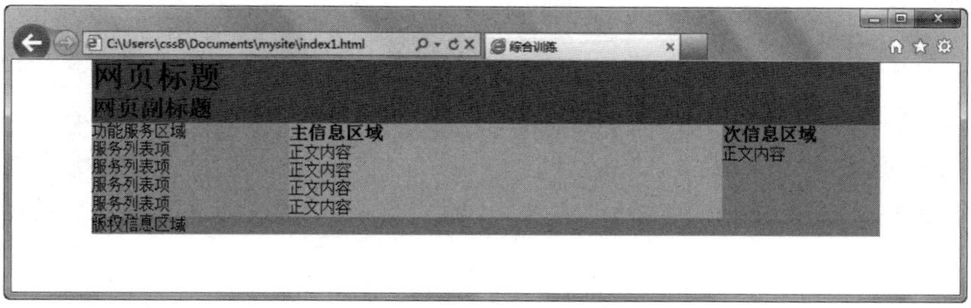

图9-31　设计自适应高度的布局

主要训练技巧说明如下所示。

- 能够借助各种技巧解决网页布局中发现的疑难杂症。
- 熟悉伪列布局的一般方法。
- 能够借助margin和padding属性配合的方法解决多列栏目不等高的问题。

设计步骤

步骤1 设计伪列布局所需要的背景图像。启动Photoshop，根据网页多列规划的宽度设计一个多色背景图像。背景图像宽度为800像素，高度任意，三列背景色根据栏目实际宽度进行设计，效果如图9-32所示。

图9-32　伪列布局背景图像

步骤❷ 启动Dreamweaver，新建一个网页，保存为index.html，在<body>标签内输入上一案例的结构代码。

步骤❸ 在上一案例样式表的基础上，在包含框（<div id="main">）中定义这个背景图像，让其沿y轴平铺，代码如下所示。

```
#main {
    position:relative;
    width:100%;
    background:url(images/bg.gif) center repeat-y    // 伪列背景图像
}
```

为了避免三列栏目背景颜色的影响，不妨把事先定义的背景颜色全部删除。其中，任意一个栏目高度发生变化，它都会撑开包含框，由于包含框背景图像是一个模拟的栏目背景图像，会给人一种栏目等高的错觉。在使用这种方法时，一定要将页面宽度设计为固定的，即使用像素为单位定义网页宽度。

步骤❹ 使用补白和边界重叠法设计等高网页布局。这种设计方法的思路是将三列栏目的底部补白设计为无穷大，这样在有限的窗口内也能够显示栏目的背景色，也就不用担心栏目高度无法自适应的问题。为了避免补白过大产生的空白区域，再将底部边界设计为负无穷大，从而覆盖多出来的补白区域，最后在中间行包含框中定义“overflow:hidden;”声明，剪切掉多出的区域即可。核心代码如下所示。

```
#main {
    overflow:hidden;                       /* 剪切多出的区域 */
}
#content {
    padding-bottom:9999px;                 /* 定义底部补白无穷大 */
    margin-bottom:-9999px;                 /* 定义底部边界负无穷大 */
    background:#FFCC00;                    /* 定义背景色 */
}
#subplot {
    padding-bottom:9999px;                 /* 定义底部补白无穷大 */
    margin-bottom:-9999px;                 /* 定义底部边界负无穷大 */
    background:#00CCCC;                    /* 定义背景色 */
}
#serve {
    padding-bottom:9999px;                 /* 定义底部补白无穷大 */
    margin-bottom:-9999px;                 /* 定义底部边界负无穷大 */
```

```
    background:#99CCFF;                        /* 定义背景色 */
}
```

把这些样式代码放置到上面的示例中，并删除伪列布局中定义的背景图像。

步骤5 该方法只能够根据中间栏目的高度进行裁切，也就是说"overflow:hidden;"声明对于流动或浮动元素有效，对于脱离文档流的绝对定位元素来说无法进行裁切，这将导致绝对定位的栏目高度高出中间流动布局栏目的高度时会被裁切掉。为了避免此类问题发生，就不能使用定位法来布局页面，而要采用简单的浮动法来设计，这样就可以实现上述三列自适应高度的版式效果，改动的核心样式代码如下所示。

```
#content {/* 主要信息列样式 */
    float:left;                                /* 向左浮动 */
    width:55%;                                 /* 宽度 */
    background:#FFCC00;                        /* 背景色 */
}
#subplot {/* 次要信息列样式 */
    width:20%;                                 /* 宽度 */
    float:left;                                /* 向左浮动 */
    background:#00CCCC;                        /* 背景色 */
}
#serve {/* 服务功能区域样式 */
    width:25%;                                 /* 宽度 */
    float:right;                               /* 向右浮动 */
    background:#99CCFF;                        /* 背景色 */
}
#content, #subplot, #serve {/* 三列公共样式 */
    padding-bottom: 9999px;                    /* 底部补白无穷大 */
    margin-bottom: -9999px;                    /* 底部边界负无穷大 */
}
```

实训4：设计负边界网页布局

实训说明

使用浮动布局法受结构的影响很大，如果要把底部信息列放置到页面左侧显示是非常困难的，一般折中的方法是通过改变文档结构和通过浮动来实现。这种做法最大的缺陷就是重构网页结构，不利于标准化设计要求。当然也有一种巧妙的方法是在不改变文档结构的前提下可以改变浮动列的显示位置，这里主要是使用负边界的方法来实现。

负边界是网页布局中比较实用的一种技巧，它能够自由移动一个栏目到某个位置，从而改变了浮动布局和流动布局受结构影响的弊端。虽然它没有定位布局那么精确，但间接具备了定位布局的一些特性。负边界的用法比较灵活，建议读者在学习和实践中多留意它的使用技巧。本节将演示负边界的网页布局方法，案例演示效果如图9-33所示。

图9-33 负边界网页布局效果

主要训练技巧说明

- 能够通过margin属性调整浮动布局栏目的位置。
- 能够根据多列网页布局的需要，巧妙利用margin属性的负值特性调换栏目的位置。

设计步骤

步骤1 启动Dreamweaver，新建一个网页，保存为index.html，在<body>标签内输入下面的结构代码，代码如下所示。

```
<div id="model">
    <div id="header"> <img src="images/block1.jpg" /> </div>
    <div id="main">
        <div id="content"> <img src="images/block3.jpg" /> </div>
        <div id="subplot"> <img src="images/block2.jpg" /> </div>
        <div id="serve"> <img src="images/block4.jpg" /> </div>
    </div>
    <div id="footer">
        <p><img src="images/block5.jpg" /></p>
    </div>
</div>
```

步骤2 在<head>标签内添加<style type="text/css">标签，定义一个内部样式表，设计网页居中显示，并保持文档结构的默认显示顺序为浮动显示网页，设计时请注意各列的显示顺序，代码如下所示，预览效果如图9-34所示。

```
* {margin:0; padding:0;}
/* 定义网页宽度和居中显示 */
body { text-align:center;}
#model {
    width:957px;
    margin-left:auto;
    margin-right:auto;
```

```
    text-align:left;
}
/* 定义各列的宽度和浮动方式 */
#main { position:relative; width:100%; overflow:hidden}
#content { float:left; width:399px;}
#subplot { width:358px; float:left;}
#serve { width:197px; float:right;}
#content, #subplot, #serve { padding-bottom: 9999px; margin-bottom: -9999px;}
```

图9-34　网页默认显示效果

步骤3 在内部样式表底部添加如下样式，通过margin属性的负值强迫上图中左栏和中间列互换位置，代码如下所示。

```
#content {/* 左栏向右移动 */
    margin-left:358px;
}
#subplot {/* 中间栏向左移动 */
    margin-left:-757px;
}
```

注意，margin属性设置值与栏目宽度的关系。

通过上面两个简单的样式，即可解决浮动布局中栏目位置无法调整的难题。

9.6　上机练习

1. 新建一个网页页面，在文档中输入下面的结构代码，整个页面信息将根据SEO的设计原则进行规划，页面元素的使用完全遵循语义化要求进行选用。

尝试使用CSS设计下面四个图示的网页布局模型效果，具体代码如下所示，效果如图9-35~图9-38所示。

```
<div id="model">
```

```
<div id="header">
        <h1> 网页标题 </h1>
        <h2> 网页副标题 </h2>
    </div>
    <div id="main">
        <div id="content">
            <h3> 主信息区域 </h3>
        </div>
        <div id="subplot">
            <h3> 次信息区域 </h3>
        </div>
        <div id="serve">
            <dl>
                <dt> 功能服务区域 </dt>
                <dd> 服务列表项 </dd>
                <dd> 服务列表项 </dd>
            </dl>
        </div>
    </div>
    <div id="footer">
        <p> 版权信息区域 </p>
    </div>
</div>
```

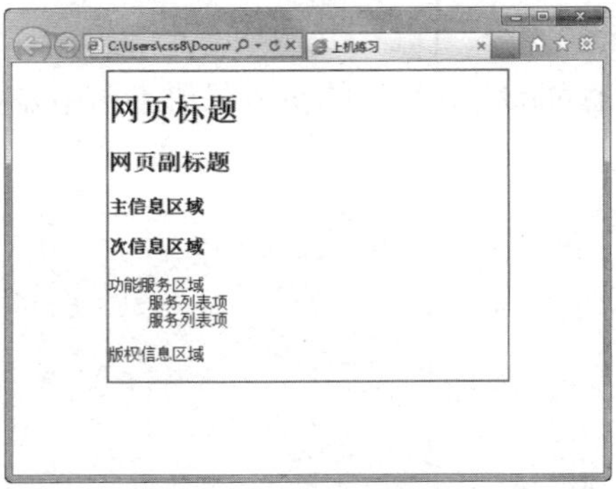

图9-35　网页布局效果1

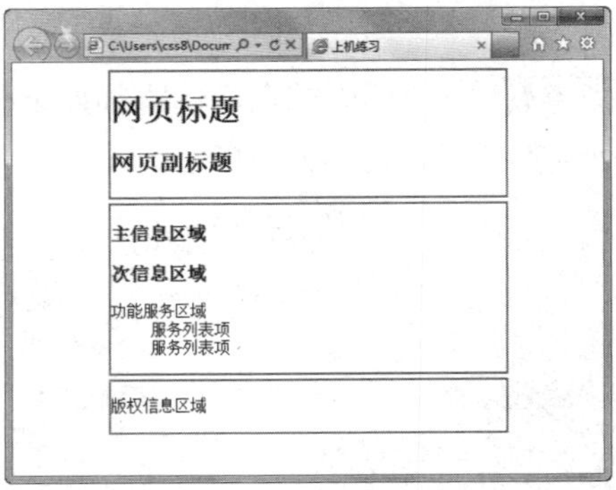

图9-36　网页布局效果2

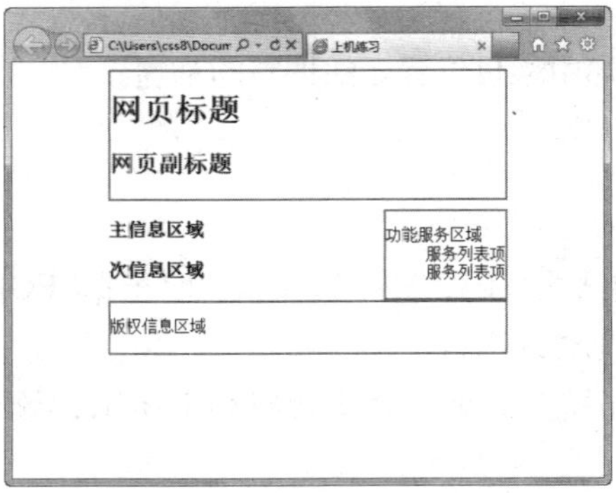

图9-37　网页布局效果3

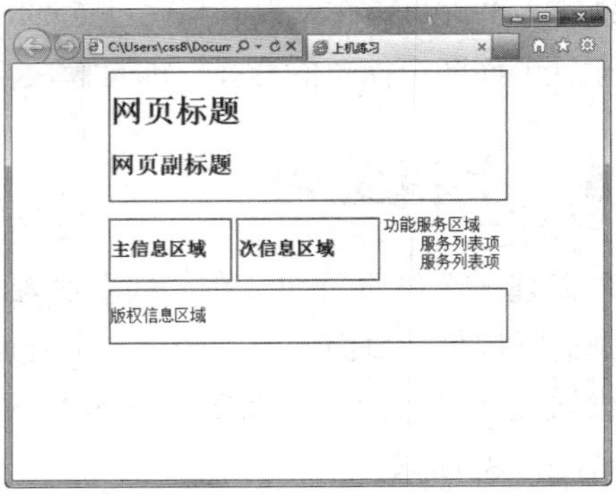

图9-38　网页布局效果4

设计要求

针对上面的结构，设计单行单列布局样式和多行多列布局样式。

如果设计三行两列布局样式，可以把标题区域作为一行，主体内容区域作为一行，页脚区域作为一行。在主体区域内，把主要内容和次要内容放在左栏，功能服务区放在右栏。注意，实现三行两列布局样式的方法不是唯一的，可以是浮动布局法，也可以使用定位布局法，读者可以自行设计出更多的方案来实现。

2. 利用盒模型原理和设计技巧，把下面几个标签设计为图9-39所示的图形效果，代码如下所示。

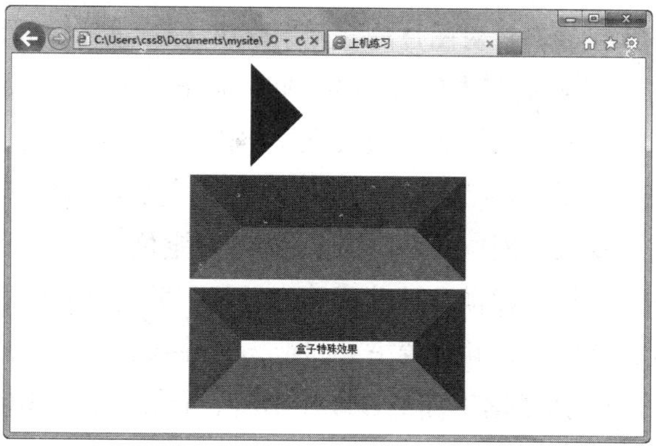

图9-39 特殊的盒模型显示效果

```
<em></em>
<div class="box"> 盒子特殊效果 </div>
<div class="box box2"> 盒子特殊效果 </div>
```

设计要求

边框是盒模型最重要的一个概念，通过对盒模型的边框设置不同的颜色可以实现很多效果，如三角形、梯形等。当定义边框线的宽度较大时，同时定义上、右、下边框线的颜色与当前页面的背景色一致，单独设置左侧与其他边框不同的颜色时，就可以形成三角形。

在图9-39中，第一个示意图是将要实现的效果；第二个示意图是为了准确看到三角形实现的原理，分别设置四种不同的颜色且边框宽度为60像素，近距离观察边框的效果；第三个示意图是没有设置文字行高为0且超出部分隐藏的结果。

3. 根据下面HTML的结构，使用CSS定位技术设计图9-40所示的版式效果。

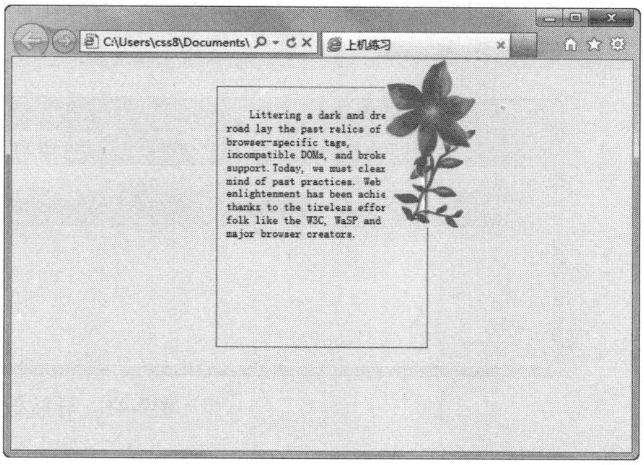

图9-40 修饰效果图

```
<div class="fa"><img src="images/bjh.gif" width="94" height="175" />
    <p>Littering a dark and dreary road lay the past relics of
browser-specific tags, incompatible DOMs, and broken CSS support.Today,
we must clear the mind of past practices. Web enlightenment has been
achieved thanks to the tireless efforts of folk like the W3C, WaSP and
the major browser creators. </p>
</div>
```

设计要求

首先，定义<body>标签的浅色背景颜色，用于衬托子元素并与插入的图片子元素的背景颜色一致，以期达到图片背景色与整个浏览器背景色的统一。

接着，针对图片的父元素<div>标签进行空间设置，定义宽高且居中，边框线的设置决定了<div>标签内部占用的空间，将上边距定为30px，以便存放图片跳出父元素<div>标签的图片部分。设置到此会发现文字内容与边框之间过于紧密，没有“透气”的空间，影响美观，进而设置“padding:10px;”声明，使<div>标签内容部分在四个方向都能舒展开。

最后，对<div>标签定义为相对定位，为里面图片的绝对定位打下伏笔。将子元素<p>标签设置成浮动，让其成为浮动流，并与文档流相分离，最后设置图片为绝对定位，跳出默认文档流，并设置上外间距为“margin-top:-40px;”，右侧外间距为“right:-50px;”。

4. 请根据下面的HTML结构，使用CSS盒模型的padding属性设计图9-41所示的导航效果。

```
<div class="nav">
    <ul>
        <li><a href="#" class="curr"><span> 首页 </span></a></li>
        <li><a href="#"><span> 登录终端 </span></a></li>
        <li><a href="#"><span> 我要购买 </span></a></li>
        <li><a href="#"><span> 产品简介 </span></a></li>
        <li><a href="#"><span> 操盘手在线 </span></a></li>
        <li><a href="#"><span> 体验中心 </span></a></li>
        <li><a href="#"><span> 卫视视频 </span></a></li>
    </ul>
</div>
```

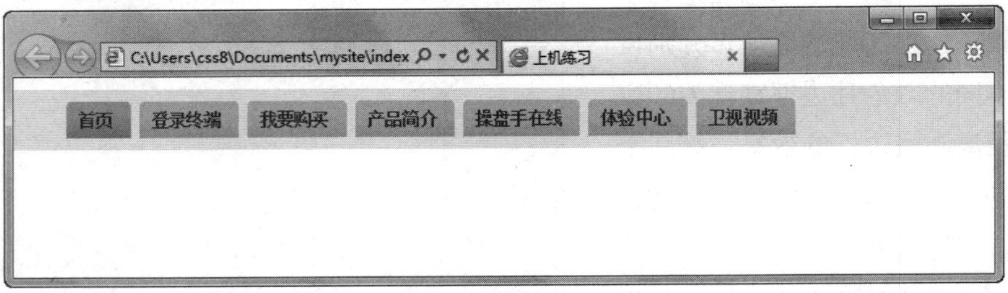

图9-41　导航效果图

设计要求

首先，在页面设计中，padding属性有时能完全代替CSS的width、heigth属性。宽度、高度的作用就是定义元素在网页中占用的空间，而padding属性的上间距、下间距可以实现height属性的部分功能，其左间距、右间距可以实现width属性的部分功能。

其次，通过padding属性四个方向的取值实现导航菜单项的宽度、高度，且通过HTML标签的嵌套实现滑动门效果。